"十三五"江苏省高等学校重点教材

离 散 数 学

(第二版)

主　编　杨振启　杨云雪

副主编　涂为员　戴　磊　杨文国

科 学 出 版 社

北 京

内 容 简 介

本书介绍离散数学的知识和应用. 全书分为七章, 分别为命题逻辑、谓词逻辑、集合论、二元关系、图论、初等数论和代数系统.

本书用较大的篇幅介绍了离散数学知识在现代通信中的应用, 包括公钥密码体制 RSA 解决方案、计算机大整数加法、编码和纠错方案等, 这些应用都有详细的背景知识介绍, 相应的结论也有详细的证明过程.

本书适合信息科学与计算数学、计算机科学、信息安全以及电子通信等专业的学生使用, 也可供相关领域的科研人员和工程技术人员参考.

图书在版编目(CIP)数据

离散数学/杨振启, 杨云雪主编. —2 版. —北京: 科学出版社, 2021.3
"十三五"江苏省高等学校重点教材
ISBN 978-7-03-068194-2

Ⅰ. ①离… Ⅱ. ①杨… ②杨… Ⅲ. ①离散数学-高等学校-教材
Ⅳ. ①O158

中国版本图书馆 CIP 数据核字(2021) 第 037398 号

责任编辑: 刘 博 王晓丽/责任校对: 王 瑞
责任印制: 赵 博 /封面设计: 迷底书装

科学出版社 出版
北京东黄城根北街 16 号
邮政编码: 100717
http://www.sciencep.com
北京凌奇印刷有限责任公司印刷
科学出版社发行 各地新华书店经销
*
2015 年 12 月第 一 版 开本: 787×1092 1/16
2021 年 3 月第 二 版 印张: 15 3/4
2025 年 1 月第八次印刷 字数: 360 000
定价: 59.00 元
(如有印装质量问题, 我社负责调换)

前　言

离散数学是现代数学的一个分支,是计算机科学基础理论的核心课程. 它研究离散量的数学结构、性质及关系,充分描述了计算机科学离散性的特点,为学习算法与数据结构、程序设计语言、操作系统、编译原理、电路设计、数据库与信息检索系统等专业课程打下良好的数学基础. 学习离散数学,既可以获得离散数学建模理论、计算机求解方法的一般知识,也可以提高抽象思维能力和严密推理能力.

离散数学是高等院校为非数学类学生开设的一门专业基础课程,主要面向计算机科学、信息与计算科学、通信等专业的学生学习. 非数学专业的学生学习离散数学课程的主要目的还是在于数学知识的应用,目前已有的同类教材较少见到应用或应用介绍不足. 鉴于此,本书第二版在保留第一版的章节结构的前提下,用较大的篇幅另外增加了离散数学知识在计算机通信和编码纠错中的应用. 具体应用主要有公钥密码系统、电子签名、计算机大整数加法、编码与纠错等知识.

本书结构清晰,例题丰富,定理论证严密,特别是涉及应用中一些定理的推导如公钥密码系统算法正确性的证明、编码理论及编码效率等都给出了详尽的证明过程,非常方便读者阅读研究.

本书为"十三五"江苏省高等学校重点教材,杨振启、杨云雪为主编,涂为员、戴磊、杨文国为副主编,受南京信息工程大学、南京信息工程大学滨江学院教材建设基金资助.

由于编者水平有限,书中难免有不妥之处,期待读者提出宝贵的批评和建议.

作　者

2020 年 10 月

目　　录

　　4.4　关系的闭包 ··· 70
　　　　4.4.1　闭包的定义 ··· 70
　　　　4.4.2　关系 R 的闭包求法 ·· 71
　　　　4.4.3　传递闭包的 Warshall 算法 ·· 73
　　　　4.4.4　闭包的复合 ··· 74
　　4.5　集合的划分和覆盖 ··· 76
　　4.6　等价关系与等价类 ··· 77
　　4.7　函数 ··· 80
　　　　4.7.1　函数的概念 ··· 80
　　　　4.7.2　逆函数与复合函数 ··· 82
　　4.8　习题 ··· 84
第 5 章　图论 ··· 88
　　5.1　若干图论经典问题 ··· 88
　　　　5.1.1　哥尼斯堡七桥问题 ··· 88
　　　　5.1.2　四色问题和哈密顿环游世界问题 ······································· 89
　　　　5.1.3　平面图和印刷电路板的设计 ··· 89
　　　　5.1.4　运输网络 ··· 90
　　　　5.1.5　通信网络 ··· 90
　　　　5.1.6　二叉树的应用 ··· 91
　　　　5.1.7　最短路问题 ··· 91
　　5.2　图的基本概念及矩阵表示方法 ··· 91
　　　　5.2.1　图的基本概念 ··· 91
　　　　5.2.2　图的矩阵表示方法 ··· 96
　　5.3　路与连通度 ··· 98
　　5.4　欧拉图与哈密顿图 ··· 104
　　5.5　二部图与匹配 ··· 105
　　5.6　平面图 ··· 107
　　　　5.6.1　平面图及其性质 ··· 107
　　　　5.6.2　平面图着色 ··· 110
　　5.7　树 ··· 112
　　　　5.7.1　树及其性质 ··· 112
　　　　5.7.2　最小生成树 ··· 114
　　　　5.7.3　有向树 ··· 115
　　5.8　习题 ··· 120
第 6 章　初等数论 ··· 123
　　6.1　整数和除法 ··· 123
　　6.2　整数 ··· 123
　　6.3　素数 ··· 125

第 1 章　命 题 逻 辑

使用计算机必须首先学会编"程序"，那么什么是程序?

程序＝算法＋数据.

算法＝逻辑＋控制.

可见"逻辑"对于编程序是多么重要. 要想学好和使用好计算机, 必须学习逻辑, 此外, 通过学习逻辑, 掌握逻辑推理规律和证明方法, 会培养学生的逻辑思维能力, 提高证明问题的技巧.

逻辑学是一门研究思维形式及思维规律的科学, 也就是研究推理过程的规律的科学. 逻辑规律就是客观事物在人的主观意识中的反映. 思维的形式结构包括概念、判断和推理之间的结构和联系, 其中概念是思维的基本单位, 通过概念对事物是否具有某种属性进行肯定或否定的回答, 这就是判断; 由一个或几个判断推出另一判断的思维形式, 就是推理. 用数学方法来研究推理的规律称为数理逻辑. 这里所指的数学方法, 就是引进一套符号体系的方法, 在其中表达和研究推理的规律.

最早提出用数学方法来描述和处理逻辑问题的是德国数学家莱布尼茨 (Leibniz), 从此数理逻辑形成了专门的学科. 数理逻辑作为计算机科学的基础理论之一, 在程序设计、数字电路设计、计算机原理、人工智能等计算机课程上得到了广泛应用. 数理逻辑的主要内容包括逻辑演算、证明论、公理集合论、递归论和模型论, 本书主要介绍其中的命题逻辑和谓词逻辑 (一阶逻辑), 其余部分读者可参考有关专著.

命题逻辑是数理逻辑中最基本、最简单的部分, 但究竟什么是命题? 如何表示命题及进行命题演算? 如何进行推理证明? 本章将讨论这些问题.

1.1　命题和联结词

数理逻辑研究的中心问题是推理. 推理的前提和结论都是表达判断的陈述句. 什么是命题? 直观来说, 陈述客观发生的事情的陈述句, 就称为命题. 凡陈述的事情发生了, 则此命题为真命题, 反之为假. 也就是说, 一个命题要么为真, 要么为假, 两者必居其一. 当然, 两者也只能居其一, 即不能说一个命题既真又假. 据此, 我们可以给出命题的如下描述.

1.1.1　命题

定义 1.1　能判断真假而不是可真可假的陈述句为**命题**.

作为命题的陈述句所表达得到的判断结果称为命题的**真值**. 真值只取两个: 真与假. 真值为真的命题称为真命题. 真值为假的命题称为假命题. 命题通常用大写英文字母如 P, Q, R 等表示.

例 1.1　判断下列语句是否为命题.

(1) 4 是素数.

(2) 2030 年人类将到达火星.

(3) 今天是星期二.

(4) 2+3=5.

(5) 这朵花真美丽啊!

(6) 离散数学是计算机科学的基础课程.

(7) 严禁随地吐痰!

(8) 她身体好吗?

(9) $x = 3$.

(10) 我在说谎.

(11) 如果 $a < b$ 且 $b < c$, 则 $a < c$.

解　其中陈述句 (4), (6), (11) 所陈述的内容与事实相符, 是对的, 正确的, 是真命题, 或者称命题的值为 "真", 简记为 T 或数字 1. 陈述句 (1) 是错的, 不正确, 称为假命题, 或称命题的值为 "假", 简记为 F 或数字 0. 陈述句 (2) 是命题, 但命题真值暂时不能定, 要等到 2030 年才能确定. 陈述句 (3) 是命题, 真值根据具体情况而定. 语句 (5) 是感叹句, (7) 是祈使句, (8) 是疑问句, 这三句都不是陈述句, 当然不是命题. 语句 (9), (10) 都是陈述句, 但都不是命题, 其中 (9) 没有确定的真值, (10) 是悖论 (可以推导出互相矛盾的陈述句).

说明　命题是陈述性语句, 而不能是疑问句、祈使句、感叹句等; 判断结果不唯一确定的陈述句不是命题 (有时需要根据论及该命题的时间、空间来确定); 陈述句中的悖论不是命题.

下面给出几个相关概念.

原子命题或简单命题: 不能分解成更简单的语句的命题.

复合命题: 多个原子命题由联结词和圆括号联结起来构成的命题. 复合命题的真假值只与原子命题的真假值有关.

命题常项或命题常元: 已知真假值的命题. 可以用字母表示, 也可以直接用 T, F 表示.

命题变项或命题变元: 真值可以变化的陈述句为命题变项或命题变元. 命题变项不是命题.

命题逻辑中, $P, Q, R \cdots$ 既可以表示命题常项, 也可以表示命题变项. 在使用中, 需要由上下文确定它们表示的是常项还是变项.

在例 1.1 中, 语句 (1), (2), (3), (4), (6) 都是原子命题, 语句 (11) 是复合命题.

1.1.2　命题联结词

在自然语言中, 常使用 "或""与""如果 ······, 那么 ······" 等一些联结词. 联结词是复合命题的重要组成部分, 为了便于书写和推理, 必须对联结词作出明确规定和符号化. 数理逻辑研究方法的主要特征是将论述或推理中的各种要素都符号化, 即构造各种符号语言来代替自然语言, 将联结词符号化, 消除其二义性, 对其进行严格定义.

在命题逻辑中有以下几种基本的联结词: ¬, ∧, ∨, →, ↔.

定义 1.2　非, 否定 (¬)

给定命题 P, 命题 R 当且仅当 P 为假时为真, 则称 R 为 P 的否定或非 P, 记为: ¬P. 符号 ¬ 称作否定联结词. 其定义可用如下真值表 (表 1.1) 表示.

表 1.1 ¬P

P	¬P
0	1
1	0

注意 真值表是表示逻辑陈述真假性的一种方法. 在一个命题的真值表中, 列出它所包含的所有原子命题的真值的可能值, 就可以计算出相对于每种组合的该命题的真值.

例 1.2 命题符号化.

今天不下雨.

解 用 P 表示今天下雨, 则原命题为 ¬P.

定义 1.3 合取 (∧)

给定两个命题 P, Q, 若命题 R 当且仅当 P, Q 同时为真时为真, 则称 R 为 P, Q 的合取, 记为: $P \wedge Q$. 其定义可用如下真值表 (表 1.2) 表示.

表 1.2 $P \wedge Q$

P	Q	P∧Q
0	0	0
0	1	0
1	0	0
1	1	1

例 1.3 将下列命题符号化.

(1) 张三和李四都是三好学生.

(2) 王芳不仅用功而且聪明.

(3) 王芳虽然聪明, 但不用功.

(4) 我们去看电影并且房间里有十张桌子.

解 (1) 设 P: 张三是三好学生; Q: 李四是三好学生. 则原命题为: $P \wedge Q$.

(2) 设 P: 王芳用功; Q: 王芳聪明. 则原命题为: $P \wedge Q$.

(3) 设 P: 王芳用功; Q: 王芳聪明. 则原命题为: $Q \wedge \neg P$.

(4) 设 P: 我们去看电影; Q: 房间里有十张桌子. 则原命题为: $P \wedge Q$.

说明 自然语言中的"既 ······ 又 ······""不但 ······ 而且 ······""虽然 ······ 但是 ······""一面 ······ 一面 ······"等联结词都可以符号化为 ∧; 并非所有的"和"都表示"合取". 例如, 王五和赵六是兄弟, 这句是原子命题, 可表示为 P 或 Q 即可, 当命题描述的是对象之间的关系时不能用合取; 在数理逻辑中, 关心的只是复合命题与构成复合命题的各原子命题之间的真值关系, 即抽象的逻辑关系, 并不关心各语句的具体内容.

定义 1.4 析取 (∨)

给定两个命题 P, Q, 若命题 R 当且仅当 P, Q 同时为假时为假, 则称 R 为 P, Q 的析取, 记为: $P \vee Q$. 其定义可用真值表 (表 1.3) 表示.

注意 联结词"析取", 与汉语中的"或"几乎一致, 但注意它们之间也有细微的区别.

表 1.3　$P \vee Q$

P	Q	$P \vee Q$
0	0	0
0	1	1
1	0	1
1	1	1

例 1.4　将下列命题符号化.

(1) 郑莉爱跳舞或爱听音乐.

(2) 夏群只能挑选 202 或 203 房间.

解　(1) 设 P: 郑莉爱跳舞; Q: 郑莉爱听音乐, 则原命题为: $P \vee Q$. P 和 Q 允许同时为真, 是一种相容或.

(2) 设 P: 夏群挑选 202 房间; Q: 夏群挑选 203 房间. 因为夏群只能挑选其中的一个房间, 这里的 "或" 表达的是排斥或, 所以原命题不能表示为: $P \vee Q$, 应表示为: $(P \wedge \neg Q) \vee (\neg P \wedge Q)$ 或 $(P \vee Q) \wedge \neg(P \wedge Q)$.

说明　自然语言中的 "或" 具有二义性, 用它联结的命题有时具有相容性, 有时具有排斥性, 对应的联结词分别称为相容或、排斥或 (排异或).

定义 1.5　蕴涵 $(\to)$

给定两个命题 P, Q, 复合命题 "如果 P, 则 Q" 称作 P 与 Q 的蕴涵式, 记作 $P \to Q$, 并称 P 是蕴涵式的前件, Q 为蕴涵式的后件, $\to$ 称作蕴涵联结词, 并规定 $P \to Q$ 为假当且仅当 P 为真 Q 为假. 其定义可用如下真值表 (表 1.4) 表示.

表 1.4　$P \to Q$

P	Q	$P \to Q$
0	0	1
0	1	1
1	0	0
1	1	1

注意　$P \to Q$ 的逻辑关系表示 Q 是 P 的必要条件, 或 P 是 Q 的充分条件. Q 是 P 的必要条件有许多不同的叙述方式, 如: "只要 P 就 Q" "因为 P 所以 Q" "P 仅当 Q" "只有 Q 才 P" "除非 Q 才 P" 等.

例 1.5　将下列命题符号化, 并求出其真值.

(1) 如果 2 加 3 等于 5, 则天是蓝的.

(2) 2 加 3 等于 5 仅当天是蓝的.

(3) 除非天是蓝的, 2 加 3 才等于 5.

(4) 只有天是蓝的, 2 加 3 才等于 5.

(5) 只要 2 加 3 不等于 5, 则天是蓝的.

(6) 如果我有车, 那么我去接你.

解 对于 (1) 到 (5) 的命题, 设 P: 2 加 3 等于 5, P 的真值为 1; Q: 天是蓝的, Q 的真值为 1.

(1) 到 (4) 的命题符号化均为 $P \to Q$, 真值均为 1.

(5) 命题符号化为 $\neg P \to Q$, 真值为 1.

(6) 设 P: 我有车, Q: 我去接你, 命题符号化为 $P \to Q$, 真值依具体情况而定 (当我有车时, 若我去接了你, 这时 $P \to Q$ 为真; 若我没去接你, 则 $P \to Q$ 假. 当我没有车时, 我无论去或不去接你均未食言, 此时认定 $P \to Q$ 为真是适当的).

说明 作为一种规定, 当 P 为假时, 无论 Q 是真是假, $P \to Q$ 均为真. 也就是说, 只有 P 为真 Q 为假这一种情况使得复合命题 $P \to Q$ 为假, 称为实质蕴含.

定义 1.6 等价 ($\leftrightarrow$)

给定两个命题 P, Q, 复合命题 "P 当且仅当 Q" 称作 P 与 Q 的等价式, 记作 $P \leftrightarrow Q$, $\leftrightarrow$ 称作等价联结词, 并规定 $P \leftrightarrow Q$ 为真当且仅当 P 与 Q 同时为真或同时为假. 其定义可用如下真值表 (表 1.5) 表示.

表 1.5 $P \leftrightarrow Q$

P	Q	$P \leftrightarrow Q$
0	0	1
0	1	0
1	0	0
1	1	1

例 1.6 将下列命题符号化, 并求出其真值.

(1) π 是无理数当且仅当加拿大位于亚洲.

(2) 2 加 3 等于 5 的充要条件是 π 是无理数.

(3) 若两圆 A, B 的面积相等, 则它们的半径相等; 反之亦然.

(4) 当王小红心情愉快时, 她就唱歌; 反之, 当她唱歌时, 一定心情愉快.

解 (1) 设 P: π 是无理数, Q: 加拿大位于亚洲, 符号化为 $P \leftrightarrow Q$, 真值为 0.

(2) 设 P: 2 加 3 等于 5, Q: π 是无理数, 符号化为 $P \leftrightarrow Q$, 真值为 1.

(3) 设 P: 两圆 A, B 的面积相等, Q: 两圆 A, B 的半径相等, 符号化为 $P \leftrightarrow Q$, 真值为 1.

(4) 设 P: 王小红心情愉快, Q: 王小红唱歌, 符号化为 $P \leftrightarrow Q$, 真值依具体情况而定.

说明 $P \leftrightarrow Q$ 的逻辑关系为 P 与 Q 互为充分必要条件; $(P \to Q) \wedge (Q \to P)$ 与 $P \leftrightarrow Q$ 的逻辑关系完全一致.

以上介绍的 5 种联结词是命题逻辑中最常用、最重要的联结词, 它们共同组成了一个联结词集 $\{\neg, \wedge, \vee, \to, \leftrightarrow\}$, 其中 $\neg$ 为一元联结词, 其余的为二元联结词. 多次使用联结词集中的联结词, 可以组成更为复杂的复合命题. 求复杂的复合命题的真值时, 需要规定联结词的优先顺序, 将括号也算在内. 本书规定的联结词优先顺序为: ( ), $\neg$, $\wedge$, $\vee$, $\to$, $\leftrightarrow$, 对于同一优先级的联结词, 先出现者先运算.

1.1.3　命题表达式

通过前面的内容学习我们可以看出命题常项和命题变项利用联结词和圆括号通过有限步可以构造出新的复合命题来. 在这些复合命题中, P, Q, R 等不仅可以代表命题常项, 也可以代表命题变项, 这样组成的复合命题形式称为**命题表达式**或**命题公式**. 这些命题表达式的构成必须符合一定的规则. 为此, 给出下面的定义.

定义 1.7　合式公式

(1) 单个命题常项和变项是合式公式, 并称为原子命题公式.

(2) 若 A 是合式公式, 则 $(\neg A)$ 也是合式公式.

(3) 若 A, B 是合式公式, 则 $(A \wedge B)$, $(A \vee B)$, $(A \to B)$, $(A \leftrightarrow B)$ 也是合式公式.

(4) 只有有限次地应用 (1)～(3) 形式的符号串才是合式公式.

在命题逻辑中, 合式公式又称为**命题公式**, 简称为**公式**.

注意　这个定义是递归的. (1) 是递归的基础, 由 (1) 开始, 使用 (2), (3) 规则, 可以得到任意的合式公式; 在公式的定义中, A, B 等符号代表任意的命题公式, 以下定义均有类似用法; $(\neg A)$, $(A \wedge B)$ 等公式单独出现时, 外层括号可以省去, 写成 $\neg A$, $A \wedge B$ 等, 公式中不影响运算次序的括号也可以省去, 如公式 $(P \vee Q) \vee (\neg R)$ 可以写成 $P \vee Q \vee \neg R$.

由定义 1.7 可知, $(P \to Q) \wedge (Q \leftrightarrow R)$, $(P \wedge Q) \wedge \neg R$, $P \wedge (Q \wedge \neg R)$ 等都是合式公式, 而 $PQ \leftrightarrow R$, $(P \to Q) \to (\wedge Q)$ 等都不是合式公式.

1.1.4　真值表的构造

一个含有命题变项的命题公式的真值是不确定的, 只有对它的每个命题变项用指定的命题常项代替后, 命题公式就变成了真值确定的命题了. 对于命题公式, 若对其中出现的每个命题变元都指定一个真值 1 或者 0, 就对命题公式 A 进行了一种**真值指派**或一个**解释**, 而在该指派下会求出公式 A 的一个真值. 若指定的一组值使 A 为 1, 则称这组值为 A 的**成真赋值**; 若使 A 为 0, 则称这组值为 A 的**成假赋值**.

例 1.7　设公式 A 为 $(\neg P \vee Q) \to R$, 若将 P, Q, R 分别用 $(0, 0, 0)$ 替换, 得到公式 A 的一种解释, 在这种解释下, A 的真值为假, 是它的成假赋值. 同理还可用 $(0, 0, 1)$, $(0, 1, 0)$, $(0, 1, 1)$, $(1, 0, 0)$, $(1, 0, 1)$, $(1, 1, 0)$, $(1, 1, 1)$ 其他 7 种不同的指派来对公式进行解释.

容易看出, 含 $n(n \geqslant 1)$ 个命题变项的公式共有 2^n 个不同的赋值.

将 A 的所有可能的真值指派以及在每一个真值指派下的取值列成一个表, 就得到命题公式 A 的**真值表**. 真值表以表的形式可以更好地反映命题公式的真值情况.

由于对每个命题变项可以有两个真值 (T,F) 指派, 所以有 n 个命题变项的命题公式 $A(P_1, P_2, \cdots, P_n)$ 的真值表有 2^n 行. 为有序地列出 $A(P_1, P_2, \cdots, P_n)$ 的真值表, 可将 F 看成 0, T 看成 1, 按二进制数次序列表.

构造真值表的具体步骤如下.

(1) 命题变项按英文字母顺序进行排列, 如 A, B, C, $\cdots$; 带有下标的命题变元, 则按下标由小到大的顺序排列, 如 $P_1, P_2, \cdots$.

(2) 对公式的每种解释, 以二进制从小到大或从大到小的顺序列出.

(3) 若公式较为复杂, 求值遵循从简单到复杂, 由括号里面到外面逐步求值的原则.

例 1.8 求下列公式的真值表, 并求成真赋值和成假赋值.

(1) $\neg(P\rightarrow Q)\wedge Q$.

(2) $(Q\rightarrow P)\wedge Q\rightarrow P$.

(3) $(\neg P\vee Q)\rightarrow R$.

解 公式 (1) 的真值表如表 1.6 所示, 从表 1.6 可知, 公式 (1) 的赋值都是成假赋值, 没有成真赋值. 公式 (2) 的真值表如表 1.7 所示, 从表 1.7 可知, 公式 (2) 的赋值都是成真赋值, 没有成假赋值. 公式 (3) 的真值表如表 1.8 所示, 从表 1.8 可知, 公式 (3) 的成假赋值是 000, 010, 110, 其余的均是成真赋值.

表 1.6 $\neg(P \rightarrow Q)\wedge Q$ 的真值表

P	Q	$P\rightarrow Q$	$\neg(P\rightarrow Q)$	$\neg(P\rightarrow Q)\wedge Q$
0	0	1	0	0
0	1	1	0	0
1	0	0	1	0
1	1	1	0	0

表 1.7 $(Q \rightarrow P)\wedge Q \rightarrow P$ 的真值表

P	Q	$Q\rightarrow P$	$(Q\rightarrow P)\wedge Q$	$(Q\rightarrow P)\wedge Q\rightarrow P$
0	0	1	0	1
0	1	0	0	1
1	0	1	0	1
1	1	1	1	1

表 1.8 $(\neg P \vee Q)\rightarrow R$ 的真值表

P	Q	R	$\neg P$	$\neg P\vee Q$	$(\neg P\vee Q)\rightarrow R$
0	0	0	1	1	0
0	0	1	1	1	1
0	1	0	1	1	0
0	1	1	1	1	1
1	0	0	0	0	1
1	0	1	0	0	1
1	1	0	0	1	0
1	1	1	0	1	1

1.1.5 命题符号化

有了前面的命题公式概念, 我们可以进一步研究把自然语言中的有些语句, 翻译成数理逻辑中的符号形式.

定义 1.8 命题符号化

把一个用自然语言叙述的命题相应地写成由命题变项、联结词和圆括号表示的命题公式, 称为命题的符号化.

命题符号化时应注意: 确定给定句子是否为命题; 句子中联结词是否为命题联结词; 要正确地表示原子命题和适当选择命题联结词.

例 1.9   将下列命题符号化.

(1) 我和他既是兄弟又是同学.

解   设 P: 我和他是兄弟, Q: 我和他是同学.

故命题可符号化为: $P \wedge Q$.

(2) 张三或李四都可以做这件事.

解   设 P: 张三可以做这件事, Q: 李四可以做这件事.

故命题可符号化为: $P \vee Q$.

(3) 仅当我有时间且天不下雨, 我将去镇上.

解   对于 "仅当", 实质上是 "当" 的逆命题. "当 A 则 B" 是 $A \to B$, 而 "仅当 A 则 B" 是 $B \to A$. 设 P: 我有时间, Q: 天不下雨, R: 我将去镇上.

故命题可符号化为: $R \to (P \wedge Q)$.

(4) 张刚总是在图书馆看书, 除非图书馆不开门或张刚生病.

解   对于 "除非", 只要记住, "除非" 是条件. 设 P: 张刚在图书馆看书, Q: 图书馆不开门, R: 张刚生病.

故命题可符号化为: $\neg(Q \vee R) \to P$.

(5) 风雨无阻, 我去上学.

解   可理解为 "不管是否刮风, 是否下雨, 我都去上学". 设 P: 天刮风, Q: 天下雨, R: 我去上学.

故命题可符号化为: $(P \wedge Q \to R) \wedge (P \wedge \neg Q \to R) \wedge (\neg P \wedge Q \to R) \wedge (\neg P \wedge \neg Q \to R)$ 或 $(P \wedge Q \wedge R) \vee (P \wedge \neg Q \wedge R) \vee (\neg P \wedge Q \wedge R) \vee (\neg P \wedge \neg Q \wedge R)$.

说明   要准确确定原子命题, 并将其形式化; 要选用恰当的联结词, 尤其要善于识别自然语言中的联结词 (有时它们被省略); 否定词的位置要放准确; 需要的括号不能省略, 而可以省略的括号, 在需要提高公式可读性时亦可不省略; 要注意语句的形式化未必是唯一的.

1.2 重 言 式

通过构造命题公式的真值表, 我们发现公式在各种赋值下会有不同的取值情况, 一些形式不同的公式确有着相同的真值表, 为此需要进一步研究公式的分类及不同公式的联系特征及性质等内容.

1.2.1 命题公式分类

定义 1.9   设 A 为任一命题公式.

(1) 若 A 在它的各种赋值下取值均为真, 则称 A 是**重言式**或**永真式**.

(2) 若 A 在它的各种赋值下取值均为假, 则称 A 是**矛盾式**或**永假式**.

(3) 若 A 不是矛盾式, 则称 A 是**可满足式**.

从定义可以看出以下几点.

(1) 重言式一定是可满足式, 但可满足式不一定是重言式.

(2) 矛盾式一定是不可满足式, 非矛盾式一定是可满足式.

(3) 真值表可用来判断公式的类型有如下几种:

① 若真值表最后一列全为 1, 则公式为重言式;

② 若真值表最后一列全为 0, 则公式为矛盾式;

③ 若真值表最后一列中至少有一个 1, 则公式为可满足式.

说明 n 个命题变项共产生 2^n 个不同赋值; 含 n 个命题变项的公式的真值表只有 2^{2^n} 种不同情况.

从例 1.8 可以看出, 表 1.6 中的公式 $\neg(P \to Q) \wedge Q$ 为矛盾式, 表 1.7 中的公式 $(Q \to P) \wedge Q \to P$ 为重言式, 表 1.8 中的公式 $(\neg P \vee Q) \to R$ 为非重言式的可满足式.

1.2.2 性质

重言式具有以下重要性质.

定理 1.1 如果 A 是重言式, 则 $\neg A$ 是矛盾式.

证明 由重言式和矛盾式的定义可知, 二者的真值互为否定.

定理 1.2 任何两个重言式的合取或析取, 仍然是一个重言式.

证明 设 A 和 B 为两个重言式, 则不论 A 和 B 的命题变项指派任何真值, 总有 A 的真值为 T, B 的真值为 T, 故 $A \wedge B$, $A \vee B$ 的真值均为 T.

定理 1.3 一个重言式, 对同一分量用任何合式公式置换, 所得公式仍为一重言式.

注意 同一分量是指公式中的同一部分.

证明 由于重言式的真值与分量的指派无关, 故对同一分量以任何合式公式置换后, 重言式的真值仍永为真.

说明 矛盾式也有类似性质; 进一步引申, 两重言式的合取式、析取式、蕴涵式和等价式等都仍是重言式.

1.2.3 逻辑等价

两个公式什么时候代表了同一个命题呢? 抽象地看, 它们的真假取值完全相同时即代表了相同的命题. 设公式 A, B 共同含有 n 个命题变项, 若 A 与 B 有相同的真值表, 则说明在 2^n 个赋值的每个赋值下, A 与 B 的真值都相同, 则这两个公式等价 (等值).

定义 1.10 给定两个命题公式 A 和 B, 设 $P_1, P_2, \cdots, P_n$ 为所有出现于 A 和 B 中的命题变元, 若给 $P_1, P_2, \cdots, P_n$ 任一组真值指派, A 和 B 的真值都相同, 则称 A 和 B 是等价的或逻辑等价, 记作 $A \Leftrightarrow B$.

需要注意的是 "$\Leftrightarrow$" 不是逻辑联结词, 因而 "$A \Leftrightarrow B$" 不是命题公式, 只是表示两个命题公式之间的一种等价关系, 即若 $A \Leftrightarrow B$, A 和 B 没有本质上的区别, 最多只是 A 和 B 具有不同的形式而已.

"$\Leftrightarrow$" 具有如下的性质:

(1) 自反性: $A \Leftrightarrow A$;

(2) 对称性: 若 $A \Leftrightarrow B$, 则 $B \Leftrightarrow A$;

(3) 传递性: 若 $A \Leftrightarrow B$, $B \Leftrightarrow C$, 则 $A \Leftrightarrow C$.

给定 n 个命题变项, 根据公式的形成规则, 可以形成许多个形式各异的公式, 但是有很多形式不同的公式具有相同的真值表. 因此引入公式等价的概念, 其目的就是将复杂的公式简化.

由公式等价的定义可知, 利用真值表可以判断任何两个公式等价.

例 1.10   证明 $P \leftrightarrow Q \Leftrightarrow (P \leftrightarrow Q) \wedge (Q \leftrightarrow P)$.

证明   命题公式 $P \leftrightarrow Q$ 与 $(P \leftrightarrow Q) \wedge (Q \leftrightarrow P)$ 的真值表如表 1.9 所示. 由表 1.9 可知两个命题公式等价.

表 1.9 $P \leftrightarrow Q$ 与 $(P \leftrightarrow Q) \wedge (Q \leftrightarrow P)$ 的真值表

P	Q	$P \rightarrow Q$	$Q \rightarrow P$	$(P \leftrightarrow Q) \wedge (Q \leftrightarrow P)$	$P \leftrightarrow Q$
0	0	1	1	1	1
0	1	1	0	0	0
1	0	0	1	0	0
1	1	1	1	1	1

例 1.11   判断下列各组公式是否等价.

(1) $P \rightarrow (Q \rightarrow R)$ 与 $(P \wedge Q) \rightarrow R$.

(2) $(P \rightarrow Q) \rightarrow R$ 与 $(P \wedge Q) \rightarrow R$.

解   三个公式的真值表如表 1.10 所示. 由表 1.10 可知, (1) 中两个命题公式等价, 而 (2) 中两个命题公式不等价.

表 1.10   三个公式的真值表

P	Q	R	$P \rightarrow (Q \rightarrow R)$	$(P \wedge Q) \rightarrow R$	$(P \rightarrow Q) \rightarrow R$
0	0	0	1	1	0
0	0	1	1	1	1
0	1	0	1	1	0
0	1	1	1	1	1
1	0	0	1	1	1
1	0	1	1	1	1
1	1	0	0	0	0
1	1	1	1	1	1

说明   在用真值表法判断 $A \leftrightarrow B$ 是否为重言式时, 真值表的最后一列可以省略.

判断任意两个命题公式是否等价主要有如下三种方法.

(1) 真值表法. 用真值表法可以判断任何两个命题公式是否等值, 但当命题变项较多时, 此方法工作量较大.

(2) 基本等价式法. 通过真值表可以验证一些基本的等价公式, 利用这些基本的等价公式可以进行复杂等价公式的证明.

(3) 1.3 节介绍的范式证明法.

下面来学习基本的等价公式.

(1) 双重否定律 $A \Leftrightarrow \neg \neg A$

(2) 幂等律 $A \Leftrightarrow A \vee A$, $A \Leftrightarrow A \wedge A$

(3) 交换律 $A \vee B \Leftrightarrow B \vee A$, $A \wedge B \Leftrightarrow B \wedge A$

(4) 结合律 $(A \vee B) \vee C \Leftrightarrow A \vee (B \vee C)$

$(A \wedge B) \wedge C \Leftrightarrow A \wedge (B \wedge C)$

(5) 分配律 $A\lor(B\land C)\Leftrightarrow(A\lor B)\land(A\lor C)$ ($\lor$ 对 $\land$ 的分配律)

                            $A\land(B\lor C)\Leftrightarrow(A\land B)\lor(A\land C)$ ($\land$ 对 $\lor$ 的分配律)

(6) 德·摩根律 $\neg(A\lor B)\Leftrightarrow\neg A\land\neg B,\ \neg(A\land B)\Leftrightarrow\neg A\lor\neg B$

(7) 吸收律 $A\lor(A\land B)\Leftrightarrow A,\ A\land(A\lor B)\Leftrightarrow A$

(8) 零律 $A\lor 1\Leftrightarrow 1, A\land 0\Leftrightarrow 0$

(9) 同一律 $A\lor 0\Leftrightarrow A,\ A\land 1\Leftrightarrow A$

(10) 排中律 $A\lor\neg A\Leftrightarrow 1$

(11) 矛盾律 $A\land\neg A\Leftrightarrow 0$

(12) 蕴涵等值式 $A\to B\Leftrightarrow\neg A\lor B$

(13) 等价等值式 $A\leftrightarrow B\Leftrightarrow(A\to B)\land(B\to A)$

(14) 假言易位 $A\to B\Leftrightarrow\neg B\to\neg A$

(15) 等价否定等值式 $A\leftrightarrow B\Leftrightarrow\neg A\leftrightarrow\neg B$

(16) 归谬论 $(A\to B)\land(A\to\neg B)\Leftrightarrow\neg A$

上述 16 组基本等价公式包含 24 个重要的等值式, 其中的 A,B,C 可以代表任意的公式, 称这样的等值式为等值式模式. 基本等价公式有很多用途, 如化简命题公式、判断命题公式的类型、证明等价公式、计算命题公式的范式、命题逻辑中的推理等.

1.2.4 代入规则与替换规则

定理 1.4 在一个永真式 A 中, 任何一个命题变项 R 出现的每一处用另一个公式代入, 所得的公式 B 仍为永真式.

我们知道, 每个等值式模式都可以给出无穷多个同类型的具体的等值式. 利用此定理, 可以推出一些新的等值式.

例如, 在蕴涵等值式 $A\to B\Leftrightarrow\neg A\lor B$ 中, 取 $A=P, B=Q$ 时, 得等值式

$$P\to Q\Leftrightarrow\neg P\lor Q;$$

取 $A=P\lor Q\lor R, B=P\land Q$ 时, 得等值式

$$(P\lor Q\lor R)\to(P\land Q)\Leftrightarrow\neg(P\lor Q\lor R)\lor(P\land Q).$$

定理 1.5 设 X 是合式公式 A 的子公式, 若 $X\Leftrightarrow Y$, 如果将 A 中的 X 用 Y 来置换, 所得公式 B 与公式 A 等价, 即 $A\Leftrightarrow B$.

这是显然的. 因为 $X\Leftrightarrow Y$, 所以在相同变元的任一种指派下, X 与 Y 真值相同. 以 Y 取代 X 后, 公式 B 与公式 A 在相应的指派情况下, 其真值必相同, 故 $A\Leftrightarrow B$.

有了 1.2.3 节的等价公式及代入规则和替换规则后, 就可以推演出更多的等价公式. 由已知等价公式推出另外一些等价公式的过程称为**等值演算**. 利用等值演算可以验证两个命题公式等值, 也可以判别命题公式的类型, 还可以用来解决许多实际问题. 下面举一些等值演算的例子.

例 1.12 证明如下两个公式等值:

$$(P\to Q)\to R\Leftrightarrow(P\lor R)\land(\neg Q\lor R).$$

解 $(P{\to}Q){\to}R$

$\Leftrightarrow(\neg P\vee Q){\to}R$ (蕴涵等值式, 置换规则)

$\Leftrightarrow\neg(\neg P\vee Q)\vee R$ (蕴涵等值式, 置换规则)

$\Leftrightarrow(P\wedge\neg Q)\vee R$ (德·摩根律, 置换规则)

$\Leftrightarrow(P\vee R)\wedge(\neg Q\vee R).$ (分配律, 置换规则)

说明   从左边公式可以进行等值演算, 也可以从右边公式开始演算. 等值演算中因为每一步都用到置换规则, 故可以不用写出. 等值演算熟练后, 基本等值式也可以不用写出. 通常不用等值演算直接证明两个公式不等值.

例 1.13   证明如下两个公式等值:

$$(\neg P \vee Q) \to (P \wedge Q) \Leftrightarrow P.$$

解 $(\neg P\vee Q){\to}(P\wedge Q)$

$\Leftrightarrow\neg(\neg P\vee Q)\vee(P\wedge Q)$ (蕴涵等值式)

$\Leftrightarrow(\neg\neg P\vee Q)\vee(P\wedge Q)$ (德·摩根律)

$\Leftrightarrow(P\vee Q)\vee(P\wedge Q)$ (双重否定律)

$\Leftrightarrow P\wedge(\neg Q\vee Q)$ (分配律)

$\Leftrightarrow P\wedge \mathrm{T}$ (排中律)

$\Leftrightarrow P.$ (同一律)

例 1.14   化简公式

$$\neg(P \wedge Q){\to}(\neg P \vee (\neg P \vee Q)).$$

解 $\neg(P\wedge Q){\to}(\neg P\vee(\neg P\vee Q))$

$\Leftrightarrow\neg\neg(P\wedge Q)\vee((\neg P\vee\neg P)\vee Q)$ (德·摩根律, 结合律)

$\Leftrightarrow(P\wedge Q)\vee(\neg P\vee Q)$ (双重否定律, 幂等律)

$\Leftrightarrow(P\wedge Q)\vee(Q\vee\neg P)$ (交换律)

$\Leftrightarrow((P\wedge Q)\vee Q)\vee\neg P$ (结合律)

$\Leftrightarrow Q\vee\neg P.$ (吸收律)

例 1.15   用等值演算判断下列公式的类型.

(1) $Q\wedge\neg(P{\to}Q).$

(2) $(P{\to}Q)\leftrightarrow(\neg Q{\to}\neg P).$

(3) $((P\wedge Q)\vee(P\wedge\neg Q))\wedge R.$

解   (1) $Q\wedge\neg(P{\to}Q)$

$\Leftrightarrow Q\wedge\neg(\neg P\vee Q)$ (蕴涵等值式)

$\Leftrightarrow Q\wedge(P\wedge\neg Q)$ (德·摩根律)

$\Leftrightarrow P\wedge(Q\wedge\neg Q)$ (交换律, 结合律)

$\Leftrightarrow P\wedge 0$ (矛盾律)

$\Leftrightarrow 0.$ (零律)

由最后一步可知, 该式为矛盾式.

(2) $(P{\to}Q)\leftrightarrow(\neg Q{\to}\neg P)$

$$\Leftrightarrow (\neg P \vee Q) \leftrightarrow (Q \vee \neg P) \qquad (蕴涵等值式)$$
$$\Leftrightarrow (\neg P \vee Q) \leftrightarrow (\neg P \vee Q) \qquad (交换律)$$
$$\Leftrightarrow 1.$$

由最后一步可知, 该式为重言式.

(3) $((P \wedge Q) \vee (P \wedge \neg Q)) \wedge R$
$$\Leftrightarrow (P \wedge (Q \vee \neg Q)) \wedge R \qquad (分配律)$$
$$\Leftrightarrow P \wedge 1 \wedge R \qquad (排中律)$$
$$\Leftrightarrow P \wedge R. \qquad (同一律)$$

这不是矛盾式, 也不是重言式, 而是非重言式的可满足式. 如 101 是它的成真赋值, 000 是它的成假赋值.

例 1.16 某件事情是甲, 乙, 丙, 丁 4 人中某一个人干的. 询问 4 人后回答如下: (1) 甲说是丙干的; (2) 乙说我没干; (3) 丙说甲讲的不符合事实; (4) 丁说是甲干的. 若其中 3 人说的是真话, 1 人说的是假话, 问是谁干的?

解 设 A: 这件事是甲干的. B: 这件事是乙干的. C: 这件事是丙干的. D: 这件事是丁干的.

4 个人所说的命题分别用 P, Q, R, S 表示, 则 (1), (2), (3), (4) 分别符号化为:

(1) $P \Leftrightarrow \neg A \wedge \neg B \wedge C \wedge \neg D$;

(2) $Q \Leftrightarrow \neg B$;

(3) $R \Leftrightarrow \neg C$;

(4) $S \Leftrightarrow A \wedge \neg B \wedge \neg C \wedge \neg D$;

则 3 人说真话, 1 人说假话的命题 K 符号化为:

$$K \Leftrightarrow (\neg P \wedge Q \wedge R \wedge S) \vee (P \wedge \neg Q \wedge R \wedge S) \vee (P \wedge Q \wedge \neg R \wedge S) \vee (P \wedge Q \wedge R \wedge \neg S),$$

其中

$$\neg P \wedge Q \wedge R \wedge S \Leftrightarrow (A \vee B \vee \neg C \vee D) \wedge \neg B \wedge \neg C \wedge A \wedge \neg D$$
$$\Leftrightarrow (A \wedge \neg B \wedge \neg C \wedge \neg D) \vee (B \wedge \neg B \wedge \neg C \wedge A \wedge \neg D)$$
$$\vee (\neg C \wedge \neg B \wedge \neg C \wedge A \wedge \neg D) \vee (D \wedge \neg B \wedge \neg C \wedge A \wedge \neg D)$$
$$\Leftrightarrow A \wedge \neg B \wedge \neg C \wedge \neg D.$$

同理

$$P \wedge \neg Q \wedge R \wedge S \Leftrightarrow P \wedge Q \wedge \neg R \wedge S \Leftrightarrow P \wedge Q \wedge R \wedge \neg S \Leftrightarrow 0.$$

所以, 当 K 为真时, $A \wedge \neg B \wedge \neg C \wedge \neg D$ 为真, 即这件事是甲干的.

1.2.5 对偶原理

从前面列出的等价公式看出, 有很多是成对出现的. 这就是等价公式的对偶性.

定义 1.11 对偶式 在一个只含有联结词 $\neg$, $\vee$, $\wedge$ 的公式 A 中, 将 $\vee$ 换成 $\wedge$, $\wedge$ 换成 $\vee$, T 换成 F, F 换成 T, 其余部分不变, 得到另一个公式 A^*, 称 A 与 A^* 互为对偶式.

从定义不难看出, $(A^*)^*=A$.

例如, $Q \wedge R$ 与 $Q \vee R$, $(P \vee Q) \wedge R$ 与 $(P \wedge Q) \vee R$, $(P \vee Q) \vee 0$ 与 $(P \wedge Q) \wedge 1$ 等均互为对偶式.

一个仅含有逻辑联结词 $\neg, \vee, \wedge$ 的命题公式和它的对偶式之间具有如下等值关系.

定理 1.6   设 A 和 A^* 互为对偶式, $P_1, P_2, \cdots, P_n$ 是出现在 A 和 A^* 中的命题变项, 则

(1) $\neg A(P_1, P_2, \cdots, P_n) \Leftrightarrow A^*(\neg P_1, \neg P_2, \cdots, \neg P_n)$;

(2) $A(\neg P_1, \neg P_2, \cdots, \neg P_n) \Leftrightarrow \neg A^*(P_1, P_2, \cdots, P_n)$.

证明   由德·摩根律.

$$P \wedge Q \Leftrightarrow \neg(\neg P \vee \neg Q), P \vee Q \Leftrightarrow \neg(\neg P \wedge \neg Q),$$

故

$$\neg A(P_1, P_2, \cdots, P_n) \Leftrightarrow A^*(\neg P_1, \neg P_2, \cdots, \neg P_n).$$

同理

$$A(\neg P_1, \neg P_2, \cdots, \neg P_n) \Leftrightarrow \neg A^*(P_1, P_2, \cdots, P_n).$$

定理 1.7   设 A, B 为两个命题公式, 若 $A \Leftrightarrow B$, 则 $A^* \Leftrightarrow B^*$.

定理 1.7 称为对偶原理.

证明   设 $P_1, P_2, \cdots, P_n$ 是出现在命题公式 A, B 中所有的命题变项, 因为 $A \Leftrightarrow B$, 即

$$A(P_1, P_2, \cdots, P_n) \Leftrightarrow B(P_1, P_2, \cdots, P_n),$$

所以

$$\neg A(P_1, P_2, \cdots, P_n) \Leftrightarrow \neg B(P_1, P_2, \cdots, P_n),$$

由定理 1.6 得,

$$A^*(\neg P_1, \neg P_2, \cdots, \neg P_n) \Leftrightarrow B^*(\neg P_1, \neg P_2, \cdots, \neg P_n).$$

即

$$A^*(\neg P_1, \neg P_2, \cdots, \neg P_n) \leftrightarrow B^*(\neg P_1, \neg P_2, \cdots, \neg P_n)$$

为重言式, 故

$$A^*(P_1, P_2, \cdots, P_n) \leftrightarrow B^*(P_1, P_2, \cdots, P_n)$$

也为重言式.

于是证得 $A^* \Leftrightarrow B^*$.

由对偶原理可知, 若 A 为重言式, 则 A^* 必为矛盾式. 这是因为 1 与 0 互为对偶式, 若 A 为重言式, 则 $A \Leftrightarrow 1$, 因而 A 的对偶式 A^* 应与 1 的对偶式 0 等值, 即 $A^* \Leftrightarrow 0$.

已知 $A \Leftrightarrow B$, 且 B 是比 A 简单的命题公式, 则由对偶原理可直接求出较简单的 B^* 与 A^* 等值. 例如

$$(P \wedge Q) \vee (\neg P \vee (\neg P \vee Q)) \Leftrightarrow \neg P \vee Q,$$

则

$$(P \vee Q) \wedge (\neg P \wedge (\neg P \wedge Q)) \Leftrightarrow \neg P \wedge Q.$$

1.3 公式中的范式

一个公式可以具有多种相互等价的表达方式, 例如:

$$P \leftrightarrow Q \Leftrightarrow (P \rightarrow Q) \land (Q \rightarrow P) \Leftrightarrow (P \land Q) \lor (\neg P \land \neg Q).$$

为了减少同一公式的不同表达形式对解决推理问题所带来的麻烦, 需要将公式标准化.

另外, 使用真值表、对偶原理可判断两个公式是否等价. 除此之外, 还可以通过比较公式的标准形式的方法来判断公式的等价性.

公式的标准形式就是范式.

1.3.1 析取范式和合取范式

定义 1.12   命题变项及其否定统称为**文字**.

例如 $P, \neg Q$ 等均为文字.

定义 1.13   仅由有限个文字构成的析取式称为**简单析取式**. 仅由有限个文字构成的合取式称为**简单合取式**.

例如, $P, Q, \neg P, \neg Q, P \lor Q, \neg P \lor Q, \neg P \lor \neg Q, \neg P \lor Q \lor \neg Q$ 均是简单析取式. $P, Q, \neg P, \neg Q, P \land Q, \neg P \land Q, \neg P \land \neg Q, \neg P \land Q \land \neg Q$ 均是简单合取式.

说明   一个文字既是简单析取式, 又是简单合取式.

从定义 1.13 中可以看出两点:

(1) 简单析取式是重言式当且仅当它同时含有某个命题变项及其否定形式.

(2) 简单合取式是矛盾式当且仅当它同时含有某个命题变项及其否定形式.

例如, 简单析取式 $P \lor \neg P \lor Q$ 是重言式. 简单合取式 $P \land \neg P \land Q$ 是矛盾式.

定义 1.14   由有限个简单合取式构成的析取式称为**析取范式**. 由有限个简单析取式构成的合取式称为**合取范式**. 析取范式与合取范式统称为**范式**.

例如, $(P \land Q) \lor (\neg P \land \neg Q), (\neg P \land Q) \lor \neg R, P \land Q, \neg Q$ 均是析取范式; $(\neg P \lor Q) \land (P \lor \neg Q), (P \lor Q) \land (\neg P \lor R) \land \neg R, P \land Q, \neg Q$ 均是合取范式.

说明   (1) 形如 $\neg P \land Q \land R$ 的公式既是一个简单合取式构成的析取范式, 又是由三个简单析取式构成的合取范式.

(2) 形如 $P \lor \neg Q \lor R$ 的公式既是含三个简单合取式的析取范式, 又是含一个简单析取式的合取范式.

析取范式与合取范式有下列性质:

(1) 一个析取范式是矛盾式当且仅当它的每个简单合取式都是矛盾式.

(2) 一个合取范式是重言式当且仅当它的每个简单析取式都是重言式.

给定任何的命题公式, 都能求出与之等值的析取范式与合取范式, 下面给出范式存在定理.

定理 1.8   任一命题公式都存在着与之等值的析取范式与合取范式.

在范式中不会出现联结词 $\rightarrow$ 与 $\leftrightarrow$, 否则可使用等值式消除:

$$A \rightarrow B \Leftrightarrow \neg A \lor B;$$
$$A \leftrightarrow B \Leftrightarrow (\neg A \lor B) \land (A \lor \neg B).$$

在范式中不会出现形如 $\neg\neg A, \neg(A\wedge B), \neg(A\vee B)$ 的公式, 否则可将否定号消去或内移:

$$\neg\neg A \leftrightarrow A;$$
$$\neg(A \wedge B) \leftrightarrow \neg A \vee \neg B;$$
$$\neg(A \vee B) \leftrightarrow \neg A \wedge \neg B.$$

在析取范式中不会出现形如 $A\wedge(B\vee C)$ 的公式, 否则利用 "$\wedge$" 对 "$\vee$" 的分配律求析取范式:

$$A \wedge (B \vee C) \leftrightarrow (A \wedge B) \vee (A \wedge C).$$

在合取范式中不出现形如 $A\vee(B\wedge C)$ 的公式, 否则利用 "$\vee$" 对 "$\wedge$" 的分配律求合取范式:

$$A \vee (B \wedge C) \leftrightarrow (A \vee B) \wedge (A \vee C).$$

任给一个命题公式 A, 经过以上步骤, 即得到一个与之等值的析取范式或合取范式. 要注意公式的范式存在, 但不是唯一的.

上述分析既给出了命题公式范式存在性的证明, 又给出了求其范式的具体步骤, 即

(1) 将公式中的联结词化归成 $\neg, \wedge$ 及 $\vee$;

(2) 利用双重否定律和德·摩根律将否定号消去或内移;

(3) 利用分配律、结合律将公式归纳为合取范式或析取范式.

例 1.17   求公式 $(P{\rightarrow}Q)\leftrightarrow R$ 的析取范式与合取范式.

解   (1) 求合取范式:

$(P{\rightarrow}Q)\leftrightarrow R$

$\Leftrightarrow(\neg P\vee Q)\leftrightarrow R$ (消去 $\rightarrow$)

$\Leftrightarrow((\neg P\vee Q)\rightarrow R)\wedge(R\rightarrow(\neg P\vee Q))$ (消去 $\leftrightarrow$)

$\Leftrightarrow(\neg(\neg P\vee Q)\vee R)\wedge(\neg R\vee\neg P\vee Q)$ (消去 $\rightarrow$)

$\Leftrightarrow((P\wedge\neg Q)\vee R)\wedge(\neg P\vee Q\vee\neg R)$ (否定号内移)

$\Leftrightarrow(P\vee R)\wedge(\neg Q\vee R)\wedge(\neg P\vee Q\vee\neg R).$ ($\vee$ 对 $\wedge$ 分配律)

(2) 求析取范式:

$(P{\rightarrow}Q)\leftrightarrow R$

$\Leftrightarrow(\neg P\vee Q)\leftrightarrow R$ (消去 $\rightarrow$)

$\Leftrightarrow((\neg P\vee Q)\rightarrow R)\wedge(R\rightarrow(\neg P\vee Q))$ (消去 $\leftrightarrow$)

$\Leftrightarrow(\neg(\neg P\vee Q)\vee R)\wedge(\neg R\vee\neg P\vee Q)$ (消去 $\rightarrow$)

$\Leftrightarrow((P\wedge\neg Q)\vee R)\wedge(\neg P\vee Q\vee\neg R)$ (否定号内移)

$\Leftrightarrow(P\wedge\neg Q\wedge\neg P)\vee(P\wedge\neg Q\wedge Q)\vee(P\wedge\neg Q\wedge\neg R)$

$\qquad\vee(R\wedge\neg P)\vee(R\wedge Q)\vee(R\wedge\neg R)$ ($\wedge$ 对 $\vee$ 分配律)

$\Leftrightarrow(P\wedge\neg Q\wedge\neg R)\vee(\neg P\wedge R)\vee(Q\wedge R).$ (矛盾律和同一律)

说明   由此例可知, 命题公式的析取范式不唯一. 同样, 合取范式也是不唯一的.

1.3.2 主析取范式

一个公式的析取范式与合取范式的形式是不唯一的. 为了使任意一个命题公式, 化成唯一的等价命题的标准形式, 下面给出主范式的有关概念.

定义 1.15 在含有 n 个命题变项的简单合取式中, 若每个命题变项和它的否定式不同时出现, 而二者之一必出现且仅出现一次, 且第 i 个命题变项或它的否定式出现在从左算起的第 i 位上 (若命题变项无角标, 就按字典顺序排列), 称这样的简单合取式为**极小项**.

n 个命题变项共可产生 2^n 个不同的极小项. 其中每个极小项都有且仅有一个成真赋值. 若成真赋值所对应的二进制数转换为十进制数 i, 就将所对应极小项记作 m_i.

表 1.11 与表 1.12 分别是由 P, Q 两个命题变项形成的全部极小项以及由 P, Q, R 三个命题变项形成的全部极小项.

表 1.11 P, Q 形成的极小项

公式	成真赋值	名称
$\neg P \wedge \neg Q$	00	m_0
$\neg P \wedge Q$	01	m_1
$P \wedge \neg Q$	10	m_2
$P \wedge Q$	11	m_3

表 1.12 P, Q, R 形成的极小项

公式	成真赋值	名称
$\neg P \wedge \neg Q \wedge \neg R$	000	m_0
$\neg P \wedge \neg Q \wedge R$	001	m_1
$\neg P \wedge Q \wedge \neg R$	010	m_2
$\neg P \wedge Q \wedge R$	011	m_3
$P \wedge \neg Q \wedge \neg R$	100	m_4
$P \wedge \neg Q \wedge R$	101	m_5
$P \wedge Q \wedge \neg R$	110	m_6
$P \wedge Q \wedge R$	111	m_7

说明 由真值表可得到极小项具有如下性质.

(1) 各极小项的真值表都不相同.

(2) 每个极小项当其真值指派与对应的二进制编码相同时, 其真值为真, 在其余 $2^n - 1$ 种指派情况下, 其真值均为假.

(3) 任意两个不同极小项的合取式是矛盾式.

(4) 全体极小项的析取式必为永真式.

定义 1.16 设由 n 个命题变项构成的析取范式中所有的简单合取式都是极小项, 则称该析取范式为**主析取范式**.

定理 1.9 任何命题公式都存在着与之等值的主析取范式, 并且是唯一的.

证明 (1) 证明存在性.

设 A 是任一含 n 个命题变项的公式.

由定理 1.8 可知, 存在与 A 等值的析取范式 A', 即 $A{\Leftrightarrow}A'$, 若 A' 的某个简单合取式 A_i 中既不含命题变项 P_j, 也不含它的否定式 $\neg P_j$, 则将 A_i 展成如下形式:

$$A_i \Leftrightarrow A_i \wedge 1 \Leftrightarrow A_i \wedge (P_j \vee \neg P_j) \Leftrightarrow (A_i \wedge p_j) \vee (A_i \wedge \neg P_j).$$

继续这个过程, 直到所有的简单合取式都含任意命题变项或它的否定式.

若在演算过程中出现重复的命题变项以及极小项和矛盾式, 则都应"消去": 如用 P 代替 $P \wedge P$, m_i 代替 $m_i \vee m_i$, 0 代替矛盾式等. 最后就将 A 化成与之等值的主析取范式 A''.

(2) 证明唯一性.

假设某一命题公式 A 存在两个与之等值的主析取范式 B 和 C, 即 $A{\Leftrightarrow}B$ 且 $A{\Leftrightarrow}C$, 则 $B{\Leftrightarrow}C$.

由于 B 和 C 是不同的主析取范式, 不妨设极小项 m_i 只出现在 B 中而不出现在 C 中. 于是, 角标 i 的二进制表示为 B 的成真赋值, 而为 C 的成假赋值. 这与 $B{\Leftrightarrow}C$ 矛盾, 因而 B 与 C 必相同.

一个命题公式的主析取范式可通过两种方法求得: 一是由公式的真值表得出, 即真值表法; 二是由基本等价公式推出, 即等值演算法.

下面介绍方法一: 真值表法.

其步骤如下.

(1) 写出 A 的真值表.

(2) 找出 A 的成真赋值.

(3) 求出每个成真赋值对应的极小项 (用名称表示), 按角标从小到大顺序析取.

例 1.18   利用真值表求 $\neg(P \wedge Q)$ 的主析取范式:

解 $\neg(P \wedge Q)$ 的真值表如表 1.13 所示.

表 1.13 $\neg(P \wedge Q)$ 的真值表

P	Q	$\neg(P \wedge Q)$
0	0	1
0	1	1
1	0	1
1	1	0

从表 1.13 可以看出, 该公式在其真值表的 00 行, 01 行, 10 行处取真值 1, 所以

$$\neg(P \wedge Q) \Leftrightarrow m_0 \vee m_1 \vee m_2 \Leftrightarrow (\neg P \wedge \neg Q) \vee (\neg P \wedge Q) \vee (P \wedge \neg Q).$$

下面介绍方法二: 等值演算法.

根据定理 1.9 的证明过程, 可以给出等值演算法的主要步骤如下.

(1) 化归为析取范式.

(2) 除去析取范式中所有永假的析取项.

(3) 将析取式中重复出现的合取项和相同的变元合并.

(4) 对合取项补入没有出现的命题变元, 即添加如 $(P \vee \neg P)$ 式, 然后应用分配律展开公式.

例 1.19 利用等值演算法求 $(P{\rightarrow}Q){\leftrightarrow}R$ 的主析取范式:

解 $(P{\rightarrow}Q){\leftrightarrow}R$

$\Leftrightarrow(P{\wedge}\neg Q{\wedge}\neg R){\vee}(\neg P{\wedge}R){\vee}(Q{\wedge}R)$

$P{\wedge}\neg Q{\wedge}\neg R{\Leftrightarrow}m_4$

$\neg P{\wedge}R{\Leftrightarrow}\neg P{\wedge}(\neg Q{\vee}Q)\ {\wedge}R$

$\Leftrightarrow(\neg P{\wedge}\neg Q{\wedge}R){\vee}(\neg P{\wedge}Q{\wedge}R)$

$\Leftrightarrow m_1{\vee}m_3$

$Q{\wedge}R{\Leftrightarrow}(\neg P{\vee}P){\wedge}Q{\wedge}R$

$\Leftrightarrow(\neg P{\wedge}Q{\wedge}R){\vee}(P{\wedge}Q{\wedge}R)$

$\Leftrightarrow m_3{\vee}m_7.$

$(P{\rightarrow}Q){\leftrightarrow}R{\Leftrightarrow}m_1{\vee}m_3{\vee}m_4{\vee}m_7.$

主析取范式主要具有以下用途.

1. 求公式的成真赋值与成假赋值

若公式 A 中含 n 个命题变项, A 的主析取范式含 $s(0\leqslant s\leqslant 2^n)$ 个极小项, 则 A 有 s 个成真赋值, 它们是所含极小项角标的二进制表示, 其余 2^n-s 个赋值都是成假赋值.

在例 1.19 中, $(P{\rightarrow}Q){\leftrightarrow}R{\Leftrightarrow}\ m_1{\vee}m_3{\vee}m_4{\vee}m_7$, 各极小项均含三个文字, 因而各极小项的角标均为长为 3 的二进制数, 它们分别是 001, 011, 100, 111, 这四个赋值为该公式的成真赋值, 其余的为成假赋值.

2. 判断公式的类型

设公式 A 中含 n 个命题变项, 容易看出:

A 为重言式当且仅当 A 的主析取范式含全部 2^n 个极小项; A 为矛盾式当且仅当 A 的主析取范式不含任何极小项. 此时, 记 A 的主析取范式为 0; A 为可满足式当且仅当 A 的主析取范式至少含一个极小项.

例 1.20   判断下列命题公式的类型:

$(1)((P{\rightarrow}Q){\wedge}P){\rightarrow}Q.$

$(2)\neg(P{\rightarrow}Q){\wedge}Q.$

$(3)(P{\rightarrow}Q){\wedge}Q.$

解 $(1)((P{\rightarrow}Q){\wedge}P){\rightarrow}Q$

$\Leftrightarrow((\neg P{\vee}Q){\wedge}P){\rightarrow}Q$

$\Leftrightarrow\neg((\neg P{\vee}Q){\wedge}P){\vee}Q$

$\Leftrightarrow(P{\wedge}\neg Q){\vee}\neg P{\vee}Q$

$\Leftrightarrow(P{\wedge}\neg Q){\vee}(\neg P{\wedge}(Q{\vee}\neg Q)){\vee}((P{\vee}\neg P){\wedge}Q)$

$\Leftrightarrow(P{\wedge}\neg Q){\vee}(\neg P{\wedge}Q){\vee}(\neg P{\wedge}\neg Q){\vee}(P{\wedge}Q){\vee}(\neg P{\wedge}Q)$

$\Leftrightarrow m_0{\vee}m_1{\vee}m_2{\vee}m_3.$

因此命题公式 (1) 为永真式.

$(2)\neg(P{\rightarrow}Q){\wedge}Q$

$\Leftrightarrow\neg(\neg P{\vee}Q){\wedge}Q$

$\Leftrightarrow (P \land \neg Q) \land Q$

$\Leftrightarrow 0.$

因此命题公式 (2) 为永假式.

$(3)(P \rightarrow Q) \land Q$

$\Leftrightarrow (\neg P \lor Q) \land Q$

$\Leftrightarrow (\neg P \land Q) \lor Q$

$\Leftrightarrow (\neg P \land Q) \lor (\neg P \lor P) \land Q)$

$\Leftrightarrow (\neg P \land Q) \lor (\neg P \land Q) \lor (P \land Q)$

$\Leftrightarrow (\neg P \land Q) \lor (P \land Q)$

$\Leftrightarrow m_1 \lor m_3.$

因此命题公式 (3) 为可满足式.

3. 判断两个命题公式是否等价

由于每个命题公式都存在着与之等价的唯一的主析取范式, 因此, 如果两个命题公式等价, 则相应的主析取范式也对应相同.

例 1.21　　判断下面两组公式是否等价.

(1) P 与 $(P \land Q) \lor (P \land \neg Q)$.

$(2)(P \rightarrow Q) \rightarrow R$ 与 $(P \land Q) \rightarrow R$.

解　　(1) P

$\Leftrightarrow P \land (\neg Q \lor Q)$

$\Leftrightarrow (P \land \neg Q) \lor (P \land Q)$

$\Leftrightarrow m_2 \lor m_3.$

$(P \land Q) \lor (P \land \neg Q) \Leftrightarrow m_2 \lor m_3.$

两公式等价.

$(2)(P \rightarrow Q) \rightarrow R$

$\Leftrightarrow m_1 \lor m_3 \lor m_4 \lor m_5 \lor m_7.$

$(P \land Q) \rightarrow R \Leftrightarrow m_0 \lor m_1 \lor m_2 \lor m_3 \lor m_4 \lor m_5 \lor m_7.$

两公式不等价.

4. 应用主析取范式分析和解决实际问题

例 1.22　　某科研所要从 3 名科研骨干 A,B,C 中挑选 1～2 名出国进修. 由于工作原因, 选派时要满足以下条件: (1) 若 A 去, 则 C 同去; (2) 若 B 去, 则 C 不能去; (3) 若 C 不去, 则 A 或 B 可以去. 问应如何选派他们去?

分析　　(1) 将简单命题符号化.

(2) 写出各复合命题.

(3) 写出由 (2) 中复合命题组成的合取式 (前提).

(4) 将 (3) 中公式化成析取式 (最好是主析取范式).

(5) 这样每个小项就是一种可能产生的结果. 去掉不符合题意的小项, 即得结论.

解　　设 P: 派 A 去, Q: 派 B 去, R: 派 C 去.

由已知条件可得公式

$$(P \to R) \land (Q \to \neg R) \land (\neg R \to (P \lor Q)),$$

经过演算可得

$$(P \to R) \land (Q \to \neg R) \land (\neg R \to (P \lor Q)) \Leftrightarrow m_1 \lor m_2 \lor m_5.$$

由于
$$m_1 = \neg P \land \neg Q \land R, m_2 = \neg P \land Q \land \neg R, m_5 = P \land \neg Q \land R$$

可知, 选派方案有如下三种.

(a) C 去, 而 A,B 都不去.

(b) B 去, 而 A,C 都不去.

(c) A,C 去, 而 B 不去.

1.3.3 主合取范式

定义 1.17 在含有 n 个命题变项的简单析取式中, 若每个命题变项和它的否定式不同时出现, 而二者之一必出现且仅出现一次, 且第 i 个命题变项或它的否定式出现在从左算起的第 i 位上 (若命题变项无角标, 就按字典顺序排列), 称这样的简单析取式为**极大项**.

n 个命题变项共可产生 2^n 个不同的极大项. 其中每个极大项都有且仅有一个成假赋值. 若成真赋值所对应的二进制数转换为十进制数 i, 就将所对应极小项记作 M_i.

表 1.14 和表 1.15 分别是由 P, Q 两个命题变项形成的全部极大项以及由 P, Q, R 三个命题变项形成的全部极大项.

表 1.14 P, Q 形成的极大项

公式	成假赋值	名称
$P \lor Q$	00	M_0
$P \lor \neg Q$	01	M_1
$\neg P \lor Q$	10	M_2
$\neg P \lor \neg Q$	11	M_3

表 1.15 P, Q, R 形成的极大项

公式	成假赋值	名称
$P \lor Q \lor R$	000	M_0
$P \lor Q \lor \neg R$	001	M_1
$P \lor \neg Q \lor R$	010	M_2
$P \lor \neg Q \lor \neg R$	011	M_3
$\neg P \lor Q \lor R$	100	M_4
$\neg P \lor Q \lor \neg R$	101	M_5
$\neg P \lor \neg Q \lor R$	110	M_6
$\neg P \lor \neg Q \lor \neg R$	111	M_7

说明 由真值表可得到极大项具有如下性质.

(1) 各极大项的真值表都不相同.

(2) 每个极大项当其真值指派与对应的二进制编码相同时, 其真值为假, 在其余 $2^n - 1$ 种指派情况下, 其真值均为真.

(3) 任意两个不同极大项的析取式是永真式.

(4) 全体极大项的合取式必为永假式.

定义 1.18   设由 n 个命题变项构成的合取范式中所有的简单析取式都是极大项, 则称该合取范式为**主合取范式**.

定理 1.10   任何命题公式都存在着与之等值的主合取范式, 并且是唯一的.

证明方法与主析取范式的存在和唯一性证明方法类似, 此处略去证明过程.

一个命题公式的主合取范式同主析取范式类似, 也可以通过两种方法求得: 一是由公式的真值表得出, 即真值表法; 二是由基本等价公式推出, 即等值演算法.

下面介绍方法一: 真值表法.

其步骤如下.

(1) 写出 A 的真值表.

(2) 找出 A 的成假赋值.

(3) 求出每个成假赋值对应的极大项 (用名称表示), 按角标从小到大顺序合取.

例 1.23   利用真值表求 $(P{\rightarrow}Q){\wedge}Q$ 的主合取范式.

解 $(P{\rightarrow}Q){\wedge}Q$ 的真值表如表 1.16 所示.

表 1.16 $(P \rightarrow Q){\wedge}Q$ 的真值表

P	Q	$P{\rightarrow}Q$	$(P{\rightarrow}Q){\wedge}Q$
0	0	1	0
0	1	1	1
1	0	0	0
1	1	1	1

从表 1.16 可以看出, 该公式在其真值表的 00 行, 10 行处取真值 0, 所以

$$(P \rightarrow Q) \wedge Q \Leftrightarrow (P \vee Q) \wedge (\neg P \vee Q) \Leftrightarrow M_0 \wedge M_2.$$

下面介绍方法二: 等值演算法.

该方法与求主析取范式的步骤非常相似, 可以给出求主合取范式等值演算法的主要步骤如下.

(1) 化归为合取范式.

(2) 除去合取范式中所有永真的合取项.

(3) 将合取式中重复出现的析取项和相同的变元合并.

(4) 对析取项补入没有出现的命题变元, 即添加如 $(P{\wedge}\neg P)$ 式, 然后应用分配律展开公式.

例 1.24   利用等值演算法求 $(P{\rightarrow}Q){\leftrightarrow}R$ 的主合取范式.

解 $(P \to Q) \leftrightarrow R$

$\Leftrightarrow (P \lor R) \land (\neg Q \lor R) \land (\neg P \lor Q \lor \neg R)$

$\neg P \lor Q \lor \neg R \Leftrightarrow M_5$,

$P \lor R \Leftrightarrow P \lor (Q \land \neg Q) \lor R \Leftrightarrow (P \lor Q \lor R) \land (P \lor \neg Q \lor R) \Leftrightarrow M_0 \lor M_2$,

$\neg Q \lor R \Leftrightarrow (P \land \neg P) \lor \neg Q \lor R$

$\qquad \Leftrightarrow (P \lor \neg Q \lor R) \land (\neg P \lor \neg Q \lor R)$

$\qquad \Leftrightarrow M_2 \lor M_6$,

$(P \to Q) \leftrightarrow R \Leftrightarrow M_0 \lor M_2 \lor M_5 \lor M_6$.

其实, 只要求出了命题公式 A 的主析取范式, 也就求出了主合取范式 (反之亦然). 主析取范式由极小项构成, 主合取范式由极大项构成. 从极小项和极大项的定义, 可知两者有下列关系.

定理 1.11 设 m_i 与 M_i 是命题变项 $p_1, p_2, \cdots, p_n$ 形成的极小项和极大项, 则

$$\neg m_i \Leftrightarrow M_i, \neg M_i \Leftrightarrow m_i.$$

设公式 A 含 n 个命题变项.

A 的主析取范式含 $s(0 < s < 2^n)$ 个极小项, 即

$$A \Leftrightarrow m_{i_1} \lor m_{i_2} \lor \cdots \lor m_{i_s}, \quad 0 \leqslant i_j \leqslant 2^n - 1, \quad j = 1, 2, \cdots, s.$$

没有出现的极小项设为 $m_{j_1}, m_{j_2}, \cdots, m_{j_{2^n - s}}$.

它们的角标的二进制表示为 $\neg A$ 的成真赋值, 因而 $\neg A$ 的主析取范式为

$$\neg A \Leftrightarrow m_{j_1} \lor m_{j_2} \lor \cdots \lor m_{j_{2^n - s}},$$

$$A \Leftrightarrow \neg \neg A$$

$$\qquad \Leftrightarrow \neg (m_{j_1} \lor m_{j_2} \lor \cdots \lor m_{j_{2^n - s}})$$

$$\qquad \Leftrightarrow \neg m_{j_1} \land \neg m_{j_2} \land \cdots \land \neg m_{j_{2^n - s}}$$

$$\qquad \Leftrightarrow M_{j_1} \land M_{j_2} \land \cdots \land M_{j_{2^n - s}}.$$

由此可得出由 A 的主析取范式求主合取范式的步骤如下.

(1) 求出 A 的主析取范式中没有包含的极小项.

(2) 求出与 (1) 中极小项的角码相同的极大项.

(3) 将 (2) 中极大项进行合取, 即为 A 的主合取范式.

根据以上方法, 读者只要熟练地掌握求主析取范式的方法, 就可以既求主析取范式, 又求主合取范式了.

例 1.25 由公式的主析取范式, 求主合取范式.

(1) $A \Leftrightarrow m_1 \lor m_2$ (A 中含两个命题变项 P, Q).

(2) $B \Leftrightarrow m_1 \lor m_2 \lor m_3$ (B 中含三个命题变项 P, Q, R).

解 (1) $A \Leftrightarrow M_0 \land M_3$.

(2) $B \Leftrightarrow M_0 \land M_4 \land M_5 \land M_6 \land M_7$.

主合取范式和主析取范式用途一样, 通过它也可以求公式的成真赋值与成假赋值、判断公式的类型 (注意重言式的主合取范式中不含任何极大项, 用 1 表示重言式的主合取范式)、判断两个命题公式是否等价, 以及应用主合取范式分析和解决实际问题等.

1.4 命题联结词的扩充与归约

前面介绍了五种常用的逻辑联结词 $\neg$, $\wedge$, $\vee$, $\rightarrow$, $\leftrightarrow$, 但是这五种联结词还不能很广泛地直接用来表达命题间的联系, 为此, 下面再介绍三种联结词.

1.4.1 命题联结词的扩充

定义 1.19 设 P, Q 为两命题, 复合命题 "P, Q 之中恰有一个成立" 称为 P 与 Q 的**排斥或或异或**, 记作 $P \oplus Q$. $\oplus$ 称作**排斥或或异或联结词**. $P \oplus Q$ 为真当且仅当 P, Q 中恰有一个为真. 其定义可用如下真值表 (表 1.17) 表示:

表 1.17 $P \oplus Q$

P	Q	$P \oplus Q$
0	0	0
0	1	1
1	0	1
1	1	0

从定义及表 1.17 可知, $P \oplus Q \Leftrightarrow (P \wedge \neg Q) \vee (\neg P \wedge Q)$.

利用真值表法, 可得 "$\oplus$" 具有如下性质.

(1) $P \oplus Q \Leftrightarrow Q \oplus P$.

(2) $(P \oplus Q) \oplus R \Leftrightarrow P \oplus (Q \oplus R)$.

(3) $P \wedge (Q \oplus R) \Leftrightarrow (P \wedge Q) \oplus (P \wedge R)$.

(4) $P \oplus Q \Leftrightarrow (P \wedge \neg Q) \vee (\neg P \wedge Q)$.

(5) $P \oplus Q \Leftrightarrow \neg (P \leftrightarrow Q)$.

(6) $P \oplus P \Leftrightarrow F$; $F \oplus P \Leftrightarrow P$; $T \oplus P \Leftrightarrow \neg P$.

定义 1.20 设 P, Q 为两命题, 复合命题 "P 与 Q 的否定" 称为 P 与 Q 的**与非式**, 记作 $P \uparrow Q$. $\uparrow$ 称作**与非联结词**. $P \uparrow Q$ 为真当且仅当 P, Q 不同时为真. 其定义可用如下真值表 (表 1.18) 表示.

表 1.18 $P \uparrow Q$

P	Q	$P \uparrow Q$
0	0	1
0	1	1
1	0	1
1	1	0

从定义及表 1.18 可知, $P \uparrow Q \Leftrightarrow \neg (P \wedge Q)$.

利用真值表法, 可得 "$\uparrow$" 具有如下性质.

(1) $P \uparrow P \Leftrightarrow \neg (P \wedge P) \Leftrightarrow \neg P$.

(2) $(P\uparrow Q)\uparrow(P\uparrow Q)\Leftrightarrow\neg(P\uparrow Q)\Leftrightarrow P\wedge Q$.

(3) $(P\uparrow P)\uparrow(Q\uparrow Q)\Leftrightarrow\neg P\uparrow\neg Q\Leftrightarrow P\vee Q$.

定义 1.21 设 P, Q 为两命题, 复合命题 "P 或 Q 的否定" 称为 P 与 Q 的**或非式**, 记作 $P\downarrow Q$. $\downarrow$ 称作**或非联结词**. $P\downarrow Q$ 为真当且仅当 P,Q 同时为假. 其定义可用如下真值表 (表 1.19) 表示.

表 1.19 $P\downarrow Q$

P	Q	$P\downarrow Q$
0	0	1
0	1	0
1	0	0
1	1	0

从定义及表 1.19 可知, $P\downarrow Q\Leftrightarrow\neg(P\vee Q)$.

利用真值表法, 可得 "$\downarrow$" 具有如下性质.

(1) $P\downarrow P\Leftrightarrow\neg(P\vee P)\Leftrightarrow\neg P$.

(2) $(P\downarrow Q)\downarrow(P\downarrow Q)\Leftrightarrow\neg(P\downarrow Q)\Leftrightarrow P\vee Q$.

(3) $(P\downarrow P)\downarrow(Q\downarrow Q)\Leftrightarrow\neg P\downarrow\neg Q\Leftrightarrow P\wedge Q$.

1.4.2 命题联结词的归约

到目前为止, 共定义了 8 个联结词, 但这些联结词在表达命题时并不是缺一不可, 因为包含某些联结词的公式可以用另外一些联结词的公式来进行表示. 这就产生了所需要联结词数量的问题, 如果任一**真值函数**都可以用仅含此联结词集中的联结词的命题公式表示, 那么具有这样性质的联结词集称为全功能集. 首先要明确何为真值函数.

定义 1.22 称定义域为 $00\cdots0, 00\cdots1, \cdots, 11\cdots1$, 值域为 0,1 的函数是 **$n$ 元真值函数**, 定义域中的元素是长为 n 的 0,1 串. 常用 $F:\{0,1\}^n\rightarrow\{0,1\}$ 表示 F 是 n 元真值函数.

例如, $F:\{0,1\}^2\rightarrow\{0,1\}$, 且 $F(00) = F(01) = F(11) = 0$, $F(10) = 1$, 则 F 为一个确定的二元真值函数.

n 个命题变项共可以形成 2^{2^n} 个不同的真值函数, 每个真值函数可对应无穷多个命题公式, 它们彼此都是等值的.

对于任何一个含 n 个命题变项的命题公式 A, 都存在唯一的一个 n 元真值函数 F 为 A 的真值表, 等值的公式对应的真值函数相同.

表 1.20 给出所有二元真值函数对应的真值表, 每一个含两个命题变项的公式的真值表都可以在表 1.20 中找到.

例如: $P\rightarrow Q,\neg P\vee Q, (\neg P\vee Q)\vee(\neg(P\rightarrow Q)\wedge Q)$ 等都对应表中的 F_{14}.

定义 1.23 在一个联结词的集合中, 如果一个联结词可由集合中的其他联结词定义, 则称此联结词为**冗余的联结词**, 否则称为**独立的联结词**.

例如, 在联结词集 $\{\neg, \wedge, \vee, \rightarrow, \leftrightarrow\}$ 中, 由于 $P\rightarrow Q\Leftrightarrow\neg P\vee Q$, 所以, $\rightarrow$ 为冗余的联结词; 类似地, $P\leftrightarrow Q\Leftrightarrow(\neg P\vee Q)\wedge(\neg Q\vee P)$, $\leftrightarrow$ 也是冗余的联结词.

又考虑到在 $\{\neg, \wedge, \vee\}$ 中, 由于 $P \wedge Q \to \neg(\neg P \vee \neg Q)$, 说明 "$\wedge$" 和 "$\vee$" 可以互相替换. 所以, $\wedge$ 是冗余的联结词. 类似地, $\vee$ 也是冗余的联结词. 但在 $\{\neg, \wedge\}$ 中无冗余的联结词, 与此类似, $\{\neg, \vee\}$ 中也无冗余的联结词.

表 1.20 二元真值函数对应的真值表

P	Q	F_1	F_2	F_3	F_4	F_5	F_6	F_7	F_8
0	0	0	0	0	0	0	0	0	0
0	1	0	0	0	0	1	1	1	1
1	0	0	0	1	1	0	0	1	1
1	1	0	1	0	1	0	1	0	1

P	Q	F_9	F_{10}	F_{11}	F_{12}	F_{13}	F_{14}	F_{15}	F_{16}
0	0	1	1	1	1	1	1	1	1
0	1	0	0	0	0	1	1	1	1
1	0	0	0	1	1	0	0	1	1
1	1	0	1	0	1	0	1	0	1

定义 1.24 设 S 是一个联结词集合, 如果任何 $n(n \geqslant 1)$ 元真值函数都可以由仅含 S 的联结词构成的公式表示, 则称 S 是**联结词全功能集**. 如果在 S 中去掉任何一个联结词后都不再具有这种性质, 则称它是**极小全功能集**.

说明 若 S 是联结词全功能集, 则任何命题公式都可用 S 中的联结词表示.

可以证明 $\{\neg, \wedge, \vee, \to, \leftrightarrow\}$, $\{\neg, \wedge, \vee\}$, $\{\neg, \vee\}$, $\{\neg, \wedge\}$, $\{\neg, \to\}$, $\{\uparrow\}$, $\{\downarrow\}$ 等都是全功能集, 其中 $\{\neg, \vee\}$, $\{\neg, \wedge\}$, $\{\neg, \to\}$, $\{\uparrow\}$, $\{\downarrow\}$ 等是极小全功能集.

例 1.26 若已知 $\{\neg, \to\}$ 是全功能集, 证明 $\{\neg, \vee\}$ 也是全功能集.

证明 由于 $\{\neg, \to\}$ 是全功能集, 因而任一真值函数均可仅由含 $\{\neg, \to\}$ 的联结词的命题公式表示. 而对于任意的命题形式 A, B, 有 $A \to B \Leftrightarrow \neg A \vee B$, 因而任一真值函数均可仅由含 $\{\neg, \vee\}$ 中的联结词的命题公式表示, 所以它是全功能集.

1.5 基于命题的推理

数理逻辑的主要任务是用数学的方法来研究推理的规律. **推理**是指从前提出发推出结论的思维过程. **前提**是已知命题公式集合. **结论**是从前提出发应用推理规则推出的命题公式. **证明**是描述推理正确或错误的过程. 要研究推理, 首先应该明确什么样的推理是有效的或正确的.

定义 1.25 若 $(A_1 \wedge A_2 \wedge \cdots \wedge A_k) \to B$ 为重言式, 则称 $A_1, A_2, \cdots, A_k$ 推出结论 B 的推理正确, B 是 $A_1, A_2, \cdots, A_k$ 的**逻辑结论**或**有效结论**. 称 $(A_1 \wedge A_2 \wedge \cdots \wedge A_k) \to B$ 为由前提 $A_1, A_2, \cdots, A_k$ 推出结论 B 的推理的形式结构. 记作 $A_1 \wedge A_2 \wedge \cdots \wedge A_k \Rightarrow B$.

注意 在形式逻辑中, 并不关心结论是否真实, 而只在乎由给定的前提 $A_1, A_2, \cdots, A_k$ 能否推出结论 B 来, 只注意推理的形式是否正确. 因此, 有效结论并不一定是正确的. 例如当 $A_1, A_2, \cdots, A_k$ 中有为假的时, $(A_1 \wedge A_2 \wedge \cdots \wedge A_k) \to B$ 恒为真. 只有正确的前提经过正确的推理得到的逻辑结论才是正确的.

推理的证明方法千变万化, 但基本方法是真值表法和运用推理规则的证明方法.

1.5.1 基于真值表的推理

构造公式 $A_1 \wedge A_2 \wedge \cdots \wedge A_k \to B$ 的真值表, 若它为重言式, 则结论 B 是有效的.

例 1.27 判断下列推理是否正确:

(1) $P \wedge Q \Rightarrow P$.

(2) $P \wedge (Q \to P) \Rightarrow Q$.

解 (1) 只需要证明 $P \wedge Q \to P$ 为重言式, 真值表如表 1.21 所示.

表 1.21 $P \wedge Q \to P$ 的真值表

P	Q	$P \wedge Q$	$P \wedge Q \to P$
0	0	0	1
0	1	0	1
1	0	0	1
1	1	1	1

表 1.21 的最后一列全是 1, 因而 (1) 是重言式, 所以推理正确.

(2) 只需要证明 $P \wedge (Q \to P) \to Q$ 为重言式, 真值表如表 1.22 所示.

表 1.22 $P \wedge (Q \to P) \to Q$ 的真值表

P	Q	$P \wedge (Q \to P)$	Q	$P \wedge (Q \to P) \to Q$
0	0	0	0	1
0	1	0	1	1
1	0	1	0	0
1	1	1	1	1

可以看出, 表 1.22 的最后一列不全是 1, 因而 (2) 不是重言式, 所以推理不正确.

例 1.28 判断以下推理是否正确:

一份统计表格的错误或者是由于材料不可靠, 或者是由于计算有错误; 这份统计表格的错误不是由于材料不可靠, 所以这份统计表格的错误是由于计算有错误.

解 设 P: 统计表格的错误是由于材料不可靠. 设 Q: 统计表格的错误是由于计算有错误.

前提: $P \vee Q, \neg P$.

结论: Q.

推理的形式结构为

$$(P \vee Q) \wedge \neg P \Rightarrow Q,$$

只需要证明 $(P \vee Q) \wedge \neg P \to Q$ 为重言式, 真值表如表 1.23 所示.

表 1.23 $(P \vee Q) \wedge \neg P \to Q$ 的真值表

P	Q	$P \vee Q$	$\neg P$	$(P \vee Q) \wedge \neg P \to Q$
0	0	0	1	1
0	1	1	1	1
1	0	1	0	1
1	1	1	0	1

表 1.23 的最后一列全是 1, 因而 $(P \lor Q) \land \neg P \to Q$ 是重言式, 所以推理正确.

说明　当命题变项比较少时, 用真值表法比较方便, 此时采用形式结构 "$A_1 \land A_2 \land \cdots \land A_k \to B$", 判断其是否为重言式.

1.5.2　基于推理规则的推理

在推理过程中, 如果命题变项较多, 需要引入构造证明的方法. 这种方法是由一组前提条件, 利用公认的推理规则, 推导得到有效结论.

证明是一个描述推理过程的命题公式序列, 其中的每个命题公式或者是已知前提, 或者是由某些前提应用推理规则得到的结论.

在推理规则中, 用 $A_1, A_2, \cdots, A_k \models B$ 表示 B 是 $A_1, A_2, \cdots, A_k$ 的逻辑结论, 在证明的序列中, 若已有 $A_1, A_2, \cdots, A_k$, 则可以引入 B. 下面给出证明中常用的推理规则.

(1) 前提引入规则: 在证明的任何步骤上都可以引入前提.

(2) 结论引入规则: 在证明的任何步骤上所得到的结论都可以作为后继证明的前提.

(3) 置换规则: 在证明的任何步骤上, 命题公式中的子公式都可以用与之等值的公式置换, 得到公式序列中的又一个公式. 例如, 可用 $\neg P \lor Q$ 置换 $P \to Q$ 等.

(4) 假言推理规则: $A \to B, A \models B$.

(5) 附加规则: $A \models A \lor B$.

(6) 化简规则: $A \land B \models A$.

(7) 拒取式规则: $A \to B, \neg B \models \neg A$.

(8) 假言三段论规则: $A \to B, B \to C \models A \to C$.

(9) 析取三段论规则: $A \lor B, \neg B \models A$.

(10) 构造性二难规则: $A \to B, C \to D, A \lor C \models B \lor D$.

(11) 破坏性二难规则: $A \to B, C \to D, \neg B \lor \neg D \models \neg A \lor \neg C$.

(12) 合取引入规则: $A, B \models A \land B$.

构造证明法主要包括直接证明法、附加前提证明法、归谬法 (或称反证法).

下面通过例题说明如何运用以上规则构造证明.

1.5.3　应用实例

例 1.29　构造下面推理的证明.

(1) 前提: $\neg P \lor Q, R \lor \neg Q, R \to S$.

　　结论: $P \to S$.

(2) 前提: $P \to (Q \to R), P \land Q$.

　　结论: $\neg R \to S$.

证明　(1) ① $\neg P \lor Q$　　　　　　　前提引入

　　　　　　② $P \to Q$　　　　　　　　① 置换

　　　　　　③ $R \lor \neg Q$　　　　　　　前提引入

　　　　　　④ $Q \to R$　　　　　　　　③ 置换

　　　　　　⑤ $P \to R$　　　　　　　　②④假言三段论

　　　　　　⑥ $R \to S$　　　　　　　　前提引入

⑦$P{\to}S$	⑤⑥假言三段论
(2)①$P{\to}(Q{\to}R)$	前提引入
②$P{\wedge}Q$	前提引入
③P	②化简
④Q	②化简
⑤$Q{\to}R$	①③假言推理
⑥R	④⑤假言推理
⑦$R{\vee}S$	⑥附加
⑧$\neg R{\to}S$	⑦置换

例 1.30 构造下面推理的证明:

如果我学习, 那么我数学不会不及格. 如果我不热衷于玩扑克, 那么我将学习. 但是我数学不及格. 因此, 我热衷于玩扑克.

解 设 P: 我学习. Q: 我数学及格. R: 我热衷于玩扑克.

形式结构为:

前提: $P{\to}Q$, $\neg R{\to}P$, $\neg Q$.

结论: R.

证明: ①$P{\to}Q$	前提引入
②$\neg Q$	前提引入
③$\neg P$	①②拒取式
④$\neg R{\to}P$	前提引入
⑤$\neg\neg R$	③④拒取式规则
⑥R	⑤置换

除了直接证明法外, 下面再介绍两种证明技巧: 附加前提证明法和归谬法, 这两种方法都属于间接证明法.

1. 附加前提证明法

有时推理的形式结构具有如下形式:

前提: A_1, A_2, $\cdots$, A_k.

结论: $C{\to}B$.

可将上述结论中的前件也作为推理的前提, 使结论只为 B:

前提: A_1, A_2, $\cdots$, A_k, C.

结论: B.

原因在于:

$$(A_1 \wedge A_2 \wedge \cdots \wedge A_k) \to (C \to B)$$
$$\Leftrightarrow \neg(A_1 \wedge A_2 \wedge \cdots \wedge A_k) \vee (\neg C \vee B)$$
$$\Leftrightarrow \neg(A_1 \wedge A_2 \wedge \cdots \wedge A_k \wedge C) \vee B$$
$$\Leftrightarrow (A_1 \wedge A_2 \wedge \cdots \wedge A_k \wedge C) \to B.$$

说明 如果要证明的结论是蕴涵式形式, 则可以把结论中蕴涵式的前件 C 作为附加前提, 与给定的前提一起推出后件 B 即可, 这种证明方法称为**附加前提证明法**.

例 1.31   用附加前提证明法证明下面推理.

如果小张和小王去看电影, 则小李也去看电影; 小赵不去看电影或小张去看电影; 小王去看电影. 所以, 当小赵去看电影时, 小李也去看电影.

解   设 P: 小张去看电影. Q: 小王去看电影. R: 小李去看电影. S: 小赵去看电影.

形式结构为:

前提: $(P \land Q) \to R$, $\neg S \lor P$, Q.

结论: $S \to R$.

证明: ①S 附加前提引入

②$\neg S \lor P$ 前提引入

③P ①②析取三段论

④$(P \land Q) \to R$ 前提引入

⑤Q 前提引入

⑥$P \land Q$ ③⑤合取

⑦R ④⑥假言推理

由附加前提证明法可知, 推理正确.

2. 归谬法 (反证法)

有时推理的形式结构具有如下形式:

前提: A_1, A_2, $\cdots$, A_k.

结论: B.

如果将 $\neg B$ 作为前提能推出矛盾来, 则说明推理正确:

前提: A_1, A_2, $\cdots$, A_k, $\neg B$.

结论: 矛盾.

原因在于:

$(A_1 \land A_2 \land \cdots \land A_k) \to B$

$\Leftrightarrow \neg(A_1 \land A_2 \land \cdots \land A_k) \lor B$

$\Leftrightarrow \neg(A_1 \land A_2 \land \cdots \land A_k \land \neg B)$.

说明   若 $A_1 \land A_2 \land \cdots \land A_k \land \neg B$ 为矛盾式, 则说明 $(A_1 \land A_2 \land \cdots \land A_k) \to B$ 为重言式, 即 B 是公式 A_1, A_2, $\cdots$, A_k 的逻辑结论. 这种将 $\neg B$ 作为附加前提推出矛盾的证明方法称为**归谬法或反证法**.

例 1.32   用归谬法证明下面推理.

如果小张守第一垒并且小李向 B 队投球, 则 A 队将取胜; 或者 A 队未取胜, 或者 A 队获得联赛第一; A 队没有获得联赛第一名; 小张守第一垒. 因此, 小李没有向 B 队投球.

解   设 P: 小张守第一垒. Q: 小李向 B 队投球. R: A 队取胜. S: A 队获得联赛第一名.

形式结构为:

前提: $(P \land Q) \to R$, $\neg R \lor S$, $\neg S$, P.

结论: $\neg Q$.

证明: ①Q 结论的否定引入

②$\neg R \lor S$ 前提引入

③¬S	前提引入
④¬R	②③析取三段论
⑤$(P\land Q)\to R$	前提引入
⑥¬$(P\land Q)$	④⑤拒取式
⑦¬$P\lor\neg Q$	⑥置换
⑧P	前提引入
⑨¬Q	⑦⑧析取三段论
⑩$Q\land\neg Q$	①⑨合取

由于最后一步为矛盾式, 所以推理正确.

如果对于任意一个命题公式, 存在一种间接证明法, 则必存在一种直接证明法, 反过来也成立. 因此, 从逻辑的角度来讲, 间接证明法与直接证明法同样有效, 只是其方便程度因问题的不同而不同. 我们可根据实际问题选择一种方法加以证明.

1.6 习   题

1. 判断下列句子是否为命题, 若是命题请指出是简单命题还是复合命题.
   (a) 8 是素数.
   (b) $\sqrt{3}$ 是无理数.
   (c) x 大于 y.
   (d) 充分大的偶数等于两个素数之和.
   (e) 今天是星期二.
   (f) 你喜欢《巴黎圣母院》吗?
   (g) 请不要吸烟!
   (h) 我正在说假话.
   (i) 4 是 2 的倍数或是 3 的倍数.
   (j) 夏明和张华是同学.
   (k) 这朵花真好看啊!
   (l) 今天下雨又刮风.
   (m) 我会去国外度假, 仅当我有时间.
   (n) 如果今天不放假, 他就不去图书馆.

2. 将上题中的命题符号化, 并讨论它们的真值.

3. 将下列命题符号化, 并确定其真值.
   (a) 5 不是偶数.
   (b) 1+1=2 且太阳从西方升起.
   (c) 2+3=5 或者他游泳.
   (d) 如果 a 和 b 是偶数, 则 $a+b$ 是偶数.
   (e) 如果 3+3 = 6, 则雪不是白的.
   (f) 2+2=4, 当且仅当 3 是奇数.

4. 将下列命题符号化.
   (a) 豆沙包是由面粉和红小豆做成的.
   (b) 苹果树和梨树都是落叶乔木.
   (c) 王小红或李大明是物理组成员.
   (d) 王小红或李大明中的一人是物理组成员.

(e) 由于交通堵塞, 他迟到.

(f) 如果交通不堵塞, 他就不会迟到.

(g) 他没迟到, 所以交通没堵塞.

(h) 除非交通堵塞, 否则他不会迟到.

(i) 他迟到当且仅当交通堵塞.

(j) 如果我上街, 我就去书店看看, 除非我很累.

5. 设 P, Q, R 的真值分别为 1, 1, 0, 求下列各命题公式的真值.

(a) $((\neg P \wedge Q) \vee (P \wedge \neg Q)) \rightarrow R$.

(b) $(Q \vee R) \rightarrow (P \rightarrow \neg R)$.

(c) $(\neg P \vee R) \leftrightarrow (P \wedge \neg R)$.

6. 用真值表判断下面公式的类型.

(a) $((\neg P \wedge Q) \vee (P \wedge \neg Q)) \rightarrow R$.

(b) $(Q \vee R) \rightarrow (P \rightarrow \neg R)$.

(c) $(\neg P \vee R) \leftrightarrow (P \wedge \neg R)$.

(d) $(Q \vee \neg (P \rightarrow Q)) \wedge \neg Q$.

7. 用等值演算法证明下列等值式.

(a) $P \rightarrow (Q \rightarrow R) \Leftrightarrow (P \wedge Q) \rightarrow R$.

(b) $(\neg P \wedge (\neg Q \wedge R)) \vee ((Q \wedge R) \vee (P \wedge R)) \Leftrightarrow R$.

(c) $P \rightarrow (Q \rightarrow R) \Leftrightarrow (P \wedge Q) \rightarrow R$.

8. 用等值演算法判断下面公式的类型.

(a) $(P \rightarrow Q) \wedge P \rightarrow Q$.

(b) $P \wedge (((P \vee Q) \wedge \neg P) \rightarrow Q)$.

(c) $(\neg P \rightarrow Q) \rightarrow (Q \rightarrow \neg P)$.

9. 求下列命题公式的主析取范式、主合取范式、成真赋值、成假赋值.

(a) $(P \rightarrow \neg Q) \rightarrow R$.

(b) $(P \vee (Q \wedge R)) \rightarrow (P \wedge Q \wedge R)$.

(c) $(\neg P \rightarrow Q) \rightarrow (\neg Q \vee P)$.

10. 用主析取范式判断下述两个公式是否等值.

(a) $P \rightarrow (Q \rightarrow R)$ 与 $(P \wedge Q) \rightarrow R$.

(b) $P \rightarrow (Q \rightarrow R)$ 与 $(P \rightarrow Q) \rightarrow R$.

11. 通过求主范式判断公式类型.

(a) $(P \rightarrow Q) \rightarrow (\neg Q \rightarrow \neg P)$.

(b) $\neg (P \rightarrow Q) \wedge Q$.

(c) $(P \rightarrow Q) \wedge \neg P$.

12. 甲, 乙, 丙, 丁四个人有且只有两个人参加围棋比赛. 关于谁参加比赛, 下列四个判断都是正确的: (1) 甲和乙只有一人参加比赛; (2) 丙参加, 丁必参加; (3) 乙或丁至多参加一人; (4) 丁不参加, 甲也不会会参加. 请推断出哪两个人参加围棋比赛.

13. 在以下各联结词集中各求一个公式与 $A = (P \rightarrow \neg Q) \wedge R$ 等值.

(a) $\{\neg, \wedge, \vee\}$.

(b) $\{\neg, \wedge\}$.

(c) $\{\neg, \vee\}$.

(d) $\{\neg, \rightarrow\}$.

(e) $\{\uparrow\}$.

(f) $\{\downarrow\}$.

14. 已知命题公式 A 中含三个命题变项 P, Q, R, 并知道它的成真赋值为 $001, 010, 111$, 求 A 的主析取范式和主合取范式以及 A 对应的真值函数.

15. 用不同的方法验证下面推理是否正确. 对于正确的推理还要在推理系统中给出证明.
    (a) 前提: $\neg P \rightarrow Q$, $\neg Q$.
        结论: $\neg P$.
    (b) 前提: $Q \rightarrow R$, $P \rightarrow \neg R$.
        结论: $Q \rightarrow \neg P$.

16. 判断下列推理是否正确, 先将命题符号化, 再写出前提和结论, 然后进行判断.
    (a) 如果今天是 1 号, 则明天是 5 号. 今天是 1 号, 所以明天是 5 号.
    (b) 如果今天是 1 号, 则明天是 5 号. 明天是 5 号, 所以今天是 1 号.
    (c) 如果今天是 1 号, 则明天是 5 号. 明天不是 5 号, 所以今天不是 1 号.
    (d) 如果今天是 1 号, 则明天是 5 号. 今天不是 1 号, 所以明天不是 5 号.

17. 用直接证明法推理证明.
    前提: $Q \rightarrow P$, $Q \leftrightarrow S$, $S \leftrightarrow T$, $T \wedge R$.
    结论: $P \wedge Q \wedge S$.

18. 构造下面推理的证明.
    如果今天是周六, 我们就到颐和园或圆明园玩. 如果颐和园游人太多, 就不去颐和园. 今天是周六, 并且颐和园游人太多. 所以我们去圆明园或动物园玩.

19. 构造下面推理的证明.
    2 是素数或合数. 若 2 是素数, 则 $\sqrt{3}$ 是无理数. 若 $\sqrt{3}$ 是无理数, 则 4 不是素数. 所以, 如果 4 是素数, 则 2 是合数.

20. 构造下面推理的证明.
    前提: $\neg(P \wedge Q) \vee R$, $R \rightarrow S$, $\neg S$, P.
    结论: $\neg Q$.

第 2 章 谓词逻辑

命题逻辑以单句为基本处理对象, 不再对单句进行分解, 然而现实生活中的许多问题, 若仅以单句为处理对象, 无法探究命题的内部结构和成分, 也无法细划命题间的内部关系. 由此, 一些简单的问题若仅仅采用命题逻辑相关知识, 很难得出正确的结论. 比如, 考虑下面的推理:

所有学生应以学习为重. 张三是位学生. 所以, 张三应以学习为重.

这个推理显然是个真命题, 但却无法用命题逻辑相关知识来判断它的正确性.

原因在于, 在命题逻辑中, 问题的解决是以单句为基本处理对象, 将上例中出现的 3 个单句依次符号化为 P, Q, R, 于是上述问题的符号化结果为: $(P \land Q) \rightarrow R$.

然而, 简单分析即可发现, 上式不是重言式, 所以不能由它来判断上例为真命题. 原因何在? 问题出在了, 命题逻辑求解问题的思路, 它不考虑命题单句之间的内在联系和数量关系. 把"所有学生应以学习为重"作为一个简单命题来处理, 这也就失去了问题的本质含义. 为了真实地表达上例的内在含义, 还需要进一步地对单句进行拆分, 即拆分出"所有","学生","⋯⋯ 以学习为重"等内容. 这也就是谓词逻辑所研究的内容, 谓词逻辑又称为一阶逻辑.

2.1 谓 词 公 式

为了更好地描述单句中的内在联系和数量关系, 在谓词逻辑中首先引入个体词、谓词、量词三个基本元素. 下面首先讨论这三个元素.

2.1.1 个体词

定义 2.1 独立存在的具体或者抽象的客体称为**个体词**.

个体词可以是一个具体的事物, 也可以是一个抽象的概念. 例如, 梅西、足球、离散数学、整数、思想、定义等都可以作为个体词. 如同命题有命题常项和命题变项之分. 个体词也可简单分为**个体常项**和**个体变项**. 表示具体的或者特定的个体的词称为**个体常项**, 个体常项一般用小写的英文字母 $a, b, c, \cdots$ 表示. 表示抽象或泛指的个体词称为**个体变项**, 个体变项常用 $x, y, z, \cdots$ 表示. 称个体变项的变化范围为**个体域**. 个体域可以是有限的集合, 例如, {14 计 1, 14 电本, 14 电气 2}, {计算机专业, 电子专业, 自动化专业}. 也可以是无限的集合, 例如, 整数集合 **Z**, 实数集合 **R**. 在个体域中有一个特殊的个体域即由宇宙间的一切事物组成的个体域, 称为**全总个体域**.

2.1.2 谓词

定义 2.2 描述刻画主体词的性质、状态或者表达个体词之间关系的词称为**谓词**.
谓词常用 $F, G, H, \cdots$ 表示.

例 2.1 考虑下面几个谓词公式:

(1) 皇家马德里是欧洲冠军杯冠军球队.

(2) x 是变量.

(3) 小张与小王是同学.

(4) p 与 q 有关系.

解 在该例中, 皇家马德里、小张、小王是个体常项, x, p, q 是个体变项. "…… 是欧洲冠军杯冠军球队""…… 是变量""…… 与 …… 是同学""…… 与 …… 有关系"是谓词, 上述谓词可简单用 F, G, H, M 来描述. 这样该例中的谓词公式可简单如下表达.

(1) F(皇家马德里).

(2) $G(x)$.

(3) $H(a, b)$ (其中 a 表示小张, b 表示小王).

(4) $M(p, q)$.

2.1.3 量词

定义 2.3 生活中常见的数量词称为**量词**. 共有如下两大类量词.

(1) 全称量词. 在现实生活中, 常用到的"所有的", "一切的""每一个""全""都"等词都称为**全称量词**, 用符号 $\forall$ 表示. $\forall x$ 表示个体域中的所有个体 x. 例如, $\forall x F(x)$ 表示个体域中所有的 x 都具有性质 F.

(2) 存在量词. 在日常生活中, 常用到的"存在""有一个""某一些""不是所有""至少一个"等词都称为**存在量词**, 用符号 $\exists$ 表示, $\exists x$ 表示个体域中, 存在一个或者一些个体 x. 例如, $\exists x F(x)$ 表示个体域中存在 x 具有性质 F.

2.1.4 命题符号化

谓词逻辑中由于引入了个体词、谓词、量词等概念, 其命题的符号化问题要比命题逻辑困难很多. 同时, 同一个命题在不同的个体域下, 可能有不同的符号化形式, 其取值也可能存在差异. 因此, 在对自然语言进行命题的符号化时, 一定要先明确个体域 (个体词的取值范围).

下面通过一些实例来讨论谓词逻辑中命题的符号化问题.

例 2.2 在个体域分别限定为 (a) 和 (b) 条件下, 将下面的命题符号化.

(1) 所有人都喝水.

(2) 有人勇敢.

其中: (a) 个体域 D_1 为人类集合;

(b) 个体域 D_2 为全总个体域.

解 (a) 令 $F(x)$: x 喝水. $G(x)$: x 勇敢. 在个体域为 D_1 的前提下, 该例可公式化为:

(1) $\quad \forall x F(x)$;

(2) $\quad \exists x G(x)$.

(b) 在个体域为 D_2 的背景下, 除人之外, 还有其他生物. 在公式化时, 需要把人先分离出来. 为此, 令 $M(x) : x$ 是人; 此时, 上例可公式化为:

(1) $\forall x(M(x){\rightarrow}F(x))$;

(2) $\exists x(M(x){\wedge}G(x))$.

2.1.5 项

讨论完个体词、谓词及量词等概念, 结合命题逻辑中的命题常元、命题变元、个体常元、个体变元以及几大类联结词, 给出谓词逻辑公式的抽象定义. 为更清晰直觉地描述谓词公式, 先给出项的概念.

定义 2.4 (项)   (1) 任意的个体常量符 $(a, b, c, \cdots)$ 或任意的个体变量符 $(x, y, z, \cdots)$ 是项;

(2) 设 $t_1, t_2, \cdots, t_n$ 是项, $f(x_1, x_2, \cdots, x_n)$ 是 n 元函数符, 则 $f(t_1, t_2, \cdots, t_n)$ 是 **项**;

(3) 有限次地使用规则 (1), (2) 得到的符号串才是**项**.

定义 2.5 (原子公式)   若 $F(x_1, x_2, \cdots, x_n)$ 是 n 元谓词, $t_1, t_2, \cdots, t_n$ 是项, 则称 $F(t_1, t_2, \cdots, t_n)$ 为 **原子谓词公式**, 简称为**原子公式**.

定义 2.6 (谓词公式)   (1) 原子公式是谓词公式;

(2) 若 A, B 是谓词公式, 则 $(\neg A), (\neg B), (A{\wedge}B), (A{\vee}B), (A{\rightarrow}B), (A{\leftrightarrow}B)$ 也是**谓词公式**;

(3) 如果 A 是谓词公式, x 是个体变元, 则 $(\forall x A), (\exists x A)$ 也是**谓词公式**;

(4) 有限次地使用规则 (1), (2), (3) 产生的表达式才是**谓词公式**.

谓词公式, 也称合式公式, 简称**公式**. 在不引起混淆的情况下, 谓词公式 $(\neg A), (A{\wedge}B)$ 等最外层的括号可以省略, 写成 $\neg A, A{\wedge}B$.

例如

$$(\forall x)(\forall y)(\neg F(f(x, y), x),$$
$$\forall x(F(x){\rightarrow}\exists y(G(y){\wedge}H(x, y))).$$

都是公式, 而

$$(\forall x)(F(x){\rightarrow} G(x)),$$
$$(\exists y)(\forall x)(\wedge(F(x, y))).$$

则不是合法的谓词公式, 前者括号不匹配, 后者量词无辖域.

2.2   约   束

一般情况下, 变元都有具体的含义和应用背景, 从上下文中即可将其进行区分. 但在谓词公式中, 变元的含义不需要考虑, 如此情况下, 对变元就需要从形式上进行严格的区分, 并作如下定义.

2.2.1 约束部分

定义 2.7 在谓词公式 $\forall x A$ 和 $\exists x A$ 中, 称 x 为量词的**指导变元**, A 为量词的**辖域**. 在量词 $\forall x$ 以及 $\exists x$ 的辖域内, 变元 x 的一切出现都称为**约束出现**, 此时的变元 x 称为**约束变元**. 若辖域中变元不是约束出现, 则称它为**自由出现**, 此时的变元称为**自由变元**.

例 2.3 指出下列谓词公式中的约束变元、自由变元, 以及量词的辖域.

(1) $(\exists x)F(x)\wedge G(x,y)$.

(2) $(\forall x)(F(x)\rightarrow(\exists y)G(x,y))$.

解 在 (1) 中, 存在量词 $(\exists x)$ 的辖域为 $F(x)$, $F(x)$ 中的 x 为约束出现, 是约束变元, $G(x,y)$ 中的变元 x,y 不受任何量词的限制, 它们的出现均为自由出现, 是自由变元.

在 (2) 中, 全称量词 $(\forall x)$ 的辖域为 $(F(x)\rightarrow(\exists y)G(x,y))$, 此辖域内的变元 x 均为约束出现, 是约束变元. 存在量词 $(\exists y)$ 的辖域为 $G(x,y)$, 此辖域内的变元 x,y 均是约束变元.

定义 2.8 (闭式) 设 A 是任意的逻辑公式, 若 A 中所有的变元均是约束变元, 则称 A 为**封闭的式子**, 简称为**闭式**.

易知, 例 2.3 中的 (1) 式不是闭式, 而 (2) 式是闭式.

2.2.2 换名规则和代替规则

从例 2.3 中的 (1) 式可知, 同一个变元 (如 x), 既是约束出现, 又是自由出现. 为了避免混淆, 使公式看上去在结构和形式上统一, 在同一个式子中, 我们可以通过**换名规则**和**代替规则**将表达不同含义的个体变元用不同的变量符号来表示. 首先引入两个规则.

规则 1 换名规则 (公式中约束变元符号的换名) 需要遵守如下规则:

(1) 将量词中的变元, 以及该量词辖域内此变元的所有约束出现位置处, 都用新的变元符号替换.

(2) 新的换名符号一定是量词辖域内未出现过的某变项符号.

只有按照此换名规则, 约束变元的换名才是正确、有效的, 否则是错误的.

公式中的自由变元也允许更换, 自由变元的更换亦要遵守一定的规则, 这一规则称为代替规则.

规则 2 代替规则 (公式中自由变元的代替) 需要遵守如下规则:

(1) 将公式中该自由变元的每一位置处, 都用新的变元符号替换.

(2) 新的代替变元符号一定是在公式中未出现过的变项符号.

只有按照此代替规则, 自由变元的替换才是正确、有效的, 否则是错误的.

例 2.4 将下列公式进行等值变换, 使其不含既约束出现又自由出现的个体变项.

$$\forall x(P(x,y,z)\rightarrow\exists y Q(x,y,z)).$$

解 公式中的变元 x,y 都同时是约束变元和自由变元, 可以使用换名规则以及代替规则来解决这种问题. $\forall x(P(x,y,z)\rightarrow\exists y Q(x,y,z))$

$\Leftrightarrow\forall u(P(u,y,z)\rightarrow\exists y Q(x,y,z))$ (换名规则)

$\Leftrightarrow\forall u(P(u,y,z)\rightarrow\exists v Q(x,v,z))$ (换名规则)

也可以采用代替规则, 解决问题.

$\forall x(P(x,y,z) \to \exists y Q(x,y,z))$

$\Leftrightarrow \forall x(P(x,u,z) \to \exists y Q(x,y,z))$　　(代替规则)

$\Leftrightarrow \forall x(P(x,u,z) \to \exists y Q(v,y,z))$　　(代替规则)

2.2.3　公式的解释

给定的现实问题, 通过谓词逻辑符号化为谓词公式, 反之, 对于给定的谓词公式, 它所表达的是何种含义? 这涉及谓词逻辑的解释问题. 在命题逻辑的解释过程中, 只需要对命题公式内的变元进行赋值, 即可判断该公式的真假. 然而, 在谓词逻辑中, 由于引入了量词、谓词等内容, 情况将变得非常复杂. 它需要对谓词公式中的每一个常量项、变量项、函数项以及谓词变项一一赋值, 这就是**谓词公式的解释**.

定义 2.9　谓词公式 A 中的**解释** I 由如下四部分构成:

(1) 非空的个体域集合 D;

(2) 对公式 A 中的每一常量符号, 用 D 中的一个元素进行指派;

(3) 对公式 A 中的每一函数变项符号, 用 D 中的某个函数进行指派;

(4) 对公式 A 中的每一谓词符号, 用 D 中的某个特定的谓词进行指派.

例 2.5　给定如下解释 I:

(1) $D=$ 实数集 $\mathbf{R}$;

(2) D 上的特定元素 $a=2$;

(3) D 上的函数 $f(x,y)=x-y$;

(4) D 上的谓词 $F(x,y)=x<y$;

在解释 I 下求下式的真值情况.

(1) $(\forall x)(F(f(a,x),a))$.

(2) $(\forall x)(\forall y)(\neg F(f(x,y),x))$.

解　(1) 因为在解释 I 下, 对实数集 $\mathbf{R}$ 中任意的 x 及个体常项 a, 有 $f(a,x)=a-x$, 以及 $F(f(a,x),a)=(a-x)<a$ 成立. 将 $a=2$ 代入, 得 $(2-x)<2$, 即 $-x<0$, 显然为假, 所以 $(\forall x)F(f(a,x),a)$ 真值为 0.

(2) 因为在解释 I 下, 对实数集 $\mathbf{R}$ 中任意的 x,y, $F(f(x,y),x)=(x-y)<x$, $\neg F(f(x,y),x)=(x-y) \geqslant x$ 为假, 所以, $(\forall x)(\forall y)(\neg F(f(x,y),x))$ 真值为 0.

2.3　谓词公式中的永真式

2.3.1　谓词公式的等价

与命题公式类似, 在谓词逻辑中, 公式之间也存在相互等价的关系.

定义 2.10　设 F 与 G 是谓词逻辑中的任意两个公式, 公式 F 与 G 称为**等价式**当且仅当公式 $F \leftrightarrow G$ 是永真式. 记作: $F \leftrightarrow G$.

由上述定义可知, 判断两公式 F 与 G 是否为等价式的关键在于判断公式 $F \leftrightarrow G$ 是否为永真式. 这是谓词逻辑中的判定问题.

与命题逻辑的等值式判定一样, 人们还是给出了一些重要的谓词公式等值式.

1. 量词消去等值式

设个体域为有限域 $D = \{a_1, a_2, \cdots, a_n\}$, 则有

(1) $\forall x F(x) \Leftrightarrow F(a_1) \wedge F(a_2) \wedge \cdots \wedge F(a_n)$.

(2) $\exists x F(x) \Leftrightarrow F(a_1) \vee F(a_2) \vee \cdots \vee F(a_n)$.

2. 量词否定等值式

设公式 $F(x)$ 为含有自由出现的个体变项 x, 则

(1) $\neg \forall x F(x) \Leftrightarrow \exists x \neg F(x)$.

(2) $\neg \exists x F(x) \Leftrightarrow \forall x \neg F(x)$.

针对上式可做如下解释, 对于 (1) 式 "并不是所有的 x 都具有特性 F", 等值于 "存在 x 不具备特性 F". 对于 (2) 式 "不存在具有特性 F 的 x" 等值于 "所有的 x 都不具备特性 F".

3. 量词辖域收缩与扩张等值式

设公式 $F(x)$ 含有自由出现的个体变项 x, G 中不含 x 的出现.

(1) $\forall x (F(x) \vee G) \Leftrightarrow \forall x F(x) \vee G$,

$\forall x (F(x) \wedge G) \Leftrightarrow \forall x F(x) \wedge G$,

$\forall x (F(x) \rightarrow G) \Leftrightarrow \exists x F(x) \rightarrow G$,

$\forall x (G \rightarrow F(x)) \Leftrightarrow G \rightarrow \forall x F(x)$.

(2) $\exists x (F(x) \vee G) \Leftrightarrow \exists x F(x) \vee G$,

$\exists x (F(x) \wedge G) \Leftrightarrow \exists x F(x) \wedge G$,

$\exists x (F(x) \rightarrow G) \Leftrightarrow \forall x F(x) \rightarrow G$,

$\exists x (G \rightarrow F(x)) \Leftrightarrow G \rightarrow \exists x F(x)$.

4. 量词分配等值式

设 $F(x), G(x)$ 含有自由出现的个体变项 x, 则

(1) $\forall x (F(x) \wedge G(x)) \Leftrightarrow \forall x F(x) \wedge \forall x G(x)$.

(2) $\exists x (F(x) \vee G(x)) \Leftrightarrow \exists x F(x) \vee \exists x G(x)$.

2.3.2 谓词公式的类型

定义 2.11　(1) 谓词公式为**永真式** (又称**逻辑有效式**), 当且仅当公式 A 在它的所有解释 I 下取值均为真;

(2) 谓词公式为**永假式** (又称**矛盾式**), 当且仅当公式 A 在它的所有解释 I 下取值均为假;

(3) 谓词公式为**可满足式**, 当且仅当公式 A 存在一种解释, 其取值均为真.

由定义可知, 谓词公式若为永真式, 其一定是可满足式, 反之不一定成立.

例 2.6　判断下列谓词公式的类型.

(1) $\forall x (F(x) \rightarrow \exists y (G(y) \wedge H(x, y)))$.

(2) $\forall x \forall y ((F(x) \wedge G(y)) \rightarrow H(x, y))$.

解　(1) 取个体域为全总个体域. 解释 I_1:$F(x)$:x 为有理数, $G(y)$:y 为整数, $H(x,y)$:$x<y$.

在 I_1 下:$\forall x(F(x)\rightarrow\exists y(G(y)\land H(x,y)))$ 为真命题;

解释 I_2:$F(x)$,$G(y)$ 同 I_1, $H(x,y)$:y 整除 x.

在 I_2 下:$\forall x(F(x)\rightarrow\exists y(G(y)\land H(x,y)))$ 为假命题, 所以该公式是可满足式.

(2) 式是一个非永真式的可满足式, 请读者给出一个成真解释和一个成假解释.

2.4　谓词公式中的范式

在命题逻辑中, 主析取范式和主合取范式为命题公式提供了两种统一、规范的表达形式. 这种规范化的表达方式, 为系统化地研究公式的特点起到了重要的作用.

与命题逻辑类似, 谓词逻辑中也有规范化的表达形式, 这就是**前束范式**.

定义 2.12　设 A 为一个谓词逻辑公式, 称 A 为**前束范式**, 当且仅当 A 可等值化简为如下形式

$$Q_1x_1Q_2x_2\cdots Q_nx_nM.$$

其中, $Q_i(1\leqslant i\leqslant n)$ 为 $\exists$ 量词或者 $\forall$ 量词. 而 M 中不含量词.

例如,

$$\exists xG(x),$$
$$\forall x\forall y((F(x)\land G(y))\rightarrow H(x,y))$$

等公式都是前束范式, 而

$$\forall x(F(x)\rightarrow\exists y(G(y)\land H(x,y)))$$

不是前束范式.

定理 2.1　(**前束范式存在定理**)　任一谓词公式都存在与之等值的前束范式.

本定理证明略去.

定理 2.1 说明, 任一谓词公式的前束范式都是存在的, 一般情况下由于前束范式中量词的顺序可以不同, 所以前束范式可能不唯一.

例 2.7　求下列谓词公式的前束范式.

$$\exists x(\exists yP(x,y)\lor(\neg\exists yQ(y)\lor R(x)))$$

解　$G=\exists x(\exists yP(x,y)\lor(\neg\exists yQ(y)\lor R(x)))$

　　　$=\exists x(\exists yP(x,y)\lor(\forall y\neg Q(y)\lor R(x)))$　(量词否定等值式)

　　　$=\exists x(\exists yP(x,y)\lor\forall z\neg Q(z)\lor R(x))$　(换名规则)

　　　$=\exists x\exists y\forall z(P(x,y)\lor\neg Q(y)\lor R(x))$　(量词辖域的收缩与扩张等值式)

2.5　谓 词 推 理

与命题逻辑的推理系统类似, 谓词推理也是一种形式化的推理系统. 给定一组前提 A_1, $A_2,\cdots,A_k$, 以及结论 B 的推理形式结构, 依然采用如下的蕴涵式形式:

$$(A_1 \wedge A_2 \wedge \cdots \wedge A_k) \rightarrow B.$$

若上式为永真式, 则称结论 B 为前提 $A_1, A_2, \cdots, A_k$ 的**有效结论**. 但在谓词逻辑中由于量词和谓词的存在, 证明上述公式为永真式, 要比命题逻辑公式永真式的证明复杂困难得多.

2.5.1 推理规则

为了有效地构造谓词公式推理系统, 下面给出四个重要的谓词逻辑推理规则, 即量词消去规则和量词引入规则.

1. **全称量词消去规则** (简记为 UI 规则或者 UI)

$$\forall x P(x) \Rightarrow P(y) \quad \text{或者} \ \forall x P(x) \Rightarrow P(c).$$

此规则使用时要求:

(1) y 为任意的不在 $P(x)$ 中约束出现的个体变元.

(2) c 为任意的个体常量.

(3) 用 y 或者 c 去替代 $P(x)$ 中的 x 时一定要全部完成替代.

2. **全称量词引入规则** (简记为 UG 规则或者 UG)

$$P(y) \Rightarrow \forall x P(x).$$

此规则使用时要求:

(1) y 为常量时不能使用此规则.

(2) $P(y)$ 的取值应该为真.

(3) 取代 y 的 x 也不能在 $P(y)$ 中约束出现.

3. **存在量词引入规则** (简记为 EG 规则或者 EG)

$$P(c) \Rightarrow \exists x P(x).$$

此规则使用时要求:

(1) c 为特定的个体常量.

(2) 取代 c 的 x 也不能在 $P(c)$ 中约束出现.

4. **存在量词消去规则** (简记为 EI 规则或者 EI)

$$\exists x P(x) \Rightarrow P(c).$$

此规则使用时要求:

(1) c 不在 $P(x)$ 中出现.

(2) c 为使 $P(x)$ 为真的某一个体常量.

(3) $P(x)$ 中除 x 外还有其他自由变元时, 此规则不能使用.

这四个规则非常重要, 其作用是在证明过程中, 可以首先使用 EI 以及 UI 规则将谓词逻辑中的量词消去, 此时就可以采用命题逻辑的推理方案来解决谓词逻辑的推理问题, 最后采用 EG 以及 UG 规则, 将量词添加. 以此, 达到了使用命题逻辑推理解决谓词逻辑推理的目的.

2.5.2 举例

例 2.8   构造下面推理的证明.

前提：$\forall x(P(x)\to Q(x)),\exists xP(x)$.

结论：$\exists xQ(x)$.

证明   (1)$\exists xP(x)$;   前提引入

(2)$P(c)$;   (1)EI 规则

(3)$\forall x(P(x)\to Q(x))$;   前提引入

(4)$P(c)\to Q(c)$;   (3)UI 规则

(5)$G(c)$;   (2)(4) 假言推理

(6)$\exists xP(x)$;   (5)EG 规则

例 2.9   利用谓词推理, 求解经典苏格拉底三段论问题 "凡人都是要死的, 苏格拉底是人, 所以苏格拉底是要死的."

设 $H(x){:}x$ 是人; $M(x){:}x$ 是要死的; c: 苏格拉底.

前提：$\forall x(H(x)\to M(x)),H(c)$.

结论：$M(c)$.

证明   (1)$H(c)$;   前提引入

(2)$\forall x(H(x)\to M(x))$;   前提引入

(3)$H(c)\to M(c)$;   (2)UI 规则

(4)$M(c)$;   (1)(3) 假言推理

2.6 习   题

1. 下列式子不是谓词合式公式的是 (   ).

(a) $(\forall x)(P(x)\to(\exists x)(Q(x)\wedge A(x,y)))$.

(b) $(\forall x)\wedge(\exists y)\vee P(x,y)$.

(c) $(\forall x)P(x)\to R(y)$.

(d) $(\exists x)P(x)\wedge Q(y,z)$.

2. 命题 "尽管有人聪明, 但未必所有人都聪明" 的符号化 ($P(x){:}x$ 是聪明的, $M(x){:}x$ 是人) (   ).

(a) $\exists x(M(x)\to P(x))\wedge\neg(\forall x(M(x)\to P(x)))$.

(b) $\exists x(M(x)\wedge P(x))\vee\neg(\forall x(M(x)\to P(x)))$.

(c) $\exists x(M(x)\wedge P(x))\wedge\neg(\forall x(M(x)\to P(x)))$.

(d) $\exists x(M(x)\wedge P(x))\wedge\neg(\forall x(M(x)\wedge P(x)))$.

3. 设 $F(x)$: x 要吃饭, $M(x)$: x 是人. 用谓词公式表达下述命题：所有人都要吃饭, 其中错误的表达式 (   ).

(a) $(\forall x)(M(x)\to F(x))$.

(b) $\neg(\exists x)(M(x)\wedge\neg F(x))$.

(c) $(\exists x)(M(x)\vee F(x))$.

(d) $(\forall x)(\neg M(x)\vee F(x))$.

4. 谓词公式 $(\forall x)(P(x,y))\to(\exists z)Q(x,z)\vee(\forall y)R(x,y)$ 中的 x (   ).

(a) 是自由变元.

　　　(b) 是约束变元.

　　　(c) 既是自由变元又是约束变元.

　　　(d) 既不是自由变元又不是约束变元.

5. 关于谓词公式 $(\forall x)(\forall y)(P(x,y)\wedge Q(y,z))\wedge(\exists x)P(x,y)$ 下面的描述错误的是 (　　).

　　　(a) $(\forall x)$ 的辖域是 $(\forall y)(P(x,y)\wedge Q(x,y))$.

　　　(b) z 是该谓词公式的约束变元.

　　　(c) $(\exists x)$ 的辖域是 $P(x,y)$.

　　　(d) x 是该谓词公式的约束变元.

6. 给定公式 $\exists xF(x)\rightarrow\forall xF(x)$ 当 $D=\{a,b\}$ 时, 下列使该公式的真值为假的解释是 (　　).

　　　(a) $F(a)=0$, $F(b)=0$.

　　　(b) $F(a)=0$, $F(b)=1$.

　　　(c) $F(a)=1$, $F(b)=1$.

7. 设个体域为整数集, 下列谓词公式中真值为假的是 (　　).

　　　(a) $(\forall x)(\exists y)(x*y=0)$.

　　　(b) $(\forall x)(\exists y)(x*y=1)$.

　　　(c) $(\exists y)(\forall x)(x*y=x)$.

　　　(d) $(\forall x)(\forall y)(\exists z)(x-y=z)$.

8. 设个体域为 $D=\{a,b\}$, 公式 $\forall xP(x)\wedge\exists xS(x)$ 在 D 中消去量词后应为 (　　).

　　　(a) $P(x)\wedge S(x)$.

　　　(b) $P(a)\wedge P(b)\wedge(S(a)\vee S(b))$.

　　　(c) $P(a)\wedge S(b)$.

　　　(d) $P(a)\wedge P(b)\wedge S(a)\vee S(b)$.

9. $\exists x\forall yP(x,y)$ 的否定式是 (　　).

　　　(a) $\forall x\forall y\neg P(x,y)$.

　　　(b) $\exists x\forall y\neg P(x,y)$.

　　　(c) $\forall x\exists y\neg P(x,y)$.

　　　(d) $\exists x\exists y\neg P(x,y)$.

10. 设解释 I 如下: 论域 D 为实数集, $a=0, f(x,y)=x-y, A(x,y):x<y$. 下列公式在 I 下为真的是 (　　).

　　　(a) $(\forall x)(\forall y)(\forall z)(A(x,y)\rightarrow A(f(x,z),f(y,z)))$.

　　　(b) $(\forall x)A(f(a,x),a)$.

　　　(c) $(\forall x)(\forall y)(A(f(x,y),x))$.

　　　(d) $(\forall x)(\forall y)(A(x,y)\rightarrow A(f(x,a),a))$.

11. 求下列公式的前束范式.

$$\neg((\forall x)F(x,y)\rightarrow(\exists y)G(x,y))\vee(\exists x)H(x).$$

12. 谓词逻辑推理.

$$\forall x(P(x)\rightarrow Q(x))\Rightarrow\forall xP(x)\rightarrow\forall xQ(x).$$

13. 将下列命题符号化, 并用逻辑推理相关知识对结论的有效性进行证明.

　　　每个旅客或者坐高铁或者坐普通火车; 每个旅客当且仅当他富裕时坐高铁; 有些旅客富裕但并非所有的旅客都富裕. 因此有些旅客坐普通火车. (个体域取全体旅客组成的集合.)

第 3 章 集 合 论

集合论是现代各科数学的基础, 是许多计算机科学理论不可或缺的工具. 它起源于 16 世纪末期, 开始时为了追求微积分的坚实的基础, 人们仅进行了数集的研究, 直到 1876 ~ 1883 年, 德国数学家康托 (Cantor) 发表了一系列有关集合论的文章, 对任意元素的集合进行了深入的探讨, 提出了关于基数、序数和良序集等理论, 奠定了集合论的深厚基础. 19 世纪 90 年代后这些理论逐渐为数学家采用, 成为分析数学、代数和几何的有力工具. 经过 100 多年的发展, 集合论成为数学中发展最为迅速的分支之一.

本章主要介绍集合论的初步知识, 如集合的基本概念、运算、性质以及笛卡儿积等内容.

3.1 基 本 概 念

3.1.1 集合的概念

集合是集合论中最基本的概念, 很难给出精确的定义, 我们只能给出说明性的描述. **一般地, 把一些确定的、可以区分的事物放在一起构成的整体称为集合, 简称集.** 构成集合的每个事物称为集合的元素 (或成员). 构成集合的元素可以是具体的事物, 也可以是抽象的事物. 例如,

方程 $x^2 - 1 = 0$ 的实数解集合;

程序设计语言 C 的全部基本字符的集合;

某高校全体学生的集合;

坐标平面上所有点的集合;

......

通常用大写的英文字母 $A, B, C, \cdots$ 表示集合; 用小写的英文字母 $a, b, c, \cdots$ 表示元素. 如果元素 a 属于集合 A, 记作 $a \in A$, 读作 "a 属于 A". 如果 a 不属于 A, 记作 $a \bar{\in} A$ 或 $a \notin A$, 读作 "a 不属于 A".

下面介绍几种特殊集合的表示符号.

$\mathbf{N}$ —— 自然数集合 (包括 0)

$\mathbf{Z}$ —— 整数集合	$\mathbf{Z}^+$ —— 正整数集合	$\mathbf{Z}^-$ —— 负整数集合
$\mathbf{Q}$ —— 有理整数集合	$\mathbf{Q}^+$ —— 正有理数集合	$\mathbf{Q}^-$ —— 负有理数集合
$\mathbf{R}$ —— 实数集合	$\mathbf{R}^+$ —— 正实数集合	$\mathbf{R}^-$ —— 负实数集合
$\mathbf{C}$ —— 复数集合		

3.1.2 集合的表示方法

集合有多种表示方法, 这里介绍几种常用的表示方法.

列元素法——把集合中的全部元素一一列举出来, 元素之间用逗号 "," 隔开, 并把它们用花括号 "{}" 括起来. 例如,

$$A = \{1, 2, 3, 4, 5\}.$$

列元素法一般适合表示元素个数较少的集合. 当集合中元素个数较多时, 如果组成该集合的元素有一定的规律, 也可采用此方法, 此时, 列出部分元素, 当看出组成该集合的其他元素的规律时, 其余用 "$\cdots$" 来表示. 例如,

$$B = \{1, 2, 3, \cdots, 99\}.$$

此方法也可以表示含有无穷多个元素且元素有一定的规律的集合. 例如,

$$\mathbf{N} = \{0, 1, 2, 3, \cdots\}.$$

谓词表示法——用谓词来概括集合中元素的属性. 设 x 为某类对象的一般表示, $P(x)$ 为关于 x 的一个命题, 用 $\{x \mid P(x)\}$ 表示 "使 $P(x)$ 为真的全体 x 组成的集合". 例如, 方程 $x^2 - 1 = 0$ 的实数解集合可表示为 $C = \{x \mid x \in \mathbf{R} \wedge x^2 - 1 = 0\}$.

许多集合可以用两种方法来表示, 如集合 C 也可以写成 $C = \{1, -1\}$. 但是有些集合不可以用列元素法表示, 如实数集 $\mathbf{R}$.

文氏图表示法——集合与集合的关系以及一些运算结果可以用文氏图形象地表示. 在给定的问题中, 我们所考虑的所有事物的集合称为全集, 记为 E 或 U. 在文氏图中, 用矩形表示全集; 在矩形内部, 用圆或其他形状的闭曲线表示全集的子集. 不同的圆代表不同的集合, 并将运算结果得到的集合用阴影或斜线区域表示.

需要注意的是, 文氏图只是对某些集合间的关系及运算结果给出一种直观而形象的说明, 而不能用来证明.

全集中包含着我们讨论的所有事物. 规定了全集后, 我们讨论的任一集合中的所有元素都属于全集. 但全集是一个相对的概念, 所研究的问题不同, 所取的全集也不同. 例如, 在研究平面解析几何问题时, 可以把整个平面取作全集; 在初等数论中, 可以把整数集 $\mathbf{Z}$ 作为全集. 即使是同一个问题, 也可以取不同的集合. 例如, 有关整数的问题, 即可取 $\mathbf{Z}$ 为全集, 也可取 $\mathbf{Q}$ 或 $\mathbf{R}$ 为全集, 但取 $\mathbf{Z}$ 为全集, 比取 $\mathbf{Q}$ 或 $\mathbf{R}$ 为全集显然要简便一些.

3.1.3 元素与集合

对于元素与集合的理解, 要注意以下几点.

(1) 组成一个集合的各个元素之间是彼此不同的, 如果同一个元素在集合中多次出现应该认为是一个元素. 例如,

$$\{1, 1, 2, 4, 2\} = \{1, 2, 4\}.$$

(2) 集合的元素是无序的. 例如,

$$\{1, 2, 3\} = \{2, 3, 1\}.$$

(3) 任一元素 (事物) 是否属于一个集合, 回答是确定的. 也就是说, 对于任意的元素 a 和集合 A, $a \in A$ 或 $a \notin A$ 必有一个成立.

(4) 集合的元素可以是任何事物, 既可以是具体的事物, 也可以是抽象的事物, 还可以是另外的集合. 例如,

$$\{a, \{1, 2\}, p, \{q\}\}.$$

(5) 元素和集合之间的关系是隶属关系, 即属于或不属于, 可以用一种树形图来表示这种隶属关系, 该图分层构成, 每个层上的节点都表示一个集合, 它的儿子就是它的元素. 例如, 集合 $S = \{a, \{1, 2\}, p, \{q\}\}$ 的树形图如图 3.1 所示.

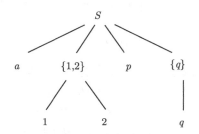

图 3.1　元素和集合间隶属关系的树形图

3.2　集合间的关系

3.1 节给出了 "集合" "元素" 以及元素与集合间的 "属于" 关系三个概念的直观描述, 以说明它们各自的含义. 下面利用这三个概念定义集合间的关系.

定义 3.1　设 A, B 是任意两个集合, 如果 A 中的每一个元素都是 B 中的元素, 则称 A 是 B 的子集合, 简称子集. 也称 A 被 B 包含, 或 B 包含 A, 记作 $A \subseteq B$, 或 $B \supseteq A$. 符号化表示为

$$A \subseteq B \Leftrightarrow \forall x\, (\, x \in A \to\ x \in B\,).$$

如果 A 不被 B 包含, 则记作 $A \nsubseteq B$. 符号化表示为

$$A \nsubseteq B \Leftrightarrow \exists x\, (\, x \in A \wedge\ x \notin B\,).$$

例如, $A = \{a, b\}$, $B = \{a, b, c\}$, $C = \{b, c, d\}$, 则有 $A \subseteq B$, 但 $A \nsubseteq C$.

注意符号 "$\in$" 和 "$\subseteq$" 的区别, "$\in$" 表示元素与集合间的 "属于" 关系, "$\subseteq$" 表示集合间的 "包含" 关系.

定义 3.2　设 A, B 是两个集合, 如果 $A \subseteq B$ 且 $B \subseteq A$, 则称 A 与 B 相等, 记作 $A = B$. 符号化表示为

$$A = B \Leftrightarrow A \subseteq B 且 B \subseteq A.$$

如果 A 与 B 不相等, 则记作 $A \neq B$.

定义 3.2 给出了一个重要原则: 要证明两个集合相等, 唯一的方法就是证明每一个集合中的任一元素均是另一个集合的元素.

定义 3.3 设 A, B 是两个集合, 如果 A 是 B 的子集, 而 B 中至少有一元素不属于 A, 则称 A 为 B 的真子集, 记作 $A \subset B$. 符号化表示为

$$A \subset B \Leftrightarrow \forall x\,(\,x \in A \to \ x \in B) \wedge \exists x\,(\,x \in B \wedge\ x \notin A)\,,$$

$$\text{或} A \subset B \Leftrightarrow A \subseteq B \wedge A \neq B.$$

如果 A 不是 B 的真子集, 则记作 $A \not\subset B$.

例如, 集合 $\{a,b\}$ 是 $\{a,b,c\}$ 的真子集, 但 $\{a,b,c\}$ 和 $\{b,c,d\}$ 都不是 $\{a,b,c\}$ 的真子集. 集合与集合的关系可以用文氏图形象地表示, 集合 A 和 B 三种不同关系的文氏图如图 3.2 所示.

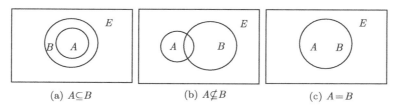

(a) $A \subseteq B$ (b) $A \not\subseteq B$ (c) $A = B$

图 3.2 集合 A 和 B 的关系文氏图

定义 3.4 不含任何元素的集合称为空集, 记作 $\varnothing$. 空集的符号化表示为

$$\varnothing = \{x|\ x \neq x\}.$$

例如, $A = \{x|x \in \mathbf{R} \wedge x^2 + 2 = 0\}$ 是方程 $x^2 + 2 = 0$ 的实数解集, 因为该方程无实数解, 所以 $A = \varnothing$.

注意 $\varnothing \neq \{\varnothing\}$.

定理 3.1 对于任意集合 A, 有

(1) $\varnothing \subseteq A$, 且空集是唯一的;

(2) $A \subseteq A$.

证明 (1) 假设 $\varnothing \subseteq A$ 为假, 则至少存在一个元素 x, 使 $x \in \varnothing$ 且 $x \notin A$, 因为空集 $\varnothing$ 不包含任何元素, 所以这是不可能的.

设 $\varnothing_1$ 与 $\varnothing_2$ 都是空集, 由上述结论可知, $\varnothing_1 \subseteq \varnothing_2$ 且 $\varnothing_2 \subseteq \varnothing_1$, 根据集合相等的定义得 $\varnothing_1 = \varnothing_2$, 所以, 空集是唯一的.

(2) 根据子集的定义可得, 对于任意集合 A, 有 $A \subseteq A$.

定义 3.5 含有 n 个元素的集合简称 n 元集, 它的含有 $m\,(m \leqslant n)$ 个元素的子集称为它的 m 元子集.

任给一个 n 元集, 如何求出它的全部子集呢? 举例说明如下.

例 3.1 $A = \{1,2,3\}$, 将 A 的子集分类.

解 0 元子集, 也就是空集, 只有一个: $\varnothing$.

1 元子集, 即单元集: $\{1\}, \{2\}, \{3\}$.

2 元子集: $\{1,2\}, \{1,3\}, \{2,3\}$.

3 元子集: $\{1,2,3\}$.

一般地, 对于 n 元集, 它的 m 元子集有 C_n^m 个, 所以不同的子集总数是

$$C_n^0 + C_n^1 + C_n^2 + \cdots + C_n^n = 2^n.$$

3.3 集合的运算

3.3.1 集合的基本运算

集合的运算, 就是以集合为对象, 按照确定的规则得到另外一些新集合的过程. 集合的基本运算有并、交、相对补、绝对补和对称差等.

定义 3.6 设 A, B 是任意两个集合, 由 A 或 B 中的元素构成的集合, 称为集合 A 与 B 的并集, 记作 $A \bigcup B$, 即

$$A \bigcup B = \{x \mid x \in A \vee x \in B\}.$$

例如, $A = \{1, 2, 4\}$, $B = \{2, 4, 5\}$, 则 $A \bigcup B = \{1, 2, 4, 5\}$.

集合的运算结果可以用文氏图形象地表示, 集合 A 与 B 的并运算的文氏图表示如图 3.3 所示.

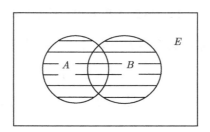

图 3.3 $A \bigcup B$ 的文氏图表示

两个集合的并运算可以推广到 n 个集合的并.

设 A_1, A_2, $\cdots$, A_n 是任意 n 个集合, 则这 n 个集合的并可简记为 $\bigcup\limits_{i=1}^{n} A_i$, 即

$$\bigcup_{i=1}^{n} A_i = A_1 \bigcup A_2 \bigcup \cdots \bigcup A_n = \{x \mid x \in A_1 \vee x \in A_2 \vee \cdots \vee x \in A_n\}.$$

并运算还可以推广到无穷多个集合的情况:

$$\bigcup_{i=1}^{\infty} A_i = A_1 \bigcup A_2 \bigcup \cdots \bigcup A_n \bigcup \cdots.$$

定义 3.7 设 A, B 是任意两个集合, 由既在 A 中又在 B 中的元素构成的集合, 称为集合 A 与 B 的交集, 记作 $A \bigcap B$, 即

$$A \bigcup B = \{x \mid x \in A \wedge x \in B\}.$$

如果两个集合 A, B 的交集为空集, 则称 A, B 不相交.

例如, $A = \{1, 2, 4\}$, $B = \{2, 4, 5\}$, $C = \{1, 3\}$, 则 $A \bigcap B = \{2, 4\}$, $B \bigcap C = \varnothing$, 所以 B 和 C 是不相交的.

集合 A 与 B 的交运算的文氏图表示如图 3.4 所示.

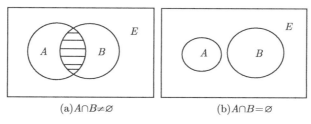

图 3.4 交运算的文氏图表示

两个集合的交运算可以推广到 n 个集合的交.

设 $A_1, A_2, \cdots, A_n$ 是任意 n 个集合, 则这 n 个集合的交可简记为 $\bigcap\limits_{i=1}^{n} A_i$, 即

$$\bigcap_{i=1}^{n} A_i = A_1 \bigcap A_2 \bigcap \cdots \bigcap A_n = \{x|\ x \in A_1 \wedge\ x \in A_2 \wedge \cdots \wedge\ x \in A_n\}.$$

交运算还可以推广到无穷多个集合的情况:

$$\bigcap_{i=1}^{\infty} A_i = A_1 \bigcap A_2 \bigcap \cdots \bigcap A_n \bigcap \cdots.$$

定义 3.8 设 A, B 是任意两个集合, 由只属于集合 A 而不属于 B 的所有元素构成的集合, 称为集合 B 对于 A 的相对补集 (或 A 和 B 的差集), 记作 $A - B$, 即

$$A - B = \{x|\ x \in A \wedge\ x \notin B\}.$$

例如, $A = \{1, 2, 4\}$, $B = \{2, 4, 5\}$, 则 $A - B = \{1\}$, $B - A = \{5\}$.

集合 B 对于 A 的相对补运算的文氏图表示如图 3.5(a) 所示.

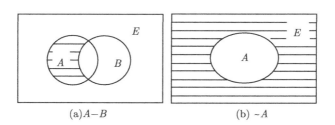

图 3.5 补运算的文氏图表示

定义 3.9 设 E 为全集, $A \subseteq E$, 则称集合 A 对于 E 的相对补集为 A 的绝对补集, 记作 $\sim A$, 即

$$\sim A = E - A = \{x|\ x \in E \wedge\ x \notin A\}.$$

例如, $E = \{1, 2, 3, 4, 5\}$, $A = \{1, 2, 4\}$, $B = \{1, 2, 3, 4, 5\}$, $C = \varnothing$, 则 $\sim A = \{3, 5\}$, $\sim B = \varnothing$, $\sim C = E$.

集合 A 的绝对补运算的文氏图表示如图 3.5(b) 所示.

定义 3.10 设 A, B 是任意两个集合, 由属于集合 A 但不属于 B 或者属于集合 B 但不属于 A 的所有元素构成的集合, 称为集合 A 与 B 的对称差, 记作 $A \oplus B$, 即

$$A \oplus B = \{x | (x \in A \wedge x \notin B) \vee (x \notin A \wedge x \in B)\},$$

或 $A \oplus B = (A - B) \bigcup (B - A)$.

集合 A 与 B 的对称差运算的文氏图表示如图 3.6 所示.

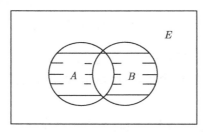

图 3.6　$A \oplus B$ 的文氏图表示

例如, $A = \{a, b, c\}$, $B = \{b, d\}$, 则 $A \oplus B = \{a, c, d\}$.

从对称差定义或文氏图容易看出

$$A \oplus B = (A \bigcup B) - (A \bigcap B).$$

该公式可作为 A 与 B 的对称差的一个等价定义.

设 A, B, C 为任意三个集合, 对称差运算有以下性质:

(1) $A \oplus B = B \oplus A$;

(2) $A \oplus \varnothing = A$;

(3) $A \oplus A = \varnothing$;

(4) $A \oplus B = (A \bigcap \sim B) \bigcup (\sim A \bigcap B)$;

(5) $(A \oplus B) \oplus C = A \oplus (B \oplus C)$;

(6) $A \bigcap (B \oplus C) = (A \bigcap B) \oplus (A \bigcap C)$.

3.3.2　集合的运算律

集合运算与其他代数运算一样, 都遵循一定的运算律. 下面列出的是集合运算的主要运算律, 其中, E 为全集, A, B, C 为 E 的任意的三个子集.

(1) **幂等律**　　　　　　　$A \bigcup A = A$, $A \bigcap A = A$.

(2) **交换律**　　　　　　　$A \bigcup B = B \bigcup A$, $A \bigcap B = B \bigcap A$.

(3) **结合律**　　　　　　　$(A \bigcup B) \bigcup C = A \bigcup (B \bigcup C)$,
　　　　　　　　　　　　　$(A \bigcap B) \bigcap C = A \bigcap (B \bigcap C)$.

(4) **分配律**　　　　　　　$A \bigcup (B \bigcap C) = (A \bigcup B) \bigcap (A \bigcup C)$,
　　　　　　　　　　　　　$A \bigcap (B \bigcup C) = (A \bigcap B) \bigcup (A \bigcap C)$.

(5) **吸收律**　　　　　　　$A \bigcup (A \bigcap B) = A$, $A \bigcap (A \bigcup B) = A$.

(6) **同一律**　　　　　　　$A \bigcup \varnothing = A$, $A \bigcap E = A$.

(7) **零律**　　　　　　　　$A \bigcup E = E$, $A \bigcap \varnothing = \varnothing$.

(8) **排中律**　　　　　　　$A \bigcup \sim A = E$.

(9) **矛盾律**		$A \bigcap \sim A = \varnothing$.
(10) **余补律**		$\sim \varnothing = E, \sim E = \varnothing$.
(11) **双重否定律**		$\sim (\sim A) = A$.
(12) **补交转换律**		$A - B = A \bigcap \sim B$.
(13) **德·摩根律**		$\sim (A \bigcup B) = \sim A \bigcap \sim B$,

$$\sim (A \bigcap B) = \sim A \bigcup \sim B;$$
$$A - (B \bigcup C) = (A - B) \bigcap (A - C),$$
$$A - (B \bigcap C) = (A - B) \bigcup (A - C).$$

常称以上 13 组集合等式为**集合恒等式**.

证明集合等式常用的方法有如下两种:

(1) 逻辑公式等值演算法. 证明的关键是要灵活运用逻辑基本等值式和集合运算的性质.

该方法证明的基本思想是: 设 P, Q 为集合公式, 根据集合相等的定义, 要证 $P = Q$, 只需要证 $P \subseteq Q \wedge Q \subseteq P$ 为真.

也就是要证对于任意的 x 有

$$x \in P \Leftrightarrow x \in Q.$$

(2) 恒等代换法. 该方法的实质就是利用集合运算的性质和已知的集合恒等式, 把一个集合用与之相等的集合代换, 从而完成证明.

例 3.2　利用等值演算的方法证明下列恒等式.

(1) 分配律: $A \bigcup (B \bigcap C) = (A \bigcup B) \bigcap (A \bigcup C)$.

(2) 排中律: $A \bigcup \sim A = E$.

(3) 德·摩根律: $\sim (A \bigcup B) = \sim A \bigcap \sim B$.

证明　(1) 对于任意的 x,

$x \in A \bigcup (B \bigcap C)$

$\Leftrightarrow x \in A \vee x \in (B \bigcap C)$

$\Leftrightarrow x \in A \vee (x \in B \wedge x \in C)$

$\Leftrightarrow (x \in A \vee x \in B) \wedge (x \in A \vee x \in C)$

$\Leftrightarrow x \in (A \bigcup B) \wedge x \in (A \bigcup C)$

$\Leftrightarrow x \in (A \bigcup B) \bigcap (A \bigcup C)$

所以, $A \bigcup (B \bigcap C) = (A \bigcup B) \bigcap (A \bigcup C)$.

(2) 对于任意的 x,

$x \in A \bigcup \sim A$

$\Leftrightarrow x \in A \vee x \in \sim A$

$\Leftrightarrow x \in A \vee x \notin A$

$\Leftrightarrow x \in A \vee \neg x \in A$

$\Leftrightarrow 1$

$\Leftrightarrow x \in E$

所以, $A \bigcup \sim A = E$.

　　(3) 对于任意的 x,

$$x \in \sim (A \bigcup B)$$
$$\Leftrightarrow x \notin (A \bigcup B)$$
$$\Leftrightarrow (x \notin A) \wedge (x \notin B)$$
$$\Leftrightarrow (x \in \sim A) \wedge (x \in \sim B)$$
$$\Leftrightarrow x \in (\sim A \bigcap \sim B)$$

所以, $\sim (A \bigcup B) = \sim A \bigcap \sim B$.

　　例 3.3　利用恒等代换的方法证明吸收律.

　　证明　$A \bigcup (A \bigcap B)$
$$= (A \bigcap E) \bigcup (A \bigcap B)$$
$$= A \bigcap (E \bigcup B)$$
$$= A \bigcap E$$
$$= A.$$

　　由同一律、分配律、零律等恒等式证明了吸收律第一式. 用同样的方法可证吸收律第二式, 即 $A \bigcap (A \bigcup B) = A$.

　　除了以上 13 个集合恒等式以外, 还有一些关于集合运算性质的重要结果.

　　(1) $A \bigcap B \subseteq A, A \bigcap B \subseteq B$.

　　(2) $A \subseteq A \bigcup B, B \subseteq A \bigcup B$.

　　(3) $A - B \subseteq A$.

　　(4) $A \subseteq B \Leftrightarrow A \bigcap B = A \Leftrightarrow A \bigcup B = B \Leftrightarrow A - B = \varnothing$.

3.3.3　例题

　　例 3.4　证明 $A - (B - C) = (A - B) \bigcup (A \bigcap C)$.

　　证明　方法一: 对于任意的 x,

$$x \in A - (B - C)$$
$$\Leftrightarrow x \in A \wedge x \notin (B \bigcap \sim C)$$
$$\Leftrightarrow x \in A \wedge x \in \sim (B \bigcap \sim C)$$
$$\Leftrightarrow x \in A \wedge x \in (\sim B \bigcup C)$$
$$\Leftrightarrow x \in A \wedge (x \in \sim B \vee x \in C)$$
$$\Leftrightarrow x \in A \wedge (x \notin B \vee x \in C)$$
$$\Leftrightarrow (x \in A \wedge x \notin B) \vee (x \in A \wedge x \in C)$$
$$\Leftrightarrow x \in (A - B) \bigcup (A \bigcap C)$$

所以, $A - (B - C) = (A - B) \bigcup (A \bigcap C)$.

　　方法二: $A - (B - C)$
$$= A \bigcap \sim (B \bigcap \sim C)$$
$$= A \bigcap (\sim B \bigcup C)$$
$$= (A \bigcap \sim B) \bigcup (A \bigcap C)$$

$$= (A-B)\bigcup(A\bigcap C).$$

例 3.5 设集合 A, B 满足条件 $A\bigcap B = \varnothing$, $A\bigcup B = E$, 证明 $A = \sim B$.

证明
$$\begin{aligned}
A &= A\bigcap E \\
&= A\bigcap(B\bigcup \sim B) \\
&= (A\bigcap B)\bigcup(A\bigcap \sim B) \\
&= \varnothing\bigcup(A\bigcap \sim B) \\
&= (B\bigcap \sim B)\bigcup(A\bigcap \sim B) \\
&= (B\bigcup A)\bigcap \sim B \\
&= E\bigcap \sim B \\
&= \sim B
\end{aligned}$$

利用恒等代换不仅可以证明集合等式, 还可以用来化简集合表达式.

例 3.6 化简下列集合表达式.

(1) $(B-(A\bigcap C))\bigcup(A\bigcap B\bigcap C)$.

(2) $((A\bigcup B\bigcup C)\bigcap(A\bigcup B)) - ((A\bigcup(B-C)\bigcap A)$.

解 (1) $(B-(A\bigcap C))\bigcup(A\bigcap B\bigcap C)$
$$\begin{aligned}
&= (B\bigcap \sim (A\bigcap C))\bigcup(B\bigcap(A\bigcap C)) \\
&= B\bigcap(\sim (A\bigcap C)\bigcup(A\bigcap C)) \\
&= B\bigcap E \\
&= B
\end{aligned}$$

(2) 因为 $A\bigcup B \subseteq A\bigcup B\bigcup C$, $A \subseteq A\bigcup(B-C)$, 则有
$$\begin{aligned}
&((A\bigcup B\bigcup C)\bigcap(A\bigcup B)) - (A\bigcup(B-C)\bigcap A) \\
&= (A\bigcup B) - A \\
&= (A\bigcup B)\bigcap \sim A \\
&= (A\bigcap \sim A)\bigcup(B\bigcap \sim A) \\
&= \varnothing\bigcup(B\bigcap \sim A) \\
&= B - A.
\end{aligned}$$

3.4 包含排斥原理

定义 3.11 设集合 $A = \{a_1, a_2, \cdots, a_n\}$, 它有 n 个不同元素, 则称集合 A 的基数是 n, 记作 $\mathrm{Card}A = n$ 或 $|A| = n$.

基数是表示集合中所含元素多少的量. 如果集合 A 的基数是 n, 这时称 A 为有限集. 显然, 空集的基数是 0, 即 $|\varnothing| = 0$. 如果 A 不是有限集, 则称 A 为无限集.

在现实生活中, 我们经常会遇到对集合中的元素进行计数的问题, 下面讨论的包含排斥原理是一个广泛使用的计数原理, 可用来处理集合间含有公共元素的情况.

定理 3.2 (包含排斥原理) 设 A, B 为有限集合, 则

$$|A\bigcup B| = |A| + |B| - |A\bigcap B|.$$

包含与排斥原理也称为容斥原理.

证明　(1) 当 A、B 不相交, 即 $A \bigcap B = \varnothing$ 时, 有

$$|A \bigcup B| = |A| + |B|.$$

(2) 当 $A \bigcap B \neq \varnothing$ 时, 不妨设 $A \bigcap B = \{a_1, a_2, \cdots, a_k\}$,

$$A = \{a_1, a_2, \cdots, a_k, x_1, x_2, \cdots, x_n\}, B = \{a_1, a_2, \cdots, a_k, y_1, y_2, \cdots, y_m\},$$

则

$$|A| + |B| - |A \bigcap B| = n + k + m + k - k,$$
$$|A \bigcup B| = n + m + k,$$

从而,

$$|A \bigcup B| = |A| + |B| - |A \bigcap B|.$$

综上所述, 可知

$$|A \bigcup B| = |A| + |B| - |A \bigcap B|.$$

例 3.7　假设 50 名青年中有 16 名是工人, 21 名是学生, 其中既是工人又是学生的青年有 4 名, 问既不是工人又不是学生的青年有几名?

解　设 E 为 50 名青年组成的集合, A 为工人组成的集合, B 为学生组成的集合, 则

$$|E| = 50, |A| = 16, |B| = 21, |A \bigcap B| = 4.$$

根据包含排斥原理, 有

$$|A \bigcup B| = |A| + |B| - |A \bigcap B| = 16 + 21 - 4 = 33,$$
$$|E| - |A \bigcup B| = 50 - 33 = 17,$$

所以, 既不是工人又不是学生的青年有 17 名.

利用数学归纳法, 我们可以将包含排斥原理推广到任意 n 个集合的情况.

一般地, 令有限集 A 的元素具有 n 个不同的性质 $P_1, P_2, \cdots, P_n$. A 中具有性质 P_i 的元素组成的子集记为 A_i, $i = 1, 2, \cdots, n$; $A_i \bigcap A_j (i \neq j)$ 表示 A 中同时具有性质 P_i 和 P_j 的元素组成的子集; $A_i \bigcap A_j \bigcap A_k (i \neq j \neq k)$ 表示 A 中同时具有性质 P_i, P_j 和 P_k 的元素组成的子集; $\cdots\cdots$; $A_1 \bigcap A_2 \bigcap \cdots \bigcap A_n$ 表示 A 中同时具有性质 $P_1, P_2, \cdots, P_n$ 的元素组成的子集. 那么包含排斥原理也可以叙述如下.

定理 3.3 (包含排斥原理的推广)　A 中至少具有 n 个性质之一的元素个数为

$$|A_1 \bigcup A_2 \bigcup \cdots \bigcup A_n| = \sum_{i=1}^{n} |A_i| - \sum_{1 \leqslant i < j \leqslant n} |A_i \bigcap A_j| + \sum_{1 \leqslant i < j < k \leqslant n} |A_i \bigcap A_j \bigcap A_k|$$
$$- \cdots + (-1)^{n+1} |A_1 \bigcap A_2 \bigcap \cdots \bigcap A_n|.$$

例 3.8　设 X 是由从 1 到 250 的正整数构成的集合, X 中有多少个元素能被 2, 3, 7 中的任意一个整除?

解　设 A, B, C 分别表示 X 中能被 2, 3, 7 整除的正整数构成的集合, 则

$$|A| = \left\lfloor \frac{250}{2} \right\rfloor = 125, \quad |B| = \left\lfloor \frac{250}{3} \right\rfloor = 83, \quad |C| = \left\lfloor \frac{250}{7} \right\rfloor = 35,$$

$$|A \bigcap B| = \left\lfloor \frac{250}{2 \times 3} \right\rfloor = 41, \quad |A \bigcap C| = \left\lfloor \frac{250}{2 \times 7} \right\rfloor = 17, \quad |B \bigcap C| = \left\lfloor \frac{250}{3 \times 7} \right\rfloor = 11,$$

$$|A \bigcap B \bigcap C| = \left\lfloor \frac{250}{2 \times 3 \times 7} \right\rfloor = 5.$$

根据包含排斥原理, 有

$$|A \bigcup B \bigcup C| = |A| + |B| + |C| - |A \bigcap B| - |A \bigcap C| - |B \bigcap C| + |A \bigcap B \bigcap C|$$
$$= 125 + 83 + 35 - 41 - 17 - 11 + 5 = 179,$$

所以, X 中能被 2, 3, 7 中的任意一个整除的正整数有 179 个.

另外, 借助文氏图可以很方便地解决有限集合的计数问题. 首先根据已知条件画出相应的文氏图. 一般来说, 每一条性质决定一个集合, 有多少条性质, 就有多少个集合. 如果没有特殊说明, 任何两个集合一般都画成相交的. 通常从 n 个集合的交集填起, 根据计算的结果将数字逐步填入所有的空白区域. 如果交集的数字是未知的, 可以设为 x. 根据题目中的条件, 列出相应的方程或方程组, 解出未知数即可求得所需要的结果. 下面通过例子说明这一方法.

例 3.9　在 30 个学生中有 18 个爱好音乐, 12 个爱好美术, 15 个爱好体育, 10 个既爱好音乐又爱好体育, 8 个既爱好美术又爱好体育, 11 个既爱好音乐又爱好美术, 但有 6 个学生这三种爱好都没有. 试求这三种爱好都有的人数.

解　设 A, B, C 分别表示爱好音乐、美术、体育的学生的集合. 设三种爱好都有的学生人数为 x, 仅爱好音乐的学生人数为 y_1, 仅爱好美术的学生人数为 y_2, 仅爱好体育的学生人数为 y_3, 则既爱好音乐又爱好体育, 但不爱好美术的学生人数为 $10 - x$, 既爱好美术又爱好体育, 但不爱好音乐的学生人数为 $8 - x$, 既爱好音乐又爱好美术, 但不爱好体育的学生人数为 $11 - x$, 文氏图如图 3.7 所示.

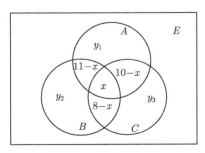

图 3.7　文氏图

根据题意, 有

$$\begin{cases} 11 - x + 10 - x + x + y_1 = 18, \\ 11 - x + 8 - x + x + y_2 = 12, \\ 10 - x + 8 - x + x + y_3 = 15, \\ 11 - x + 10 - x + 8 - x + x + y_1 + y_2 + y_3 + 6 = 30, \end{cases}$$

解得

$$x = 8, y_1 = 5, y_2 = 1, y_3 = 5,$$

所以, 三种爱好都有的人数为 8 人.

3.5   幂集合与笛卡儿积

在 3.1 节我们说过, 集合中的元素可以是具体的事物, 也可以是抽象的事物, 甚至可以是其他的集合. 一般地, 以集合为元素构成的集合称为集合族. 下面介绍一个特殊的集合族——幂集合.

3.5.1   幂集合

定义 3.12   设 A 为一个集合, 由 A 的所有子集为元素构成的集合, 称为 A 的幂集合, 简称幂集, 记作 $P(A)$(或 2^A). 符号化表示为

$$P(A) = \{x | x \subseteq A\}.$$

为了求出给定集合 A 的幂集, 首先求出 A 的由低元到高元的所有子集, 再将它们组成集合即可.

例 3.10   设 $A = \varnothing$, $B = \{1, 3, 5\}$, $C = \{1, \{2, 3\}\}$. 求 A, B 和 C 的幂集.

解   集合 $A = \varnothing$, 它只有 0 元子集 $\varnothing$, 所以,

$$P(A) = \{\varnothing\}.$$

集合 B 的 0 元子集为 $\varnothing$; 1 元子集为 $\{1\}$, $\{3\}$, $\{5\}$; 2 元子集为 $\{1, 3\}$, $\{1, 5\}$, $\{3, 5\}$; 3 元子集为 $\{1, 3, 5\}$. 所以,

$$P(B) = \{\varnothing, \{1\}, \{3\}, \{5\}, \{1, 3\}, \{1, 5\}, \{3, 5\}, \{1, 3, 5\}\}.$$

同理可求,

$$P(C) = \{\varnothing, \{1\}, \{\{2, 3\}\}, \{1, \{2, 3\}\}\}.$$

例 3.11   设 $|A| = n$. 求 A 的幂集 $P(A)$ 中所包含元素的个数.

解   由 0 个元素组成的集合 $\varnothing$ 是 A 的 0 元子集, 只有 C_n^0 个;
由 A 中任意 1 个元素组成的集合是 A 的 1 元子集, 有 C_n^1 个;
······

由 A 中的 n 个元素组成的集合 A 是 A 的 n 元子集, 有 C_n^n 个;
故

$$|P(A)| = C_n^0 + C_n^1 + C_n^2 + \cdots + C_n^n = 2^n.$$

例 3.12 设 A, B 为任意集合, 证明

(1) $A \subseteq B \Leftrightarrow P(A) \subseteq P(B)$.

(2) $P(A) = P(B) \Leftrightarrow A = B$.

证明 (1) 一方面, 对于任意的 x,

$$x \in P(A) \Leftrightarrow x \subseteq A \Rightarrow x \subseteq B \Leftrightarrow x \in P(B),$$

故有 $P(A) \subseteq P(B)$.

另一方面, 对于任意的 y,

$$y \in A \Leftrightarrow \{y\} \in P(A) \Rightarrow \{y\} \in P(B) \Leftrightarrow y \in B,$$

故有 $A \subseteq B$.

综上所述, 可知

$$A \subseteq B \Leftrightarrow P(A) \subseteq P(B).$$

(2) $P(A) = P(B) \Leftrightarrow (P(A) \subseteq P(B)) \wedge (P(B) \subseteq P(A))$
$$\Leftrightarrow (A \subseteq B) \wedge (B \subseteq A) \Leftrightarrow A = B.$$

3.5.2 笛卡儿积

集合中的元素是无序的, 然而有些元素间却是有次序之分的, 这就需要用与集合不同的结构来表示有序的一组元素. 这个结构用有序 n 元组来表示.

定义 3.13 由两个元素 x 和 y (允许 $x = y$) 按一定的顺序排列成的二元组称为有序对 (也称序偶), 记作 $< x, y >$. 其中 x 称为有序对 $< x, y >$ 的第一元素, y 称为有序对 $< x, y >$ 的第二元素.

有序对是由有次序的两个元素组成的, 因此有序对与含有两个元素的集合是有区别的.

(1) 集合 $\{x, y\}$ 的元素间没有次序 (先后) 关系, $\{x, y\}$ 与 $\{y, x\}$ 是同一个集合. 但 $< x, y >$ 与 $< y, x >$ 在 $x \neq y$ 的情况下应看成是不同的两个有序对.

(2) 集合 $\{x, y\}$ 中 $x \neq y$, 而有序对 $< x, y >$ 中 x 与 y 可以相等.

从有序对的定义可知, 有序对 $< x, y >$ 具有以下性质:

(1) 当 $x \neq y$ 时, $< x, y > \neq < y, x >$;

(2) $< x, y > = < u, v >$ 的充要条件是 $x = u$ 且 $y = v$.

在实际问题中, 有时会用到有序三元组, 有序四元组, $\cdots\cdots$, 有序 n 元组.

定义 3.14 一个有序 n 元组 $(n \geqslant 3)$ 是一个有序对, 它的第一元素是一个有序 $n-1$ 元组 $< x_1, x_2, \cdots, x_{n-1} >$, 第二元素为 x_n, 记作 $< x_1, x_2, \cdots, x_n >$, 即

$$< x_1, x_2, \cdots, x_n > = << x_1, x_2, \cdots, x_{n-1} >, x_n >$$

例如, n 维空间中点 M 的坐标就是有序 n 元组 $<x_1, x_2, \cdots, x_n>$.

两个有序 n 元组 $<a_1, a_2, \cdots, a_n>=<b_1, b_2, \cdots, b_n>$ 的充要条件是 $a_i = b_i, i = 1, 2, \cdots, n$.

下面定义两个集合的笛卡儿积.

定义 3.15 设 A, B 为任意两个集合, 由 A 中元素为第一元素, B 中元素为第二元素的所有有序对构成的集合称为 A 和 B 的笛卡儿积, 记作 $A \times B$. 笛卡儿积的符号化表示为

$$A \times B = \{<x, y> \mid x \in A \wedge y \in B\}.$$

从笛卡儿积的定义可知, 若 $<x, y> \in A \times B$, 则有 $x \in A$ 且 $y \in B$; 若 $<x, y> \notin A \times B$, 则有 $x \notin A$ 或 $y \notin B$.

例如, $A = \{1, 2, 3\}$, $B = \{a, b\}$, 则

$A \times B = \{<1, a>, <1, b>, <2, a>, <2, b>, <3, a>, <3, b>\}$,

$B \times A = \{<a, 1>, <a, 2>, <a, 3>, <b, 1>, <b, 2>, <b, 3>\}$,

$A \times A = \{<1, 1>, <1, 2>, <1, 3>, <2, 1>, <2, 2>, <2, 3>, <3, 1>, <3, 2>, <3, 3>\}$.

$B \times B = \{<a, a>, <a, b>, <b, a>, <b, b>\}$.

该例中, $A \times B \neq B \times A$, 说明集合的笛卡儿积运算不满足交换律.

对于任意 n 个集合, 也可以定义它们的笛卡儿积.

定义 3.16 设 $A_1, A_2, \cdots, A_n$ 为任意 n 个集合, 称集合

$$A_1 \times A_2 \times \cdots \times A_n = \{<x_1, x_2, \cdots, x_n> \mid x_i \in A_i, 1 \leqslant i \leqslant n\}$$

为 $A_1, A_2, \cdots, A_n$ 的笛卡儿积.

特别地, 当 $A_1 = A_2 = \cdots = A_n = A$ 时, 记 $A_1 \times A_2 \times \cdots \times A_n = A^n$.

设 A, B, C 为任意三个集合, 笛卡儿积运算有以下性质:

(1) 不满足交换律, 即 $A \times B \neq B \times A$(当 $A \neq \varnothing \wedge B \neq \varnothing \wedge A \neq B$ 时).

(2) 不满足结合律, 即 $(A \times B) \times C \neq A \times (B \times C)$(当 $A \neq \varnothing \wedge B \neq \varnothing \wedge C \neq \varnothing$ 时).

(3) 对任意集合 A, B, 有 $A \times \varnothing = \varnothing \times B = \varnothing$.

(4) 笛卡儿积运算对并和交运算满足分配律, 即

$A \times (B \bigcup C) = (A \times B) \bigcup (A \times C)$;

$(B \bigcup C) \times A = (B \times A) \bigcup (C \times A)$;

$A \times (B \bigcap C) = (A \times B) \bigcap (A \times C)$;

$(B \bigcap C) \times A = (B \times A) \bigcap (C \times A)$.

这里只证明第一个等式.

对于任意的 $<x, y>$,

$\quad <x, y> \in A \times (B \bigcup C)$

$\Leftrightarrow x \in A \wedge y \in (B \bigcup C)$

$\Leftrightarrow x \in A \wedge (y \in B \vee y \in C)$

$\Leftrightarrow (x \in A \wedge y \in B) \vee (x \in A \wedge y \in C)$

$\Leftrightarrow < x,y >\in (A \times B)\vee < x,y >\in (A \times C)$

$\Leftrightarrow < x,y >\in (A \times B)\bigcup(A \times C)$,

所以, $A \times (B \bigcup C) = (A \times B) \bigcup (A \times C)$.

(5) $A \subseteq C$ 且 $B \subseteq D \Rightarrow A \times B \subseteq C \times D$, 但其逆命题不成立.

证明   对于任意的 $< x,y >$,

   $< x,y >\in A \times B$

$\Rightarrow x \in A \wedge y \in B$.

因为 $A \subseteq C$ 且 $B \subseteq D$

$\Rightarrow x \in C \wedge y \in D$

$\Rightarrow < x,y >\in C \times D$,

所以, $A \times B \subseteq C \times D$.

性质 (5) 的逆命题不成立, 可分以下情况讨论.

①当 $A = B = \varnothing$, 显然有 $A \subseteq C$ 且 $B \subseteq D$ 成立.

②当 $A \neq \varnothing$ 且 $B \neq \varnothing$ 时, 也有 $A \subseteq C$ 且 $B \subseteq D$ 成立. 证明如下.

对于任意的 $x \in A$, 由于 $B \neq \varnothing$, 必存在 $y \in B$, 有

$x \in A \wedge y \in B \Rightarrow < x,y >\in A \times B \Rightarrow < x,y >\in C \times D$

$\Rightarrow x \in C \wedge y \in D \Rightarrow x \in C$

所以 $A \subseteq C$.

同理可证 $B \subseteq D$.

③当 $A = \varnothing$ 且 $B \neq \varnothing$ 时, 有 $A \subseteq C$ 成立, 但不一定有 $B \subseteq D$ 成立. 例如,

当 $A = \varnothing$, $B = \{1\}$, $C = \{2\}$, $D = \{4\}$ 时,

有 $A \times C = \varnothing \subseteq B \times D$, 但 $B \nsubseteq D$.

④当 $A \neq \varnothing$ 且 $B = \varnothing$ 时, 有 $B \subseteq D$ 成立, 但不一定有 $A \subseteq C$ 成立. 反例略.

例 3.13   设 A, B, C 为任意集合, 判断以下命题是否为真并说明理由.

(1) $A \times B = A \times C \Rightarrow B = C$;

(2) $A - (B \times C) = (A - B) \times (B - C)$;

(3) 存在集合 A, 使得 $A \subseteq A \times A$.

解   (1) 不一定为真. 例如当 $A = \varnothing$, $B = \{1\}$, $C = \{2\}$ 时, 有 $A \times B = A \times C$, 但 $B \neq C$.

(2) 不一定为真. 例如, 当 $A = B = \{1\}$, $C = \{2\}$ 时, 有

$A - (B \times C) = \{1\} - \{< 1,2 >\} = \{1\}$,

$(A - B) \times (B - C) = \varnothing \times \{1\} = \varnothing$.

(3) 为真. 例如, 当 $A = \varnothing$ 时, $A \subseteq A \times A$ 成立.

3.6 习   题

1. 用列元素法表示下列集合.

   (a) $A = \{x|x$ 是实数, $x^2 = 4\}$.

   (b) $A = \{x|x$ 是小于 10 的非负整数$\}$.

    (c) $A = \{(x,y) \mid x, y$是整数$, (x,y)$在单位圆上$\}$.

2. 用谓词表示法表示下列集合.

    (a) 全体奇数组成的集合.

    (b) 能够被 3 或 7 整除的正整数集合.

    (c) $A = \{-3, -2, -1, 0, 1, 2, 3\}$.

3. 确定下列命题的真假.

    (a) $\varnothing \in \varnothing$.

    (b) $\varnothing \subseteq \varnothing$.

    (c) $\varnothing \in \{\varnothing\}$.

    (d) $\varnothing \subseteq \{\varnothing\}$.

    (e) $\varnothing \in \{a\}$.

    (f) $\varnothing \subseteq \{a\}$.

    (g) $\{a\} \in \{a, \{a\}\}$.

    (h) $\{a\} \subseteq \{a, \{a\}\}$.

4. 是否存在集合 A 和 B, 满足 $A \in B$ 且 $A \subseteq B$?

5. 是否存在集合 A, B 和 C, 满足 $A \in B, B \in C$, 但 $A \notin C$?

6. 设 A, B, C 为任意三个集合, 判断下列各命题是否为真, 并说明你的理由.

    (a) 若 $A \in B$ 且 $B \subseteq C$, 则 $A \in C$.

    (b) 若 $A \in B$ 且 $B \subseteq C$, 则 $A \subseteq C$.

    (c) 若 $A \subseteq B$ 且 $B \in C$, 则 $A \in C$.

    (d) 若 $A \subseteq B$ 且 $B \in C$, 则 $A \subseteq C$.

    (e) 若 $A \in B$ 且 $B \nsubseteq C$, 则 $A \notin C$.

    (f) 若 $A \subseteq B$ 且 $B \in C$, 则 $A \notin C$.

7. 设集合 $A = \{1, 2, 3, 4\}, B = \{2, 3, 5\}$, 求 $A \bigcup B, A \bigcap B, A - B, B - A, A \oplus B$.

8. 设全集 $E = \{1, 2, 3, 4, 5\}, A = \{1, 4\}, B = \{1, 2, 5\}, C = \{2, 4\}$, 求下列各集合.

    (a) $A \cap \sim B$.

    (b) $(A \cap B) \cup \sim C$.

    (c) $(A \cap B) \cup (A \cap C)$.

    (d) $\sim (A \cap B)$.

    (e) $\sim A \cap \sim B$.

    (f) $\sim B \cup \sim C$.

    (g) $P(A) \cap P(C)$.

    (h) $P(A) - P(C)$.

9. 设 A, B, C 为任意三个集合, 判断下列各命题是否为真, 并说明你的理由.

    (a) 若 $A \bigcup B = A \bigcup C$, 则 $B = C$.

    (b) 若 $A \bigcap B = A \bigcap C$, 则 $B = C$.

    (c) 若 $A \oplus B = A \oplus C$, 则 $B = C$.

10. 设 A, B 为两个集合, 证明 $A - B = A$ 当且仅当 $A \bigcap B = \varnothing$.

11. 证明下列各式.

    (a) $A \bigcap (B - C) = (A \bigcap B) - C$.

    (b) $(A \bigcup B) - C = (A - C) \bigcup (B - C)$.

    (c) $(A - B) - C = (A - C) - (B - C)$.

    (d) $A - (A - B) = A \bigcap B$.

12. 化简下列集合表达式.

(a) $((A \bigcup B) \bigcap B) - (A \bigcup B)$.

(b) $A \bigcup (B - A) - B$.

(c) $((A \bigcup B \bigcup C) - (B \bigcup C)) \bigcup A$.

(d) $(A \bigcap B) - (C - (A \bigcup B))$.

13. 求 1 到 1000 这 1000 个整数中, 至少能被 5, 6 和 8 之一整除的数的个数.

14. 某班学生有 50 人, 会 C 语言的有 40 人, 会 Java 语言的有 35 人, 会 Perl 语言的有 10 人, 以上三种语言都会的有 5 人, 都不会的没有. 问上述三种语言中会且仅会两种语言的有几人?

15. 75 名儿童到游乐场去玩, 他们可以骑旋转木马, 坐滑行铁道, 乘宇宙飞船. 已知 20 人这三种游戏都玩过, 其中 55 人至少乘坐过其中的两种. 若每样乘坐一次的费用是 10 元, 游乐场总共收入 1400 元, 求有多少儿童没有乘坐其中任何一种.

16. 对 24 名会外语的科技人员进行掌握外语情况的调查. 其统计结果如下: 会英、日、德和法语的人分别为 13, 5, 10 和 9 人, 其中同时会英语和日语的有 2 人, 会英、德和法语中任两种语言的都是 4 人. 已知会日语的人既不懂法语也不懂德语, 分别求只会一种语言 (英、德、法、日) 的人数和会三种语言的人数.

17. 列出下列集合的各元子集, 并求幂集.

(a) $\{\varnothing, \{\varnothing\}\}$.

(b) $\{a, b, \{a, b\}\}$.

(c) $\{1, \{\varnothing, 1\}\}$.

18. 已知 $< x + 2, 4 > = < 5, 2x + y >$, 求 x 和 y.

19. 设 $A = \{a, b\}$, 求 $A \times P(A)$, $P(A) \times A$.

20. 在什么条件下, 下列等式成立.

(a) $A \times B = \varnothing$.

(b) $A \times B = B \times A$.

(c) $(A \times B) \times C = A \times (B \times C)$.

21. 设 A, B, C 为任意集合, 若 $A \times B \subseteq A \times C$, 是否一定有 $B \subseteq C$ 成立?

22. 设 A, B, C, D 为任意集合, 下列各式中哪些成立, 哪些不成立? 成立的给出证明, 不成立举一反例.

(a) $(A \bigcap B) \times (C \bigcap D) = (A \times C) \bigcap (B \times D)$.

(b) $(A \bigcup B) \times (C \bigcup D) = (A \times C) \bigcup (B \times D)$.

(c) $(A - B) \times (C - D) = (A \times C) - (B \times D)$.

(d) $(A \oplus B) \times C = (A \times C) \oplus (B \times C)$.

第 4 章 二 元 关 系

世界上存在着各种各样的关系, 人与人之间有"同事"关系、"上下级"关系、"父子"关系; 两个数之间有"大于"关系、"等于"关系、"小于"关系; 两个变量之间有一定的"函数"关系; 计算机内两电路之间有"连接"关系; 程序之间有"调用"关系. "关系"这个概念及其数学性质, 在计算机科学中的许多方面如数据结构、数据库、情报检索、算法分析等都有很多应用, 所以对关系进行深入的研究, 对数学与计算机科学都有很大的用处.

4.1 基 本 概 念

对关系的研究, 主要是研究集合内元素间的关系. 关系是很重要的基本数学概念, 它探讨数学领域 (不仅包括离散数学领域而且包括其他数学领域) 及计算机领域中研究内容的一般性规律. 这里主要讨论二元关系理论.

4.1.1 二元关系的定义

定义 4.1   如果一个集合满足以下条件之一:

(1) 集合非空, 且它的元素都是有序对;

(2) 集合是空集,

则称该集合为一个二元关系, 记作 R. 二元关系也可简称为关系. 对于二元关系 R, 如果 $< x,y >\in R$, 可记作 xRy; 如果 $< x,y >\notin R$, 则记作 $x\overline{R}y$.

例 4.1 $R_1 = \{< 1,2 >, < a,b >\}, R_2 = \{< 1,2 >, a,b\}$, 则 R_1 是二元关系, R_2 不是二元关系, 只是一个集合, 除非将 a 和 b 定义为有序对. 根据上面的记法可以写 $1R_12, aR_1b$, aR_1c 等.

定义 4.2   设 A, B 为集合, $A \times B$ 的任何子集所定义的二元关系称为从 A 到 B 的二元关系, 特别地, 当 $A = B$ 时称为 A 上的二元关系. 即

$$R \subseteq A \times B, R = \{< x,y > | x \in A_1 \subseteq A, y \in B_1 \subseteq B\}.$$

称 A_1 为二元关系 R 的前域, 记为 $A_1 = \mathrm{dom}R = \{x | \exists y \in B, < x,y >\in R\}$.

称 B_1 为二元关系 R 的值域, 记为 $B_1 = \mathrm{range}R = \{y | \exists x \in A, < x,y >\in R\}$.

R 的前域和值域一起称为 R 的域, 记作 $\mathrm{FLD} = \mathrm{dom}R \cup \mathrm{range}R$.

从关系的定义可以看出: $\mathrm{dom}R \subseteq A, \mathrm{range}R \subseteq B$.

例 4.2 $A = \{0,1\}, B = \{1,2,3\}$, 那么

$$R_1 = \{< 0,2 >\}, R_2 = A \times B, R_3 = \varnothing, R_4 = \{< 0,1 >\}$$

都是从 A 到 B 的二元关系, 而 R_3 和 R_4 同时也是 A 上的二元关系.

例 4.3 设 $A = \{1, 2, 3, 5\}, B = \{1, 2, 4\}, H = \{<1, 2>, <1, 4>, <2, 4>, <3, 4>\}$, 求：$\text{dom}H, \text{range}H, \text{FLD}H$.

解 $\text{dom}H = \{1, 2, 3\}, \text{range}H = \{2, 4\}, \text{FLD}H = \{1, 2, 3, 4\}$.

集合 A 上的二元关系的数目依赖于 A 中的元素数. 如果 $|A| = n$, 那么 $|A \times A| = n^2$, $A \times A$ 的子集就有 2^{n^2} 个. 每一个子集代表一个 A 上的二元关系, 所以 A 上有 2^{n^2} 个不同的二元关系, 例如 $|A| = 3$, 则 A 上有 $2^{3^2} = 512$ 个不同的二元关系.

对于任何集合 A, 空集 $\varnothing$ 是 A 的子集, 称为 A 上的空关系. 下面定义 A 上的全域关系 E_A 和恒等关系 I_A.

定义 4.3 对任意集合 A, 定义

$$E_A = \{<x, y> \mid x \in A \wedge y \in A\} = A \times A;$$

$$I_A = \{<x, x> \mid x \in A\}.$$

例 4.4 若 $A = \{1, 2\}$, 则

$$E_A = \{<1, 1>, <1, 2>, <2, 1>, <2, 2>\};$$

$$I_A = \{<1, 1>, <2, 2>\}.$$

除了以上三种特殊关系以外, 还有一些常用的关系, 分别说明如下：L_A 称为 A 上的小于或等于关系, A 是实数集 **R** 上的子集. D_B 称为 B 上的整除关系, 其中 x 是 y 的因子, B 是非零整数集 **Z***的子集. $R_\subseteq$ 称为 A 上的包含关系, A 是由一些集合构成的集合族. 例如 $A = \{1, 2, 3\}, B = \{a, b\}$, 则

$$L_A = \{<1, 1>, <1, 2>, <1, 3>, <2, 2>, <2, 3>, <3, 3>\},$$

$$D_A = \{<1, 1>, <1, 2>, <1, 3>, <2, 2>, <3, 3>\}.$$

而令 $A = P(B) = \{\varnothing, \{a\}, \{b\}, \{a, b\}\}$, 则 A 上的包含关系是

$$R_\subseteq = \{<\varnothing, \varnothing>, <\varnothing, \{a\}>, <\varnothing, \{b\}>, <\varnothing, \{a, b\}>, <\{a\}, \{a\}>,$$
$$<\{a\}, \{a, b\}>, <\{b\}, \{b\}>, <\{b\}, \{a, b\}>, <\{a, b\}, \{a, b\}>\}.$$

类似地还可以定义大于等于关系、小于关系、大于关系、真包含关系等.

例 4.5 设 $A = \{1, 2, 3, 4\}$, 下面各式定义的 R 都是 A 上的关系, 试用列元素法表示 R.

(1) $R = \{<x, y> \mid x$是y的倍数$\}$.

(2) $R = \{<x, y> \mid (x - y)^2 \in A\}$.

(3) $R = \{<x, y> \mid x/y$是素数$\}$.

(4) $R = \{<x, y> \mid x \neq y\}$.

解 (1) $R = \{<4, 4>, <4, 2>, <4, 1>, <3, 3>, <3, 1>, <2, 2>, <2, 1>, <1, 1>\}$.

(2) $R = \{<2, 1>, <3, 2>, <4, 3>, <3, 1>, <4, 2>, <2, 4>, <1, 3>, <3, 4>, <2, 3>, <1, 2>\}$.

(3) $R = \{<2, 1>, <3, 1>, <4, 2>\}$.

(4) $R = E_A - I_A = \{<1,2>,<1,3>,<1,4>,<2,1>,<2,3>,<2,4>,<3,1>,$
$<3,2>,<3,4>,<4,1>,<4,2>,<4,3>\}$.

4.1.2 关系的表示

给出一个关系的方法有三种：集合表达式, 关系矩阵和关系图. 例 4.5中的关系就是用集合表达式来给出的. 对于有穷集 A 上的关系还可以用其他两种方式来给出.

设 $A = \{x_1, x_2, \cdots, x_n\}$, R 是 A 的关系. 令

$$r_{ij} = \begin{cases} 1, & 若 <x_i, x_j> \in R, \\ 0, & 若 <x_i, x_j> \notin R, \end{cases} \quad (i,j = 1, 2, \cdots, n)$$

则

$$(r_{ij}) = \begin{bmatrix} r_{11} & r_{12} & \cdots & r_{1n} \\ r_{21} & r_{22} & \cdots & r_{2n} \\ \vdots & \vdots & & \vdots \\ r_{n1} & r_{n2} & \cdots & r_{nn} \end{bmatrix}$$

是 R 的关系矩阵, 记作 $\boldsymbol{M}_R$.

例如 $A = \{<1,1>,<1,2>,<2,3>,<2,4>,<3,2>\}, R = \{<1,1>,<1,2>,<2,3>,<2,4>,<4,2>\}$, 则 R 的关系矩阵是

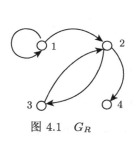

图 4.1 G_R

$$\boldsymbol{M}_R = \begin{bmatrix} 1 & 1 & 0 & 0 \\ 0 & 0 & 1 & 1 \\ 0 & 0 & 0 & 0 \\ 0 & 1 & 0 & 0 \end{bmatrix}.$$

设 $A = \{x_1, x_2, \cdots, x_n\}, R$ 是 A 的关系, R 的关系图记作 G_R, G_R 有 n 个顶点 $x_1, x_2, \cdots, x_n$. 如果 $<x_i, x_j> \in R$, 在 G_R 中就有一条从 x_i 到 x_j 的有向边.

在上面的例子中, R 的关系图 G_R 如图 4.1 所示.

4.2   关系的运算

4.2.1   关系的并、交、补、差、对称差运算

因为两个集合的笛卡儿积的子集是二元关系, 故同一域上的二元关系, 可以进行集合的所有运算. 所以就有关系并、交、补、差、对称差和包含等运算.

例如, R, S 是集合 A 上的两个二元关系, $<x, y> \in R \cup S$ 表示 $<x, y> \in R$ 或 $<x, y> \in S$; $<x, y> \in R \cap S$ 表示 $<x, y> \in R$ 且 $<x, y> \in S$; $<x, y> \in R - S$ 表示 $<x, y> \in R$ 且 $<x, y> \notin S$.

例 4.6   设 $A = \{1, 2, 3, 4\}$, 若 $H = \{<x, y> \mid \dfrac{x-y}{2}$ 是整数$\}$, $S = \{<x, y>$

$|\dfrac{x-y}{3}$是正整数$\}$. 求 $H\cup S,H\cap S,\sim H,S-H,H-S,H\oplus S$.

解 $H=\{<1,1>,<1,3>,<2,2>,<2,4>,<3,3>,<3,1>,<4,4>,<4,2>\}$;
$S=\{<4,1>\}$.
$H\cup S=\{<1,1>,<1,3>,<2,2>,<2,4>,<3,3>,<3,1>,<4,4>,<4,2>,<4,1>\}$;
$H\cap S=\varnothing$;
$\sim H=A\times A-H=\{<1,2>,<2,1>,<2,3>,<3,2>,<3,4>,<4,3>,$
$\qquad <1,4>,<4,1>\}$;
$S-H=S=\{<4,1>\}$;
$H-S=H$;
$H\oplus S=H\cup S$.

定理 4.1 若 R 和 S 是从集合 A 到集合 B 的两个关系, 则 R 与 S 的并、交、补、差仍是 A 到 B 的关系.

证明 因为
$$R\subseteq A\times B,S\subseteq A\times B,$$
故
$$R\cup S\subseteq A\times B,R\cap S\subseteq A\times B,\sim S=A\times B-S\subseteq A\times B,R-S=R\cap\sim S\subseteq A\times B.$$

4.2.2 关系的复合运算

在日常生活中, 如果关系 R 表示: a 是 b 的兄弟, 关系 S 表示: b 是 c 的父亲, 这时会得出关系 T: a 是 c 的叔叔或伯伯, 称关系 T 是由关系 R 和 S 复合而得到的新关系; 又如关系 R_1 表示: a 是 b 的父亲, 关系 S_1 表示: b 是 c 的父亲, 则得出关系 T_1: a 是 c 的祖父, 关系 T_1 是由关系 R_1 和 S_1 复合而得到的新关系.

定义 4.4 设 $R\subseteq A\times B,S\subseteq B\times C$ 是两个二元关系, 称 A 到 C 的关系 $R\circ S$ 为 R 与 S 的复合关系, 表示为

$$R\circ S=\{<a,c>|(a\in A)\wedge(c\in C)\wedge\exists b(b\in B)\wedge(<a,b>\in R)\wedge(<b,c>\in S)\}.$$

由 R 和 S 求 $R\circ S$ 称为关系的合成运算.

当 $A=B$ 时, 规定 $R^0=I_A,R^1=R,\cdots,R^{n+1}=R^n\circ R$, 其中, n 为自然数.

例 4.7 设 $A=\{a,b\}$, $B=\{1,2,3,4\}$, $C=\{5,6,7\}$,

$$R=\{<a,1>,<a,2>,<b,3>\},S=\{<2,6>,<3,7>,<4,5>\}.$$

则
$$R\circ S=\{<a,6>,<b,7>\},S\circ R=\varnothing.$$

例 4.8 设 $A=\{1,2,3,4\}$, A 上的关系 $R=\{<1,1>,<1,2>,<2,4>\}$, $S=\{<1,4>,<2,3>,<2,4>,<3,2>\}$, 求 $R\circ S,S\circ R,R^2,R^3$.

解 $R\circ S=\{<1,4>,<1,3>\},S\circ R=\{<3,4>\}$,
$R^2=R\circ R=\{<1,1>,<1,2>,<1,4>\}$,
$R^3=R^2\circ R=\{<1,1>,<1,2>,<1,4>\}$.

例 4.9   设 R, S 是自然数集合 $\mathbf{N}$ 上的两个二元关系, 其定义为

$$R = \{<x,y> \,|\, (x \in \mathbf{N}) \wedge (y \in \mathbf{N}) \wedge (y = x^2)\},$$
$$S = \{<x,y> \,|\, (x \in \mathbf{N}) \wedge (y \in \mathbf{N}) \wedge (y = x+1)\};$$

则

$$R \circ S = \{<x,y> \,|\, (x \in \mathbf{N}) \wedge (y \in \mathbf{N}) \wedge (y = x^2 + 1)\};$$
$$S \circ R = \{<x,y> \,|\, (x \in \mathbf{N}) \wedge (y \in \mathbf{N}) \wedge (y = (x+1)^2)\}.$$

由此可知 $R \circ S \neq S \circ R$, 即复合关系是不可交换的, 但是复合关系满足结合律.

定理 4.2   设 $R \subseteq A \times B, S \subseteq B \times C, T \subseteq C \times D$, 则 $(R \circ S) \circ T = R \circ (S \circ T)$.

证明 $<x,y> \in (R \circ S) \circ T \Leftrightarrow \exists c((c \in C) \wedge (<x,c> \in R \circ S) \wedge (<c,y> \in T)) \Leftrightarrow$ $\exists c((c \in C) \wedge \exists b((b \in B) \wedge (<x,b> \in R) \wedge (<b,c> \in S)) \wedge (<c,y> \in T)) \Leftrightarrow \exists b((b \in B) \wedge \wedge (<x,b> \in R) \wedge \exists c((c \in C) \wedge (<b,c> \in S) \wedge (<c,y> \in T))) \Leftrightarrow \exists b((b \in B) \wedge (<x,b> \in R) \wedge (<b,y> \in S \circ T)) \Leftrightarrow <x,y> \in R \circ (S \circ T),$
所以,

$$(R \circ S) \circ T = R \circ (S \circ T).$$

推论   设 m, n 为非负整数, 则

$$R^m \circ R^n = R^{m+n}, (R^m)^n = R^{mn}.$$

定理 4.3   设 $R \subseteq A \times B, S \subseteq B \times C, T \subseteq B \times C, U \subseteq C \times D$, 则有
(1) $R \circ (S \cup T) = (R \circ S) \cup (R \circ T)$;
(2) $(S \cup T) \circ U = (S \circ U) \cup (T \circ U)$;
(3) $R \circ (S \cap T) \subseteq (R \circ S) \cap (R \circ T)$;
(4) $(S \cap T) \circ U \subseteq (S \circ U) \cap (T \circ U)$.

证明   (1) 任取 $<x,y>$, 有
$<x,y> \in R \circ (S \cup T) \Leftrightarrow \exists z((z \in B) \wedge (<x,z> \in R) \wedge (<z,y> \in (S \cup T))) \Leftrightarrow \exists z((z \in B) \wedge (<x,z> \in R) \wedge ((<z,y> \in S) \vee (<z,y> \in T))) \Leftrightarrow \exists z((z \in B) \wedge (<x,z> \in R) \wedge ((<z,y> \in S)) \vee ((<x,z> \in R) \wedge (<z,y> \in T))) \Leftrightarrow (<x,y> \in R \circ S) \vee (<x,y> \in R \circ T) \Leftrightarrow <x,y> \in (R \circ S) \cup (R \circ T),$

所以, $R \circ (S \cup T) = (R \circ S) \cup (R \circ T)$.

同理可证 $(2), (3), (4)$.

现在讨论复合关系的关系矩阵的求法.

设 $A = \{a_1, a_2, \cdots, a_m\}, B = \{b_1, b_2, \cdots, b_n\}, C = \{c_1, c_2, \cdots, c_p\}, R \subseteq A \times B, S \subseteq B \times C$.

$$\boldsymbol{M}_R = (r_{ij})_{m \times n}, \quad r_{ij} = \begin{cases} 1, & <a_i, b_j> \in R, \\ 0, & <a_i, b_j> \notin R. \end{cases}$$

$$\boldsymbol{M}_S = (s_{jk})_{n \times p}, \quad s_{jk} = \begin{cases} 1, & <b_j, c_k> \in S, \\ 0, & <b_j, c_k> \notin S. \end{cases}$$

复合关系 $R \circ S$ 的关系矩阵 $\boldsymbol{M}_{R \circ S}$ 构造如下.

如果 $< a_i, c_k > \in R \circ S$, 必然存在 $b_j \in B$ 使 $(< a_i, b_j > \in R \wedge (< b_j, c_k > \in S)$, 则 $\boldsymbol{M}_R$ 中 $r_{ij} = 1$ 且 $\boldsymbol{M}_s$ 中 $s_{jk} = 1$, 故只要 $\boldsymbol{M}_R$ 的第 i 行, $\boldsymbol{M}_S$ 的第 k 列中至少有一个这样的 j 使 $r_{ij} = 1$ 且 $s_{jk} = 1$, 则在 $\boldsymbol{M}_{R \circ S}$ 的第 i 行 k 列位置上记 1, 否则记 0. 如此考察 $i = 1, 2, \cdots, m$, $k = 1, 2, \cdots, p$, 即确定了 $\boldsymbol{M}_{R \circ S}$ 中的元素, 即

$$\boldsymbol{M}_{R \circ S} = \boldsymbol{M}_R \cdot \boldsymbol{M}_S = (d_{ik})_{m \times p},$$

其中, $d_{ik} = \bigvee_{j=1}^{n} (r_{ij} \wedge s_{jk})$.

"$\vee$" 表示逻辑加: $1 \vee 1 = 1, 1 \vee 0 = 1, 0 \vee 1 = 1, 0 \vee 0 = 0$.

"$\wedge$" 表示逻辑乘: $1 \wedge 1 = 1, 1 \wedge 0 = 0, 0 \wedge 1 = 0, 0 \wedge 0 = 0$.

例如, 在例 4.7中,

$$\boldsymbol{M}_R = \begin{pmatrix} 1 & 1 & 0 & 0 \\ 0 & 0 & 1 & 0 \end{pmatrix}, \boldsymbol{M}_S = \begin{pmatrix} 0 & 0 & 0 \\ 0 & 1 & 0 \\ 0 & 0 & 1 \\ 1 & 0 & 0 \end{pmatrix},$$

则

$$\boldsymbol{M}_{R \circ S} = \begin{pmatrix} 0 & 1 & 0 \\ 0 & 0 & 1 \end{pmatrix}.$$

4.2.3 关系的逆运算

定义 4.5 给定二元关系 $R \subseteq A \times B$, 则 $\{< y, x > \mid < x, y > \in R\} \subseteq B \times A$ 称为 R 的逆关系, 记为 R^c.

例 4.10 设 $R = \{< x, y > \mid (x \in N) \wedge (y \in N) \wedge (y = x + 1)\}$ 是自然数集 $\mathbf{N}$ 上的二元关系, 则

$$R^c = \{< y, x > \mid (y \in \mathbf{N}) \wedge (x \in \mathbf{N}) \wedge (y = x + 1)\}$$
$$= \{< 1, 0 >, < 2, 1 >, < 3, 2 >, \cdots, < x + 1, x >, \cdots\}.$$

关系 R 的逆关系 R^c 的关系图恰好是关系 R 的关系图中, 将有向弧的方向反置; R^c 的关系矩阵恰好是 $\boldsymbol{M}_R$ 的转置矩阵.

关系逆运算的主要性质如下.

定理 4.4 设 R, S 都是 A 到 B 的二元关系, 则下列各式成立:

(1) $(R^c)^c = R$;

(2) $(R \cup S)^c = R^c \cup S^c$;

(3) $(R \cap S)^c = R^c \cap S^c$;

(4) $(A \times B)^c = B \times A$;

(5) $\sim R = (A \times B) - R$;

(6) $(\sim R)^c = \sim R^c$;

(7) $(R - S)^c = R^c - S^c$.

证明　(1) $< x,y >\in (R^c)^c \Leftrightarrow < y,x >\in R^c \Leftrightarrow < x,y >\in R$, 故得证 $(R^c)^c = R$.

(2) $< x,y >\in (R \cup S)^c \Leftrightarrow < y,x >\in R \cup S \Leftrightarrow (< y,x >\in R) \vee (< y,x >\in S) \Leftrightarrow (< x,y >\in R^c) \vee (< x,y >\in S^c) \Leftrightarrow < x,y >\in R^c \cup S^c$.

同理可证 (3).

(4) $< x,y >\in (A \times B)^c \Leftrightarrow < y,x >\in A \times B \Leftrightarrow < x,y >\in B \times A$, 故得证 $(A \times B)^c = B \times A$.

(5) 由补的定义立即得证.

(6) $< x,y >\in (\sim R)^c \Leftrightarrow < y,x >\in \sim R \Leftrightarrow < y,x >\notin R \Leftrightarrow < x,y >\notin R^c \Leftrightarrow < x,y >\in \sim R^c$ 即得证 $(\sim R)^c =\sim R^c$.

(7) $< x,y >\in (R - S)^c \Leftrightarrow < y,x >\in R - S \Leftrightarrow (< y,x >\in R) \wedge (< y,x >\notin S) \Leftrightarrow (< y,x >\in R) \wedge (< y,x >\in \sim S) \Leftrightarrow (< x,y >\in R^c) \wedge (< x,y >\in (\sim S)^c) \Leftrightarrow (< x,y >\in R^c) \wedge (< x,y >\in \sim S^c) \Leftrightarrow < x,y >\in R^c - S^c$, 即得证 $(R - S)^c = R^c - S^c$.

或者 $(R - S)^c = (R\cap \sim S)^c = R^c \cap (\sim S)^c = R^c\cap \sim S^c = R^c - S^c$.

定理 4.5　设 R 是 A 到 B 的二元关系, S 是 B 到 C 的二元关系, 则 $(R \circ S)^c = S^c \circ R^c$.

证明　$< x,y >\in (R \circ S)^c \Leftrightarrow < y,x >\in R \circ S \Leftrightarrow \exists b(b \in B) \wedge (< y,b >\in R) \wedge (< b,x >\in S) \Leftrightarrow \exists b(b \in B) \wedge (< b,y >\in R^c) \wedge (< x,b >\in S^c) \Leftrightarrow < x,y >\in S^c \circ R^c$, 即得证 $(R \circ S)^c = S^c \circ R^c$.

4.3　关系的性质

通过上述讨论, 我们已经看到在集合 X 上可以定义很多不同的关系, 但真正有实际意义的只是其中的一小部分, 它们一般都是有着某些性质的关系, 下面讨论集合 X 上的二元关系 R 的一些特殊性质.

4.3.1　关系性质的概念

设 R 是 X 上的二元关系, R 的主要性质有以下五种: 自反性、对称性、传递性、反自反性和反对称性.

定义 4.6　设 R 为定义在集合 X 上的二元关系.

(1) 如果对于任意 $x \in X$, 都有 $< x,x >\in R$, 则称 X 上的二元关系 R 具有**自反性**, 即

$$R \text{ 在 } X \text{ 上是自反的} \Leftrightarrow \forall x((x \in X) \rightarrow < x,x >\in R)).$$

(2) 如果对于任意 $x,y \in X$, 当 $< x,y >\in R$ 时, 就有 $< y,x >\in R$, 则称集合 X 上的二元关系 R 具有**对称性**, 即

$$R \text{ 在 } X \text{ 上是对称的} \Leftrightarrow \forall x \forall y((x \in X) \wedge (y \in X) \wedge (< x,y >\in R) \rightarrow (< y,x >\in R)).$$

(3) 如果对于任意 $x,y,z \in X$, 当 $< x,y >\in R, < y,z >\in R$ 时, 就有 $< x,z >\in R$, 则称 R 在 X 上具有**传递性**, 即

R 在 X 上是传递的 $\Leftrightarrow \forall x \forall y \forall z((x \in X) \wedge (y \in X) \wedge (z \in X) \wedge (<x, y> \in R) \wedge (<y, z> \in R) \rightarrow (<x, z> \in R))$.

(4) 如果对于任意的 $x \in X$, 都有 $<x, x> \notin R$, 则称集合 X 上二元关系 R 具有**反自反性**, 即

$$R \text{ 在 } X \text{ 上是反自反的} \Leftrightarrow \forall x((x \in X) \rightarrow (<x, x> \notin R)).$$

(5) 如果对于任意的 $x, y \in X$, 当 $<x, y> \in R$, $<y, x> \in R$ 必有 $x = y$, 则称 R 在 X 上具有**反对称性**, 即

R 在 X 上是反对称的 $\Leftrightarrow \forall x \forall y((x \in X) \wedge (y \in X) \wedge (<x, y> \in R) \wedge (<y, x> \in R) \rightarrow (x = y))$.

反对称的定义也可以表示为

$$\forall x \forall y((x \in X) \wedge (y \in X) \wedge (<x, y> \in R) \wedge (x \neq y) \rightarrow (<y, x> \notin R)).$$

事实上:

$(<x, y> \in R) \wedge (<y, x> \in R) \rightarrow (x = y) \Leftrightarrow \neg(x = y) \rightarrow \neg((<x, y> \in R) \wedge (<y, x> \in R)) \Leftrightarrow (x = y) \vee \neg(<x, y> \in R) \vee \neg(<y, x> \in R) \Leftrightarrow \neg((x \neq y) \wedge (<x, y> \in R)) \vee (<y, x> \notin R) \Leftrightarrow (<x, y> \in R) \wedge (x \neq y) \rightarrow (<y, x> \notin R)$.

4.3.2 关系性质举例

例 4.11 设 A 为任意集合.

(a) A 上的恒等关系 I_A 具有自反性、对称性和传递性, 但不具有反自反性.

(b) 实数集合 $\mathbf{R}$ 上的小于等于关系 "$\leqslant$" 具有自反性、反对称性和传递性, 但不具有对称性.

(c) 平面三角形上的全等关系 "$\cong$" 具有自反性、对称性、传递性, 但不具有反自反性.

(d) 设 A 是人的集合, R 是 A 上的二元关系, $<x, y> \in R$, 当且仅当 x 是 y 的祖先, 显然祖先关系 R 是传递的.

(e) 平面三角形上的相似关系 "$\sim$" 具有对称性.

例 4.12 设 $A = \{1, 2\}$, A 上的关系 $R = \{<1, 2>\}$, $S = \{<1, 1>, <1, 2>\}$, 则 R 具有反自反性; S 既不具有自反性, 也不具有反自反性.

又如, 数的大于关系, 日常生活中的父子关系等都是具有反自反性的关系.

例 4.13 设 $A = \{2, 3, 5, 7\}$, $R = \{<x, y> \mid \dfrac{x-y}{2} \text{ 是整数}\}$, 则 R 在 A 上是自反和对称的.

证明 $\forall x \in A$ 由于 $\dfrac{x-x}{2} = 0$, 所以 $<x, x> \in R$, 故 R 是自反的. 又设 $x, y \in A$, 如果 $<x, y> \in R$, 即 $\dfrac{x-y}{2}$ 是整数, 则 $\dfrac{y-x}{2}$ 也必是整数, 即 $<y, x> \in R$, 因此, R 是对称的.

例 4.14　　设兄弟三人组成一个集合 $A = \{a, b, c\}$, 在 A 上的兄弟关系 R 的性质如表 4.1 所示.

表 4.1　在 A 上的兄弟关系 R 的性质

性质	自反性	对称性	传递性	反自反性	反对称性
兄弟关系	否	是	否	是	否

注意　　兄弟关系不具有自反性, 是因为自己与自己不构成兄弟关系; 兄弟关系不具有传递性, 是因为如果 $<a, b> \in R$, 由对称性知 $<b, a> \in R$, 但 $<a, a> \notin R$; 兄弟关系不具有反对称性, 是因为 $<a, b> \in R$ 且 $<b, a> \in R$, 但 $a \neq b$.

4.3.3　关系性质在关系图及关系矩阵中的特征

关系性质在关系图及关系矩阵中都有一定的体现, 表 4.2 给出了关系性质在关系图及关系矩阵中的特征.

表 4.2　关系性质在关系图及关系矩阵中的特征

	自反性	对称性	传递性	反自反性	反对称性
集合表示	$I_A \subseteq R$	$R = R^c$	$R \circ R \subseteq R$	$R \cap I_A = \varnothing$	$R \cap R^c \subseteq I_A$
矩阵表示	主对角线元素全是 1	矩阵为对称矩阵	在 M_R^2 中 1 所在位置, 在 M_R 中相应位置也为 1	主对角线元素全是 0	如果 $r_{ij} = 1$ 且 $i \neq j$ 则 $r_{ij} = 0$
图表示	每个节点都有环	如果两个节点之间有边, 一定是一对方向相反的边	如果节点 x_i 到 x_j 之间有边, x_j 到 x_k 之间有边, 则 x_i 到 x_k 之间也有边	每个节点都无环	如果两个节点之间有边, 一定是一条有向边

传递关系的特征比较复杂, 不易从关系矩阵和关系图中直接判断.

4.4　关系的闭包

4.3 节的例子说明, 集合上的二元关系可能具有一种或多种性质, 如整数集上的整除关系, 实数集上的 "⩽" 关系都同时具有自反性、反对称性和传递性, 但实数集上的 "<" 关系就不具有自反性. 那么能否通过一定的方法使这个关系具有自反性呢? 一般来说, 是否有方法使给定的关系具有所希望的性质呢? 本节就来研究这个问题.

4.4.1　闭包的定义

定义 4.7　　设 R 是集合 A 上的二元关系, 如果有另一个关系 R' 满足下列条件:

(1) R' 是自反的 (对称的或传递的);

(2) $R \subseteq R'$;

(3) 若还有 A 上的二元关系 R'' 也符合条件 (1) 和 (2).

则必有 $R' \subseteq R''$, 称 R' 为 R 的自反闭包 (对称闭包或传递闭包), 记为 $r(R)[s(R)$ 或 $t(R)]$.

由闭包定义可知, R' 是包含 R 且具有自反性或对称性或传递性的最小关系.

4.4.2 关系 R 的闭包求法

定理 4.6 设 R 是集合 A 上的二元关系, 则

(1) R 是自反的当且仅当 $r(R) = R$;

(2) R 是对称的当且仅当 $s(R) = R$;

(3) R 是传递的当且仅当 $t(R) = R$.

证明 (1) 必要性. 若 R 是自反的, 令 $R' = R$, 则 R' 是自反的且 $R \subseteq R'$. 对任意 R'', 若 R'' 是自反的且 $R'' \supseteq R$ 则有 $R'' \supseteq R'(= R)$. 故 $R' = R$ 就是 R 的自反闭包, 即 $r(R) = R$.

充分性. 若 $r(R) = R$, 则由 $r(R)$ 具有自反性知 R 是自反关系.

同理可证 (2), (3).

定理 4.7 设 R 是集合 A 上的二元关系, 则

(1) $r(R) = R \cup I_A$;

(2) $s(R) = R \cup R^c$;

(3) $t(R) = R \cup R^2 \cup R^3 \cup \cdots \cup = \bigcup\limits_{i=1}^{\infty} R^i \cong R^+$.

证明 (1) 令 $R' = R \cup I_A$, 显然 $R' \supseteq R$, $\forall x \in A \Rightarrow <x, x> \in I_A \subseteq R \cup I_A = R'$, 所以, R' 具有自反性. 设 R'' 包含 R 且具有自反性的任一关系, 即 $R'' \supseteq R$ 且 $R'' \supseteq I_A$, 因此 $R'' \supseteq R \cup I_A = R'$, 由定义即知 $r(R) = R \cup I_A$.

(2) 令 $R' = R \cup R^c$, 显然 $R' \supseteq R$, 现证 R' 具有对称性, 事实上, 任意 $x, y \in A$ 有 $(<x, y> \in R' = R \cup R^c) \Leftrightarrow (<x, y> \in R) \vee (<x, y> \in R^c) \Leftrightarrow (<y, x> \in R^c) \vee (<y, x> \in R) \Leftrightarrow (<y, x> \in R \cup R^c = R')$.

设 R'' 是包含 R 且具有对称性的关系, 现证 $R'' \supseteq R'$. 事实上, 对任意 $<x, y> \in R'$, 有

$<x, y> \in R' = R \cup R^c \Leftrightarrow (<x, y> \in R) \vee (<x, y> \in R^c \Leftrightarrow (<x, y> \in R) \vee (<y, x> \in R) \stackrel{R'' \supseteq R}{\Rightarrow} (<x, y> \in R'') \vee (<y, x> \in R'') \stackrel{R'对称}{\Leftrightarrow} <x, y> \in R''$

所以, $s(R) = R \cup R^c$.

(3) 为证明 $\bigcup\limits_{i=1}^{\infty} R^i = t(R)$.

(i) 先证明 $\bigcup\limits_{i=1}^{\infty} R^i \subseteq t(R)$.

对任意自然数 i 用数学归纳法证明 $R^i \subseteq t(R)$. 当 $i = 1$ 时, 由传递闭包的定义即知 $R \subseteq t(R)$. 假设 $i = k$ 时, $R^k \subseteq t(R)$ 成立. 当 $i = k + 1$ 时, $<x, y> \in R^{k+1} = R^k \circ R \Leftrightarrow \exists z((z \in A) \wedge (<x, z> \in R^k) \wedge (<z, y> \in R)) \Rightarrow \exists z((z \in A) \wedge (<x, z> \in t(R)) \wedge (<z, y> \in t(R))) \stackrel{t(R)传递性}{\Rightarrow} <x, y> \in t(R)$, 即说明 $R^{k+1} \subseteq t(R)$. 由归纳原理知,

任意自然数 i, $R^i \subseteq t(R)$), 因此 $\bigcup\limits_{i=1}^{\infty} R^i \subseteq t(R)$.

(ii) 再证 $t(R) \subseteq \bigcup\limits_{i=1}^{\infty} R^i$.

因为 $R \subseteq \bigcup\limits_{i=1}^{\infty} R^i$, 现证明 $\bigcup\limits_{i=1}^{\infty} R^i$ 具有传递性, 对任意 $<x,y>$, $<y,z>$, $(<x,y>\in \bigcup\limits_{i=1}^{\infty} R^i) \wedge (<y,z>\in \bigcup\limits_{i=1}^{\infty} R^i) \Rightarrow \exists m \exists n((m \in N) \wedge (n \in N) \wedge (<x,y>\in R^m) \wedge (<y,z>\in R^n)) \Rightarrow <x,z>\in R^m \circ R^n = R^{m+n} \subseteq \bigcup\limits_{i=1}^{\infty} R^i$,

因为 $\bigcup\limits_{i=1}^{\infty} R^i$ 具有传递性, 而 $t(R)$ 是包含 R 具有传递性的最小关系, 所以 $t(R) \subseteq \bigcup\limits_{i=1}^{\infty} R^i$.

由 (i) 和 (ii) 即知 $t(R) = \bigcup\limits_{i=1}^{\infty} R^i \hat{=} R^+$.

例 4.15 设集合 $A = \{1,2,3\}$, A 上的二元关系 $R = \{<1,2>,<2,3>,<3,1>\}$, 则

$r(R) = R \cup I_A = \{<1,1>,<1,2>,<2,2>,<2,3>,<3,1>,<3,3>\}$;

$s(R) = R \cup R^c = \{<1,2>,<2,1>,<2,3>,<3,2>,<3,1>,<1,3>\}$.

由于

$R^2 = \{<1,3>,<2,1>,<3,2>\}$,

$R^3 = \{<1,1>,<2,2>,<3,3>\}$,

$R^4 = R, R^5 = R^2, \cdots$

一般有

$R^{3n+1} = R, R^{3n+2} = R^2, R^{3n} = R^3 (n = 1, 2, \cdots)$,

故

$t(R) = \bigcup\limits_{i=1}^{\infty} R^i = R \cup R^2 \cup R^3 = A \times A$.

在计算 R^i 时, 一般来说是较麻烦的, 但是可以发现有一定的规律, 也即存在着求 $t(R)$ 的简单的方法.

定理 4.8 设 R 是集合 A 上的二元关系, $|A| = n$, 则存在正整数 k, $k \leqslant n$ 使得 $t(R) = R \cup R^2 \cup \cdots \cup R^k$.

证明 $R^+ = t(R) = \bigcup\limits_{i=1}^{\infty} R^i$.

对任意 $x, y \in A$, 若 $<x,y>\in R^+$, 故存在最小正整数 k 使 $<x,y>\in R^k$, 即存在 A 的元素序列 $a_1, a_2, \cdots, a_{k-1}$ 使 $<x,a_1>\in R, <a_1,a_2>\in R, \cdots, <a_{k-1},y>\in R$. 若 $k > n$, 则 $a_1, a_2, \cdots, a_{k-1}, y$ 这 k 个元素中至少有两个相同, 即有

(i) 某个 $i \leqslant k-1$ 使 $a_i = y$, 于是有 $<x,a_1>\in R, <a_1,a_2>\in R, \cdots, <a_{i-1},y>\in R$ 故 $<x,y>\in R^i$, 且 $i < k$;

(ii) 某 $i < j, i, j \leqslant k$ 使 $a_i = a_j$, 于是有 $<x,a_1>\in R, \cdots, <a_{i-1},a_i>\in R, <$

$a_i, a_{j+1} >\in R, \cdots, < a_{k-1}, y >\in R$. 因此 $< x, a_i >\in R^i$, $< a_i, y >\in R^{k-j}$, 即 $< x, y >\in R^{i+k-j}$, 而 $i + k - j = k - (j - i) < k$.

无论是 (i) 还是 (ii) 都与 $< x, y >\in R^k$ 时 k 的最小性矛盾, 所以 $k \leqslant n$, 即 $< x, y >\in R^+$ 时, 必有 $k \leqslant n$, $< x, y >\in R^k$, 故 $R^+ = t(R) = \bigcup_{i=1}^{k} R^i, k \leqslant n$.

4.4.3 传递闭包的 Warshall 算法

前面已经看到按复合关系定义求 R^i 是麻烦的, 即使对有限集合采用定理 4.8 的方法仍是比较麻烦的, 特别当有限集合元素比较多时计算量是很大的. 1962 年 Warshall 提出了一个求 R^+ 的有效计算方法: 设 R 是 n 个元素集合上的二元关系, $\boldsymbol{M}_R$ 是 R 的关系矩阵.

第一步: 置新矩阵 $\boldsymbol{M}$, $\boldsymbol{M} \leftarrow \boldsymbol{M}_R$.

第二步: 置 $i, i \leftarrow 1$.

第三步: 对 $j(1 \leqslant j \leqslant n)$, 若 $\boldsymbol{M}$ 的第 j 行第 i 列处为 1, 则对 $k = 1, 2, \cdots, n$ 作如下计算, 将 $\boldsymbol{M}$ 的第 j 行第 k 列元素与第 i 行第 k 列元素进行逻辑加, 然后将结果送到第 j 行第 k 列处, 即 $\boldsymbol{M}[j, k] \leftarrow \boldsymbol{M}[j, k] \vee \boldsymbol{M}[i, k]$.

第四步: $i \leftarrow i + 1$.

第五步: 若 $i \leqslant n$, 转到第三步, 否则停止.

Warshall 算法为计算机解决集合分类问题奠定了基础.

例 4.16 设 $A = \{1, 2, 3, 4, 5\}, R = \{< 1, 1 >, < 1, 2 >, < 2, 4 >, < 3, 5 >, < 4, 2 >\}$, 用 Warshall 算法求 R^+.

解 $\boldsymbol{M}_R = \begin{pmatrix} 1 & 1 & 0 & 0 & 0 \\ 0 & 0 & 0 & 1 & 0 \\ 0 & 0 & 0 & 0 & 1 \\ 0 & 1 & 0 & 0 & 0 \\ 0 & 0 & 0 & 0 & 0 \end{pmatrix}, \boldsymbol{M} \leftarrow \boldsymbol{M}_R,$

$i \leftarrow 1$. $i = 1$ 时, M 的第一列中只有 $\boldsymbol{M}[1, 1] = 1$, 将 $\boldsymbol{M}$ 的第一行上元素与其本身作逻辑和, 然后把结果送到第一行, 得

$$\boldsymbol{M} = \begin{pmatrix} 1 & 1 & 0 & 0 & 0 \\ 0 & 0 & 0 & 1 & 0 \\ 0 & 0 & 0 & 0 & 1 \\ 0 & 1 & 0 & 0 & 0 \\ 0 & 0 & 0 & 0 & 0 \end{pmatrix}.$$

$i \leftarrow 1 + 1$. $i = 2$ 时, $\boldsymbol{M}$ 的第二列中有两个 1, 即 $\boldsymbol{M}[1, 2] = \boldsymbol{M}[4, 2] = 1$, 分别将 $\boldsymbol{M}$ 的第一行和第四行与第二行对应元素作逻辑和, 将结果分别送到第一行和第四行, 得

$$M = \begin{pmatrix} 1 & 1 & 0 & 1 & 0 \\ 0 & 0 & 0 & 1 & 0 \\ 0 & 0 & 0 & 0 & 1 \\ 0 & 1 & 0 & 1 & 0 \\ 0 & 0 & 0 & 0 & 0 \end{pmatrix}.$$

$i \leftarrow 2+1$. $i = 3$ 时, M 的第三列全为 0, M 不变.

$i \leftarrow 3+1$. $i = 4$ 时, M 的第四列中有三个 1, 即 $M[1,4] = M[2,4] = M[4,4] = 1$, 分别将 M 的第一行, 第二行, 第四行与第四行对应元素作逻辑和, 将结果分别送到 M 的第一、二、四行得

$$M = \begin{pmatrix} 1 & 1 & 0 & 1 & 0 \\ 0 & 1 & 0 & 1 & 0 \\ 0 & 0 & 0 & 0 & 1 \\ 0 & 1 & 0 & 1 & 0 \\ 0 & 0 & 0 & 0 & 0 \end{pmatrix}.$$

$i \leftarrow 4+1$. $i = 5$ 时, $M[3,5] = 1$, 将 M 的第三行与第五行对应元素作逻辑和送到 M 的第三行, 由于这里第五行全为 0, 故 M 不变.

$i \leftarrow 5+1$, 这时 $i = 6 > 5$, 停止. 即得

$$M_{R^+} = \begin{pmatrix} 1 & 1 & 0 & 1 & 0 \\ 0 & 1 & 0 & 1 & 0 \\ 0 & 0 & 0 & 0 & 1 \\ 0 & 1 & 0 & 1 & 0 \\ 0 & 0 & 0 & 0 & 0 \end{pmatrix}.$$

故 $R^+ = \{<1,1>, <1,2>, <1,4>, <2,2>, <2,4>, <3,5>, <4,2>, <4,4>\}$.

4.4.4 闭包的复合

关系 R 的自反 (对称, 传递) 闭包还可以进一步复合而成自反 (对称, 传递) 等闭包, 它们之间有如下定理.

定理 4.9 设 R_1, R_2 是集合 A 上的两个二元关系, 且 $R_1 \subseteq R_2$, 则

(1) $r(R_1) \subseteq r(R_2)$;

(2) $s(R_1) \subseteq s(R_2)$;

(3) $t(R_1) \subseteq t(R_2)$.

证明

(1) $r(R_1) = R_1 \cup I_A \subseteq R_2 \cup I_A = r(R_2)$, 即 $r(R_1) \subseteq r(R_2)$.

(2) 因为 $R_1 \subseteq R_2$, 所以 $R_1^c \subseteq R_2^c$, 则有 $s(R_1) = R_1 \cup R_1^c \subseteq R_2 \cup R_2^c = s(R_2)$ 即 $s(R_1) \subseteq s(R_2)$.

(3) 任意 $<x,y> \in t(R_1) = \bigcup_{i=1}^{\infty} R_1^i$, 则存在正整数 s, 使得 $<x,y> \in R_1^s$, 因此存在 $e_1, e_2, \cdots, e_{s-1} \in A$, 使得 $<x,e_1> \in R_1, <e_1,e_2> \in R_1, \cdots, <e_{s-1},y> \in R_1$, 由

$R_1 \subseteq R_2$, 则有 $<x, e_1> \in R_2, <e_1, e_2> \in R_2, \cdots, <e_{s-1}, y> \in R_2$, 即 $<x, y> \in R_2^s$, 所以 $<x, y> \in \bigcup_{i=1}^{\infty} R_2^i$, 这说明 $t(R_1) \subseteq t(R_2)$.

定理 4.10 设 R 是集合 A 上的二元关系.

(1) 若 R 是自反的, 则 $s(R), t(R)$ 是自反的;

(2) 若 R 是对称的, 则 $r(R), t(R)$ 是对称的;

(3) 若 R 是传递的, 则 $r(R)$ 是传递的.

证明 (1) 因为 R 是自反的, 所以 $\forall x \in A, <x, x> \in R$, 由自反闭包和传递闭包的定义知, $R \subseteq s(R)$ 且 $R \subseteq t(R)$, 因此 $<x, x> \in s(R), <x, x> \in t(R)$. 故 $s(R)$ 和 $t(R)$ 是自反的.

(2) 首先证明 $r(R)$ 是对称的.

$\forall x, y \in A$, 若 $<x, y> \in r(R) = R \cup I_A$, 即 $<x, y> \in R$ 或 $<x, y> \in I_A$.

① 若 $<x, y> \in R$, 由 R 的对称性知 $<y, x> \in R$, 又因为 $R \subseteq r(R)$, 有 $<y, x> \in r(R)$, 所以 $r(R)$ 是对称的;

② 若 $<x, y> \in I_A$, 则 $x = y$, 由于 $r(R)$ 是自反闭包, 所以 $<y, x> \in r(R)$.

由①, ②知: 若 $<x, y> \in r(R)$ 就有 $<y, x> \in r(R)$, 所以 $r(R)$ 是对称的.

再证明 $t(R)$ 是对称的.

$\forall x, y \in A$, 若 $<x, y> \in t(R) = \bigcup_{i=1}^{\infty} R^i$, 则 $\exists s$ 使得 $<x, y> \in R^s$, 即存在 $e_1, e_2, \cdots, e_{s-1}$ 使得 $<x, e_1> \in R, <e_1, e_2> \in R, \cdots, <e_{s-2}, e_{s-1}> \in R, <e_{s-1}, y> \in R$, 由 R 的对称性知, $<y, e_{s-1}> \in R, <e_{s-1}, e_{s-2}> \in R, \cdots, <e_2, e_1> \in R, <e_1, x> \in R$, 即 $<y, x> \in R^s \subseteq \bigcup_{i=1}^{\infty} R^i$, 所以 $<y, x> \in \bigcup_{i=1}^{\infty} R^i = t(R)$, 说明 $t(R)$ 具有对称性.

(3) $\forall a, b, c \in A$, 若 $<a, b> \in r(R) = R \cup I_A, <b, c> \in r(R) = R \cup I_A$.

① 若 $<a, b> \in R, <b, c> \in R$, 由 R 的传递性知 $<a, c> \in R \subseteq r(R)$, 即 $<a, c> \in r(R)$, 所以 $r(R)$ 具有传递性.

② 若 $<a, b> \in R, <b, c> \in R$, 有 $b = c$, 即 $<a, c> \in R \subseteq r(R)$, 所以 $r(R)$ 具有传递性.

③ $<a, b> \in I_A, <b, c> \in R$, 有 $a = b$, 即 $<a, c> \in R \subseteq r(R)$, 所以 $r(R)$ 具有传递性.

④ $<a, b> \in I_A, <b, c> \in I_A$, 有 $a = b = c$, 即 $<a, c> \in R \subseteq r(R)$, 所以 $r(R)$ 具有传递性.

综上所述, $r(R)$ 具有传递性.

定理 4.11 设 X 是集合, R 是 X 上的二元关系, 则

(1) $rs(R) = sr(R)$;

(2) $rt(R) = tr(R)$;

(3) $st(R) \subseteq ts(R)$.

证明 令 I_X 表示 X 上的恒等关系.

(1) $sr(R) = s(I_X \cup R) = (I_X \cup R) \cup (I_X \cup R)^c = (I_X \cup R) \cup (I_X^c \cup R^c) = I_X \cup R \cup R^c$

$\quad\quad = I_X \cup s(R) = r(s(R)) = rs(R)$.

(2) $tr(R) = t(I_X \cup R) = \bigcup\limits_{i=1}^{\infty}(I_X \cup R)^i = \bigcup\limits_{i=1}^{\infty}(I_X \cup \bigcup\limits_{j=1}^{i} R^j) = I_X \cup \bigcup\limits_{i=1}^{\infty}\bigcup\limits_{j=1}^{i} R^j = I_X \cup \bigcup\limits_{i=1}^{\infty} R^i$

$\quad\quad = I_X \cup t(R) = rt(R)$.

(3) 因为 $R \subseteq s(R)$, 由定理 4.9知 $t(R) \subseteq ts(R)$, $st(R) \subseteq sts(R)$, 再由定理 4.10 知 $ts(R)$ 具有对称性, 所以 $sts(R) = ts(R)$, 即 $st(R) \subseteq ts(R)$.

4.5 集合的划分和覆盖

在对集合的研究中, 有时需要将一个集合分成若干个子集加以讨论.

定义 4.8　若把一个集合 A 分成若干个称为分块的非空子集, 使得 A 中每个元素至少属于一个分块, 那么这些分块的全体构成的集合称为 A 的一个覆盖. 如果 A 中每个元素属于且仅属于一个分块, 那么这些分块的全体构成的集合称为 A 的一个划分 (或分划).

定义 4.8 与下面的定义是等价的.

定义 4.9　设集合 $A \neq \varnothing$, $S = \{A_1, A_2, \cdots, A_m\}$, 其中 $A_1, A_2, \cdots, A_m$ 都是 A 的子集, 且 $\bigcup\limits_{i=1}^{m} A_i = A$, 集合 S 称为集合 A 的覆盖. 如果除以上条件外, 另有当 $A_i \cap A_j = \varnothing (i \neq j, i, j = 1, 2, \cdots, m)$ 时, 称 S 为 A 的一个划分 (分类、分划).

例如, $A = \{a, b, c\}$, 考虑下列子集:

$$D = \{\{a\}, \{b, c\}\}, G = \{\{a, b, c\}\}, E = \{\{a\}, \{b\}, \{c\}\}, S = \{\{a, b\}, \{b, c\}\},$$

$$F = \{\{a\}, \{a, c\}\}, Q = \{\{a\}, \{a, b\}, \{a, c\}\},$$

则 S, Q 是 A 的覆盖, D, G, E 是 A 的划分, F 既不是划分也不是覆盖. 显然, 若是划分则必是覆盖, 其逆不真. 划分 G 中的元素是由集合 A 的全部元素组成的一个分块 (A 的子集), 则称 G 为集合 A 的最小划分. 划分 E 是由集合 A 中每个元素构成一个单元素分块组成的划分, 称 E 为集合 A 的最大划分.

定义 4.10　设 $A = \{A_1, A_2, \cdots, A_m\}$ 与 $B = \{B_1, B_2, \cdots, B_n\}$ 是集合 X 的两个不同的划分, 称 $S = \{A_i \cap B_j \mid (A_i \in A) \wedge (B_j \in B) \wedge (A_i \cap B_j \neq \varnothing, i = 1, 2, \cdots, m; j = 1, 2, \cdots, n)\}$ 为 A 与 B 的交叉划分.

例如, 设 X 表示所有生物的集合. $A = \{A_1, A_2\}$, 其中 A_1 表示所有植物的集合, A_2 表示所有动物的集合, 则 A 是集合 X 的一种划分; $B = \{B_1, B_2\}$, 其中 B_1 表示史前生物, B_2 表示史后生物, 则 B 也是集合 X 的一种划分. A, B 的交叉划分 $S = \{A_1 \cap B_1, A_1 \cap B_2, A_2 \cap B_1, A_2 \cap B_2\}$, 其中 $A_1 \cap B_1$ 表示史前植物, $A_1 \cap B_2$ 表示史后植物, $A_2 \cap B_1$ 表示史前动物, $A_2 \cap B_2$ 表示史后动物.

定理 4.12　设 $A = \{A_1, A_2, \cdots, A_m\}$ 与 $B = \{B_1, B_2, \cdots, B_n\}$ 是集合 X 的两个不同的划分, 则 A, B 的交叉划分是集合 X 的一种划分.

证明 A, B 的交叉划分 $S = \{A_1 \cap B_1, A_1 \cap B_2, \cdots, A_1 \cap B_n, A_2 \cap B_1, A_2 \cap B_2, \cdots, A_2 \cap B_n, \cdots, A_m \cap B_1, A_m \cap B_2, \cdots, A_m \cap B_n\}$.

(1) S 中任意两个元素都不相交.

任取 S 中两个元素 $A_i \cap B_h, A_j \cap B_k, (A_i \cap B_h) \cap (A_j \cap B_k)$ 有如下三种情况.

① 若 $i \neq j, h = k$, 因为 $A_i \cap A_j = \varnothing$, 所以 $(A_i \cap B_h) \cap (A_j \cap B_k) = \varnothing \cap B_h \cap B_k = \varnothing$.

② 若 $i = j, h \neq k$, 因为 $B_h \cap B_k = \varnothing$, 所以 $(A_i \cap B_h) \cap (A_j \cap B_k) = \varnothing \cap A_i \cap A_j = \varnothing$.

③ 若 $i \neq j, h \neq k$, 因为 $A_i \cap A_j = \varnothing, B_h \cap B_k = \varnothing$, 所以 $(A_i \cap B_h) \cap (A_j \cap B_k) = \varnothing \cap \varnothing = \varnothing$.

综上所述, 在交叉划分中, 任取两元素, 其交为 $(A_i \cap B_h) \cap (A_j \cap B_k) = \varnothing$.

(2) 交叉划分中所有元素的并等于 X.

$(A_1 \cap B_1) \cup (A_1 \cap B_2) \cup \cdots \cup (A_1 \cap B_n) \cup (A_2 \cap B_1) \cup (A_2 \cap B_2) \cup \cdots \cup (A_2 \cap B_n) \cup \cdots \cup (A_m \cap B_1) \cup (A_m \cap B_2) \cup \cdots \cup (A_m \cap B_n) = (A_1 \cap (B_1 \cup B_2 \cup \cdots \cup B_n))(A_2 \cap (B_1 \cup B_2 \cup \cdots \cup B_n)) \cup \cdots \cup (A_m \cap (B_1 \cup B_2 \cup \cdots \cup B_n)) = (A_1 \cap X) \cup (A_2 \cap X) \cup \cdots \cup (A_m \cup X) = (A_1 \cup A_2 \cup \cdots \cup A_m) \cap X = X \cap X = X$.

定义 4.11 给定集合 X 的任意两个划分 $A = \{A_1, A_2, \cdots, A_m\}$ 与 $B = \{B_1, B_2, \cdots, B_n\}$, 若对每个 A_i 均有 B_j 使得 $A_i \subseteq B_j$, 则称划分 A 为划分 B 的加细.

定理 4.13 任何两种划分的交叉划分都是原各划分的一种加细.

证明 设 $A = \{A_1, A_2, \cdots, A_m\}$ 与 $B = \{B_1, B_2, \cdots, B_n\}$ 的交叉划分为 T, 对 T 中任意元素 $A_i \cap B_j$, 必有 $A_i \cap B_j \subseteq A_i$ 和 $A_i \cap B_j \subseteq B_j$, 故 T 必是原划分的加细.

4.6 等价关系与等价类

定义 4.12 设集合 A 上的二元关系 R, 同时具有自反性、对称性和传递性, 则称 R 是 A 上的等价关系.

例如, 平面上三角形集合中, 三角形的相似关系是等价关系; 上海市的居民的集合中住在同一区的关系也是等价关系.

例 4.17 设 $\mathbf{Z}$ 为整数集, k 是 $\mathbf{Z}$ 中任意固定的正整数, 定义 $\mathbf{Z}$ 上的二元关系 R 为: 任一 $a, b \in \mathbf{Z}, < a, b > \in R$ 的充要条件是 a, b 被 k 除余数相同, 即 k 整除 $a - b$, 亦即 $a - b = kq$, 其中 $q \in \mathbf{Z}$, 即 $R = \{< a, b > | (a \in \mathbf{Z}) \wedge (c \in \mathbf{Z}) \wedge (q \in \mathbf{Z}) \wedge (a - b = kq)\}$, 则 R 是 $\mathbf{Z}$ 上的等价关系.

证明 (1) R 是 $\mathbf{Z}$ 上的自反关系. $\forall a \in \mathbf{Z}$, 因为 $a - a = k \cdot 0 \in \mathbf{Z}$, 所以 $< a, a > \in R$.

(2) R 是 $\mathbf{Z}$ 上的对称关系. 如果 $< a, b > \in R$, 则 $a - b = kq (q \in \mathbf{Z})$, 故 $b - a = k(-q)(-q \in \mathbf{Z})$, 于是 $< b, a > \in R$.

(3) R 是 $\mathbf{Z}$ 上对称关系. 如果 $< a, b > \in R$ 且 $< b, c > \in R$, 则 $a - b = kq_1, b - c = kq_2$ (其中 $q_1, q_2 \in \mathbf{Z}$), 故 $a - c = (a - b) + (b - c) = k(q_1 + q_2), (q_1 + q_2 \in \mathbf{Z})$, 因此, $< a, c > \in R$.

所以, R 是 $\mathbf{Z}$ 上的等价关系, 称为 $\mathbf{Z}$ 上的模 k 等价关系.

例 4.18 设 $A = \{0, 1, 2, 3, 5, 6, 8\}$, R 为 $\mathbf{Z}$ 上的模三等价关系, 则 $R = \{< 0, 0 >, < 1, 1 >, < 2, 2 >, < 3, 3 >, < 5, 5 >, < 6, 6 >, < 8, 8 >, < 0, 3 >, < 3, 0 >, < 0, 6 >,$

$< 6,0 >, < 2,5 >, < 5,2 >, < 2,8 >, < 8,2 >, < 3,6 >, < 6,3 >, < 5,8 >, < 8,5 >\}, R$ 的关系图如图 4.2 所示.

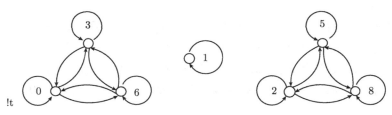

图 4.2　例 4.18 关系图

定义 4.13　设 R 是集合 A 上的等价关系, $A \neq \varnothing$, 对每一 $a \in A$, A 的子集 $\{x | (x \in A) \wedge (< a, x > \in R)\}$ 称为 R 的一个等价类, 记为 $[a]_R$, 称为由元素 a 产生的 R 等价类, 在不引起混淆时简记为 $[a]$.

例 4.19　当 $k = 3$ 时, 例 4.26 中的模三等价关系的等价类有:
$[0] = \{\cdots, -6, -3, 0, 3, 6, \cdots\}$,
$[1] = \{\cdots, -5, -2, 1, 4, 7, \cdots\}$,
$[2] = \{\cdots, -4, -1, 2, 5, 8, \cdots\}$.
在例 4.27 中模三等价类有:
$[0] = \{0, 3, 6\}, [1] = \{1\}, [2] = \{2, 5, 8\}$.
显然, [0]=[3]=[6], [2]=[5]=[8].

定理 4.14　设 R 是集合 A 上的等价关系, 则
(1) 对任意 $a, b \in A$, 或者 $[a] = [b]$ 或者 $[a] \cap [b] = \varnothing$;
(2) $\bigcup_{a \in A} = A$.

证明　若 $A = \varnothing$, 则 R 为空关系, 决定的等价类也是 $\varnothing$, 结论显然成立. 下面设 A 非空.

(1) 任意给定 $a, b \in A$, 若 $[a] \cap [b] = \varnothing$, 则已得证. 若 $[a] \cap [b] \neq \varnothing$, 则存在 A 的元素 $x \in [a] \cap [b]$, 于是 $x \in [a]$ 且 $x \in [b]$, 故有 xRa 且 xRb, R 是对称的, 故 aRx 且 xRb, 又 R 是传递的, 故 aRb. 因此, 任一 $y \in [a]$ 必有 yRa, 而 aRb, 故 yRb, 即 $y \in [b]$, 因此得到 $[a] \subseteq [b]$. 同理可证 $[b] \subseteq [a]$.

(2) $\bigcup_{a \in A} = A$ 显然.

定理 4.15　设 R 是集合 A 上的等价关系, 对于 $a, b \in A$, 则 aRb 当且仅当 $[a]_R = [b]_R$.

证明　必要性. 若 aRb, 任意 $c \in [a]_R$, 则 $aRc \Rightarrow cRa$ (R 的对称性) $\Rightarrow cRb$ (已知 aRb 和 R 的传递性) $\Rightarrow c \in [b]_R$, 所以, $[a]_R \subseteq [b]_R$. 反之, 若任意 $c \in [b]_R$, 则 $bRc \Rightarrow cRb$(R 的对称性) $\Rightarrow cRa$(已知 aRb, 由 R 的对称性有 bRa, 结合 R 的传递性) $\Rightarrow c \in [a]_R$, 所以, $[b]_R \subseteq [a]_R$, 即有 $[a]_R = [b]_R$.

充分性. 若 $[a]_R = [b]_R$, 则由 $a \in [a]_R \Rightarrow a \in [b]_R \Rightarrow aRb$.

定义 4.14　设 R 为集合 X 上的等价关系, 称等价类集合 $\{[a]_R \mid a \in X\}$ 为 X 关于 R 的商集, 记作 X/R.

例如, 在例 4.19中的商集 $\mathbf{Z}/R = \{[0]_R, [1]_R, [2]_R\}$.

由定理 4.14和定理 4.15的结论可以得出如下定理.

定理 4.16 集合 X 上的等价关系 R, 决定了 X 的一个划分, 该划分就是商集 X/R.

证明 设 R 为集合 A 上的等价关系, a 为集合 A 中的某固定元素, 把与 a 有等价关系的元素放在一起构成一个子集, 该子集就是由 a 产生的等价类 $[a]_R$, 所有这样的子集就构成商集 X/R.

下面证明商集 X/R 就是 X 的一个划分.

(1) $X/R = \{[x]_R \mid x \in X\}$.

(2) $\forall x \in X$, 由于 R 具有自反性, 必有 xRx, 即 $x \in [x]_R$, 因此, X 中的每一个元素确属于一个分块.

(3) A 的每个元素只能属于一个块.

反证. 若 $a \in [b]_R, a \in [c]_R$, 且 $[b]_R \neq [c]_R$, 则 bRa, cRa, 由对称性可知, aRc, 再由传递性知, bRc, 由定理 4.15必有 $[b]_R = [c]_R$, 这与题设矛盾.

故 X/R 是 X 上的一个划分.

定理 4.17 集合 X 上的一个划分确定 X 中元素间的一种等价关系.

证明 设 $S = \{S_1, S_2, \cdots, S_m\}$ 是集合 X 的一个划分, 定义 X 上一个关系 $R = \{<a,b> \mid a, b$同属于一个分块$\}$, 下面证明 R 是 X 上的一个等价关系.

(1) R 是自反的. $\forall a \in X$ 因为 a 与 a 在同一分块中, 所以 $<a,a> \in R$.

(2) R 是对称的. 若 $<a,b> \in R$, 即 a, b 在同一分块中, 所以 b, a 也在同一分块中, 即 $<b,a> \in R$.

(3) R 是传递的. 若 $<a,b> \in R, <b,c> \in R$, 即 a, b 在同一块, b, c 也在同一块, 由于 $S_i \cap S_j = \varnothing, i \neq j, i, j = 1, 2, \cdots, m$, 所以 a, c 也在同一块内, 即 $<a,c> \in R$.

由 R 的定义知, S 就是 X/R.

定理 4.18 设 R_1 与 R_2 都是集合 X 上的等价关系, 则 $R_1 = R_2$ 当且仅当 $X/R_1 = X/R_2$.

证明 $X/R_1 = \{[x]_{R_1} \mid x \in X\}, X/R_2 = \{[x]_{R_2} \mid x \in X\}$.

必要性. 若 $R_1 = R_2$, 对任意的 $a \in X$, 有

$$[a]_{R_1} = \{x | x \in X, aR_1x\} = \{x | x \in X, aR_2x\} = [a]_{R_2},$$

故

$$\{[A]_{R_1} | a \in X\} = \{[a]_{R_2} | a \in X\},$$

即 $X/R_1 = X/R_2$.

充分性. 假设 $X/R_1 = X/R_2$, 则对任意 $[a]_{R_1} \in X/R_1$, 必存在 $[c]_{R_2} \in X/R_2$, 使得 $[a]_{R_1} = [a]_{R_2}$, 故

$$<a,b> \in R_1 \Leftrightarrow (a \in [a]_{R_1} \wedge (b \in [a]_{R_1} \Leftrightarrow (a \in [a]_{R_2} \wedge (b \in [a]_{R_2} \Rightarrow <a,b> \in R_2$$

所以, $R_1 \subseteq R_2$.

同理有, $R_2 \subseteq R_1$.

因此, $R_1 = R_2$.

例 4.20　设 $X = \{a, b, c, d, e\}$，试求划分 $S = \{\{a, b\}, \{c\}, \{d, e\}\}$ 确定的等价关系.

解　用如下办法产生一个等价关系 R:

$R_1 = \{a, b\} \times \{a, b\} = \{<a, a>, <a, b>, <b, a>, <b, b>\}$,

$R_2 = \{c\} \times \{c\} = \{<c, c>\}$,

$R_3 = \{d, e\} \times \{d, e\} = \{<d, d>, <d, e>, <e, e>, <e, d>\}$,

$R = R_1 \cup R_2 \cup R_3 = \{<a, a>, <a, b>, <b, a>, <b, b>, <c, c>, <d, d>, <d, e>,$
$\quad <e, e>, <e, d>\}$.

4.7　函　　数

函数是一个基本的数学概念, 这里我们把函数作为一种特殊的关系进行研究, 例如, 计算机中把输入、输出间的关系看成是一种函数; 类似地, 在开关理论、自动机理论和可计算性理论等领域中函数都有着极其广泛的应用.

4.7.1　函数的概念

由中等数学和高等数学, 我们已经对函数有了比较熟悉的认识, 但它们仅局限于在实数集和复数集上研究函数, 为了便于今后的应用, 我们在此作更深入的讨论.

1. 函数的概念

定义 4.15　设 X, Y 是两集合, f 是 X 到 Y 的一个关系.

(1) 如果对任一 $x \in X$, 都有唯一的 $y \in Y$, 使得 $<x, y> \in f$, 则称关系 f 为函数, 记作

$$f : X \to Y \text{ 或 } X \to^f Y,$$

即 $\forall x((x \in X) \to \exists! y((y \in Y) \land (<x, y> \in f)))$, 则称 f 是 X 到 Y 的函数 ("$\exists!$" 读作 "唯一存在").

(2) 如果 $<x, y> \in f$, 称原像为自变元, y 为在 f 作用下 x 的像, 记作 $y = f(x)$, 并称 $f(X) = \{y | (x \in X) \land (y = f(x))\}$ 为函数 f 像集.

(3) 若 $f : X \to Y$, 则称 X 为函数 f 的定义域, 记为 $\mathrm{dom} f$, 称 $f(X)$ 为函数 f 的值域, 记为 $\mathrm{range} f$, Y 称为函数 f 的共域.

函数与关系的区别主要在于下面两点.

(1) 函数 $f : X \to Y$ 的定义域是 X, 而不能是 X 的某个真子集.

(2) 函数 $f : X \to Y$ 中 $\forall x \in X$, 有且仅有一个 $y \in Y$ 使得 $y = f(x)$.

例 4.21　设 $A = \{1, 2, 3, 4, 5\}$, $\mathbf{Z}^+ = \{$全体非负整数$\}$, $f(1) = 0, f(2) = 1, f(3) = 0, f(4) = 1, f(5) = 0$, 则 f 是 A 到 $\mathbf{Z}^+$ 的一个函数, $\mathrm{dom} f = A, \mathrm{range} f = \{0, 1\} \subseteq \mathbf{Z}^+$.

定义 4.16　设 $f : X \to Y, g : W \to Z$, 如果

(1) 定义域相同, 即 $X = W, Y = Z$;

(2) 函数值相等, 即 $\forall x \in X = W, f(x) = g(x)$,

则称函数 f 和 g 相等, 记作 $f = g$.

例 4.22　设 f 和 g 是函数, 并且 $f \subseteq g$, $\mathrm{dom} g \subseteq \mathrm{dom} f$, 则 $f = g$.

证明　(1) 定义域相同.

因为 $f \subseteq g$, 所以 $\mathrm{dom}f \subseteq \mathrm{dom}g$, 再由 $\mathrm{dom}g \subseteq \mathrm{dom}f$ 知, $\mathrm{dom}g = \mathrm{dom}f$.

(2) 函数值相等.

$\forall x \in \mathrm{dom}f = \mathrm{dom}g$, 则 $\exists y \in \mathrm{range}f$, 知 $y = f(x)$, 由 $f \subseteq g$, $y = g(x)$, 即 $f(x) = g(x)$.

所以, $f = \{<x, f(x)> \mid x \in \mathrm{dom}f\} = \{<x, g(x)> \mid x \in \mathrm{dom}g\} = g$.

我们知道 $X \times Y$ 的任一子集都是 X 到 Y 的关系, 但不能都构成 X 到 Y 的函数, 例如, 设 $X = \{a, b, c\}, Y = \{0, 1\}, |X| = 3, |Y| = 2$, 则 $|X \times Y| = 2 \times 3 = 6$, 所以 $X \times Y$ 的子集共有 $2^6 = 64$ 个, 但是其中只有 $2^3 = 8$ 个子集可定义为从 X 到 Y 的函数, 即

$$f_0 = \{<a, 0>, <b, 0>, <c, 0>\},$$

$$f_1 = \{<a, 0>, <b, 0>, <c, 1>\},$$

$$f_2 = \{<a, 0>, <b, 1>, <c, 0>\},$$

$$f_3 = \{<a, 0>, <b, 1>, <c, 1>\},$$

$$f_4 = \{<a, 1>, <b, 0>, <c, 0>\},$$

$$f_5 = \{<a, 1>, <b, 0>, <c, 1>\},$$

$$f_6 = \{<a, 1>, <b, 1>, <c, 0>\},$$

$$f_7 = \{<a, 1>, <b, 1>, <c, 1>\}.$$

定理 4.19　设 $|X| = m, |Y| = n$, 则从 X 到 Y 可定义 n^m 个不同的函数.

证明　因为从 X 到 Y 的任一函数的定义域都为 X, 所以从 X 到 Y 的函数中的序偶恰有 m 个.

另外, 在从 X 到 Y 的函数中, $\forall x \in X$, 可从 Y 的元素中任取一个作为它的像, 有 n 种选择方法, 故从 X 到 Y 有 n^m 个不同的函数.

2. 几类特殊的函数

定义 4.17　设 $f : X \to Y$.

(1) 如果 $\mathrm{range}f = Y$, 则称 f 为满射 (或到上映射), 即若 $f : X \to Y$ 为满射, 则对任意 $y \in Y$, 必存在 $x \in X$ 使得 $y = f(x)$.

(2) $\forall x_1, x_2 \in X$, 如果 $x_1 \neq x_2$ 有 $f(x_1) \neq f(x_2)$, 则称 f 为入射 (单射或内射), 即入射是原像不同, 像也不同的函数.

(3) 如果 f 既是满射又是入射, 则称 f 为双射 (一一映射).

例 4.23　设 $A = \{0, 1, 2\}, B = \{0, 1\}$, 定义 $f : f(0) = 0, f(1) = 0, f(2) = 0$, 则 f 是 A 到 B 的函数, 但不是入射, 也不是满射. 又如, 定义 $g : g(0) = 0, g(1) = 0, g(2) = 1$, 则 g 是 A 到 B 的满射, 但不是入射也不是双射.

例 4.24　设 $\mathbf{N}$ 是非负整数集, 对任意 $n \in \mathbf{N}$, 试问

(1) 函数 $f : \mathbf{N} \to \mathbf{N}$, 其中 $f(n) = n(\mathrm{mod}3)$, f 是什么函数?

(2) 函数 $g : \mathbf{N} \to \mathbf{N}$, 其中 $g(n) = \lfloor \sqrt{n} \rfloor$, g 是什么函数?

解 (1) f 不是 **N** 到 **N** 的入射. 因为 $3 \neq 6$, 但 $f(3) = f(6) = 0$. f 也不是 **N** 到 **N** 的满射. 因为 $4 \in \mathbf{N}$, 但在 **N** 中找不到被 3 除余数为 4 的数, 即 4 在 f 下没有原像.

因而 f 不是 **N** 到 **N** 的双射.

(2) g 是 **N** 到 **N** 的满射. 任意 $n \in \mathbf{N}$, 则 $\lfloor \sqrt{n^2} \rfloor = n$, 而 $n^2 \in \mathbf{N}$. g 不是 **N** 到 **N** 的入射. 因为 $1, 2 \in \mathbf{N}$, 且 $1 \neq 2$, $g(1) = \lfloor \sqrt{1} \rfloor = 1$, 而 $g(2) = \lfloor \sqrt{2} \rfloor = \lfloor 1.414 \cdots \rfloor = 1$, 即 $g(1) = g(2)$.

定理 4.20 设 A, B 是有限集, 它们的元素个数都是 n, 则 $f : A \to B$ 是入射的充分必要条件是: f 为满射.

证明 必要性. 当 f 是入射时, $|f(A)| = n = |B|$, 但 $f(A) \subseteq B$, 故 $f(A) = B$, 即 f 是满射.

充分性. 若 f 是满射, 即 $f(A) = B$, 所以 $|f(A)| = |B| = n = |A|$, 说明集合 A 中的 n 个元已有 n 个像, 故不同的自变元有不同的像, 故 f 是入射.

4.7.2 逆函数与复合函数

我们已经知道函数是一种特殊的关系, 关系有逆运算和复合运算, 因此函数也有复合运算和逆运算.

1. 逆函数

在关系的定义中曾提到, 从 X 到 Y 的关系, 其逆关系 R^c 是 Y 到 X 的关系, 即 $<x, y> \in R \Leftrightarrow <y, x> \in R^c$. 但对于函数来说就不能简单地用交换序偶元素顺序的办法得到逆函数, 这是因为若有函数 $f : X \to Y$, 可能 f 的值域 $\mathrm{range} f$ 仅是 Y 的一个真子集, 这时 $\mathrm{dom} f^c = \mathrm{range} f \subset Y$, 这不符合函数定义域的要求. 另外, 若函数 $f : X \to Y$ 不是入射, 即有 $<x_1, y> \in f, <x_2, y> \in f$, 其逆关系将有 $<y, x_1> \in f^c, <y, x_2> \in f^c$, 这又违反了函数值唯一性的要求. 为此, 我们对函数求逆需要规定一个条件.

定理 4.21 设 $f : X \to Y$ 是一个双射函数, 那么 $f^c : Y \to X$ 也是双射函数.

证明 设 $f = \{<x, y> \,|\, (x \in X) \wedge (y \in Y) \wedge (y = f(x))\}$,

$$f^c = \{<y, x> \,|\, <x, y> \in f\}.$$

(1) f^c 是 $Y \to X$ 的函数.

① $\mathrm{dom} f^c = Y$.

对 $\forall y \in Y$, 因为 f 是满射, 所以存在 $x \in X$ 使得 $<x, y> \in f$ 有 $<y, x> \in f^c$, 即 $f^c(y) = x$, 所以, $\mathrm{dom} f^c = Y$.

② f^c 函数值的唯一性.

若存在 $x_1, x_2 \in \mathrm{range} f^c$, 且 $x_1 \neq x_2$, 对于 $y \in \mathrm{dom} f^c$ 使得 $<y, x_1> \in f^c$ 且 $<y, x_2> \in f^c$, 则有 $<x_1, y> \in f$ 且 $<x_2, y> \in f$, 与 f 是函数矛盾.

由①, ②知 f^c 是函数.

(2) f^c 是满射.

因为 $\mathrm{range} f^c = \mathrm{dom} f = X$, 所以 f^c 是满射.

(3) f^c 是入射.

若 $y_1, y_2 \in Y, y_1 \neq y_2$ 有 $f^c(y_1) = f^c(y_2) = x$, 即 $f(x) = y_1 = y_2$ 矛盾.

由 (1),(2),(3) 知, f^c 是双射函数.

定义 4.18　设 $f : X \to Y$ 是一个双射函数, 称 $f^c : Y \to X$ 为 f 的逆函数, 记为 f^{-1}.

例 4.25　设 $A = \{1, 2, 3\}, B = \{a, b, c\}, f = \{<1, a>, <2, c>, <3, b>\}$ 是 A 到 B 的双射函数, 则 f 的逆关系 $f^c = \{<a, 1>, <c, 2>, <b, 3>\}$ 是 B 到 A 的双射函数.

若 $g = \{<1, a>, <2, b>, <3, b>\}$, 则 g 的逆关系 $g^c = \{<a, 1>, <b, 2>, <b, 3>\}$ 就不是一个函数.

2. 复合函数

定义 4.19　设 $f : X \to Y, g : W \to Z$, 若 $f(X) \subseteq W$, 则称

$$g \circ f = \{<x, z>| \ (x \in X) \land (z \in Z) \land \exists y((y \in Y) \land (<x, y> \in f) \land (<y, z> \in g))\}$$

为 g 对 f 的左复合.

注意　函数的复合是不可交换的. 另外, 根据复合函数的定义, 显然有如下定理.

定理 4.22　函数的复合是可以结合的, 结合律成立.

证明　设 $f : X \to Y, g : Y \to Z, h : Z \to W$, 对任意 $x \in X$ 有

$$(h \circ (g \circ f))(x) = h(g \circ f(x)) = h(g(f(x))),$$

$$((h \circ g) \circ f)(x) = (h \circ g)(f(x)) = h(g(f(x))).$$

由定义 4.19知, $h \circ (g \circ f) = (h \circ g) \circ f$.

复合函数定义中的条件 $\mathrm{range} f \subseteq \mathrm{dom} g$ 不满足, 则 $g \circ f$ 为空.

例 4.26　设 $X = \{1, 2, 3\}, Y = \{p, q\}, Z = \{a, b\}, f = \{<1, p>, <2, p>, <3, q>\}, g = \{<p, b>, <q, b>\}$, 求 $g \circ f$.

解　$g \circ f = \{<1, b>, <2, b>, <3, b>\}$.

例 4.27　设 $\mathbf{R}$ 是实数集, $\mathbf{R}$ 到 $\mathbf{R}$ 的函数 f 定义如下:

$$\forall x \in X, f(x) = x + 2, g(x) = x - 2, h(x) = 3x.$$

求 $f \circ g, g \circ f, f \circ f, g \circ g, f \circ h, h \circ f, f \circ h \circ g$.

解　$f \circ g(x) = f(g(x)) = f(x - 2) = x - 2 + 2 = x,$

$$g \circ f(x) = g(f(x)) = g(x + 2) = x + 2 - 2 = x,$$

所以 $f \circ g = g \circ f$.

$f \circ f(x) = f(f(x)) = f(x + 2) = (x + 2) + 2 = x + 4,$

$g \circ g(x) = g(g(x)) = g(x - 2) = (x - 2) - 2 = x - 4,$

$f \circ h(x) = f(h(x)) = f(3x) = 3x + 2,$

$h \circ f(x) = h(f(x)) = h(x + 2) = 3(x + 2) = 3x + 6,$

所以, $f \circ h \neq h \circ f$.

$f \circ h \circ g(x) = f(h(g(x))) = f(h(x - 2)) = f(3(x - 2)) = 3(x - 2) + 2 = 3x - 4.$

例 4.28 设 **R** 表示实数集, **R**$^+$ 表示正实数集, $f:\mathbf{R}\to\mathbf{R}$ 定义为 $f(x)=-x^2$, $g:\mathbf{R}^+\to\mathbf{R}^+$ 定义为 $g(x)=\sqrt{x}$, 求 $f\circ g$ 和 $g\circ f$.

解 因为 $g(\mathbf{R}^+)=\mathbf{R}^+\subseteq\mathbf{R}$, 所以, $f\circ g$ 有意义, 且 $f\circ g(x)=f(g(x))=f(\sqrt{x})=-(\sqrt{x})^2=-x$; 但是, $f(\mathbf{R})=\mathbf{R}^-\not\subseteq\mathbf{R}^+$, 所以 $g\circ f$ 无意义.

定理 4.23 若 $g\circ f$ 是一个复合函数.

(1) 如果 g 和 f 为满射, 则 $g\circ f$ 为满射.

(2) 如果 g 和 f 为入射, 则 $g\circ f$ 为入射.

(3) 如果 g 和 f 为双射, 则 $g\circ f$ 为双射.

证明 设 $f:X\to Y$, $g:Y\to Z$, 则 $g\circ f:X\to Z$.

(1) $\forall z\in Z$, 由于 g 是满射, 所以存在 $y\in Y$, 使得 $z=g(y)$. 又 f 是满射, 所以对上述的 $y\in Y$, 存在 $x\in X$, 使得 $y=f(x)$, 即 $z=g(y)=g(f(x))=g\circ f(x)$, 因此, $g\circ f$ 为满射.

(2) $\forall x_1,x_2\in X$ 且 $x_1\neq x_2$, 由于 f 是入射函数, 所以, $f(x_1)\neq f(x_2)$. 又 $f(x_1),f(x_2)\in Y$ 并且 g 是入射函数, 所以, $g(f(x_1))\neq g(f(x_2))$, 即 $g\circ f(x_1)\neq g\circ f(x_2)$, 因此, $g\circ f$ 是入射.

(3) 由 (1), (2) 即知 (3) 成立.

定理 4.24 设 $f:X\to Y$ 是双射函数, 则

(1) $f\circ I_X=I_Y\circ f=f$;

(2) $(f^{-1})^{-1}=f$;

(3) $f^{-1}\circ f=I_X,f\circ f^{-1}=I_Y$.

其中 I_X,I_Y 分别是集合 X 和 Y 上的恒等函数 (即恒等关系).

证明 (1) 因为函数 $f\circ I_X,I_X\circ f,f$ 的定义域相同, 即 $\mathrm{dom}f\circ I_X=\mathrm{dom}I_X\circ f=\mathrm{dom}f=X$.

其次, 对 $\forall x\in X$,
$$f\circ I_X(x)=f(I_X(x))=f(x),I_Y\circ f(x)=I_Y(f(x))=f(x).$$
因此, $f\circ I_X=I_Y\circ f=f$ 成立.

同理可证 (2), (3).

定理 4.25 设 $f:X\to Y,g:Y\to Z$ 都是双射, 则 $(g\circ f)^{-1}=f^{-1}\circ g^{-1}$.

证明 (1) 函数 $(g\circ f)^{-1}$ 和 $f^{-1}\circ g^{-1}$ 的定义域相同. 由题设及定理 4.21、定理 4.23知, $f^{-1}:Y\to X$, $g^{-1}:Z\to Y$ 和 $g\circ f:X\to Z$ 都是双射, 因此 $(g\circ f)^{-1}:Z\to X$ 和 $f^{-1}\circ g^{-1}:Z\to X$ 也是双射.

(2) 函数 $(g\circ f)^{-1}$ 和 $f^{-1}\circ g^{-1}$ 的函数值相等. 对任意 $z\in Z$, 由 g 是双射知, 存在唯一 $y\in Y$ 使得 $z=g(y)$, 再由 f 是双射函数, 对上述 y 存在唯一 x 使得 $y=f(x)$, 所以 $g\circ f(x)=g(f(x))=g(y)=z$, 故 $(g\circ f)^{-1}(z)=x$.

另外, $(f^{-1}\circ g^{-1})(z)=f^{-1}(g^{-1}(z))=f^{-1}(y)=x$, 即 $(g\circ f)^{-1}(z)=f^{-1}\circ g^{-1}(z)=x$.

4.8 习   题

1. 设 $A=\{1,2,3\}$, $B=\{a\}$, 求出所有 A 到 B 的关系.

2. 设 $A = \{1,2,3,4\}$. 集合 A 上的关系 $R_1 = \{(1,3),(2,2),(3,4)\}$, $R_2 = \{(1,4),(2,3),(3,4)\}$. 求:
   (a) $R_1 \cup R_2$.
   (b) $R_1 \cap R_2$.
   (c) $R_1 - R_2$.
   (d) $R_1 \oplus R_2$.

3. A 是一个有 n 个元素的集合, A 上的关系有多少个? 说明理由.

4. 给出分别满足下述条件的 $A = \{0,1,2,3,4\}$ 到 $B = \{0,1,2,3\}$ 的关系 R 中的所有有序对 (a,b).
   (a) $a = b$.
   (b) $a + b = 4$.
   (c) $a > b$.
   (d) $a \mid b$.

5. 对于集合 $\{1,2,3,4\}$ 上的如下的每一个关系, 确定它是否是自反的, 是否是对称的, 是否是反对称的, 是否是传递的.
   (a) $\{(2,2),(2,3),(2,4),(3,2),(3,3),(3,4)\}$.
   (b) $\{(1,1),(1,2),(2,1),(2,2),(3,3),(4,4)\}$.
   (c) $\{(2,4,),(4,2)\}$.
   (d) $\{(1,2),(2,3),(3,4)\}$.
   (e) $\{(1,1),(2,2),(3,3),(4,4)\}$.

6. 确定所有实数集合上的关系 R 是否是自反的, 是否是反对称的, 是否是传递的. 其中 $(x,y) \in R$, 当且仅当
   (a) $x + y = 0$.
   (b) $x = \pm y$.
   (c) $x - y$ 是有理数.
   (d) $x = 2y$.
   (e) x 是 y 的倍数.
   (f) x 与 y 都是负的或都是非负的.
   (g) $x = y^2$.
   (h) $x \geqslant y^2$.

7. 找出下面定理证明中的错误.
   "定理": 设 R 是集合 A 上的对称关系和传递关系, 则 R 是自反的.
   "证明": 设 $a \in A$, 取元素 $b \in A$, 使得 $(a,b) \in R$, 由于 R 是对称的, 因而有 $(b,a) \in R$, 现在使用传递性, 由 $(a,b) \in R$ 和 $(b,a) \in R$, 得出结论 $(a,a) \in R$.

8. 假设 R 和 S 是集合 A 上的自反关系. 对于下面的每个论断, 给出证明或举出反例.
   (a) $R \cup S$ 是自反的.
   (b) $R \cap S$ 是自反的.
   (c) $R \oplus S$ 是自反的.
   (d) $R - S$ 是自反的.
   (e) $R \cup S$ 是自反的.

9. 设集合 A 上的三个关系为
   $R = \{(1,1),(1,2),(1,3),(3,3)\}$,
   $S = \{(1,1),(1,2),(2,1),(2,2),(3,3)\}$,
   $T = \{(1,1),(2,2),(1,2),(1,3),(3,2)\}$.
   (a) 给出关系 R, S, T 的关系矩阵, 并画出它们的关系图.
   (b) 判断上述关系是否为①自反的; ②对称的; ③传递的; ④反对称的; ⑤反自反的.

10. 怎样利用表示集合 A 上的关系 R 的有向图确定这个关系是否为自反的? 是否为反自反的?

11. 怎样利用表示集合 A 上的关系 R 的有向图确定这个关系是否为对称的? 是否为反对称的?

12. R 是包含了前 100 个正整数的集合 $A = \{1, 2, 3, \cdots, 100\}$ 上的关系, 如果 R 满足下列条件, 那么表示 R 的关系矩阵有多少个非零的元素?

　　(a) $\{(a, b) \mid a > b\}$.

　　(b) $\{(a, b) \mid a \neq b\}$.

　　(c) $\{(a, b) \mid a = b + 1\}$.

　　(d) $\{(a, b) \mid a = 1\}$.

　　(e) $\{(a, b) \mid ab = 1\}$.

13. 设 R_1, R_2 是集合 A 上的关系, 它们的关系矩阵分别是

$$M_{R_1} = \begin{pmatrix} 0 & 1 & 0 \\ 1 & 1 & 1 \\ 1 & 0 & 0 \end{pmatrix}, \quad M_{R_2} = \begin{pmatrix} 0 & 1 & 0 \\ 0 & 1 & 1 \\ 1 & 1 & 1 \end{pmatrix}.$$

14. 求表示下述关系的矩阵.

　　(a) $R_1 \cup R_2$.

　　(b) $R_1 \cap R_2$.

　　(c) $R_1 \circ R_2$.

　　(d) $R_2 \circ R_1$.

　　(e) $R_1 \oplus R_2$.

15. 下列论断是否正确.

　　(a) 若关系 R 是对称的, 则 R^{-1} 也是对称的.

　　(b) 若关系 R 是非对称的, 则 R^{-1} 也是非对称的.

　　(c) 若关系 R 是对称的, 则 $R \cap R^{-1} = \varnothing$.

　　(d) 若关系 R 是对称的, 则 $R \cap R^{-1} \neq \varnothing$.

　　(e) 若关系 R, S 是传递的, 则 $R \cup S$, $R \cap S$ 也是传递的.

16. 已知 $A = \{1, 2, 3, 4\}$ 和定义在 A 上的关系 R:

$$R = \{(1, 2), (4, 3), (2, 2), (2, 1), (3, 1)\}.$$

说明 R 不是传递的. 求一个关系 $R_1 \supseteq R$ 使得 R_1 是传递的. 还能找出另外一个关系 $R_2 \supseteq R$ 也是传递的吗?

17. 设 $\mathbf{Z}$ 是整数集合, $\mathbf{Z}$ 上的两个关系 R_1 和 R_2 分别是

　　(a) $R_1 = \{(a, b) \mid a \mid b\}$;

　　(b) $R_2 = \{(a, b) \mid a \equiv b \,(\mathrm{mod}\ 3)\}$.

试求 R_1^{-1}, R_2^{-1}.

18. 找出图 4.3 中每个关系的自反、对称与传递闭包.

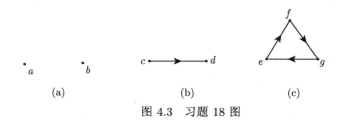

(a) 　　　　　　　　　(b) 　　　　　　　　　(c)

图 4.3　习题 18 图

19. 设 R_1, R_2 是集合 A 上的关系, 且 $R_1 \supseteq R_2$, 证明下列各式:

    (a) $r(R_1) \subseteq r(R_2)$.

    (b) $s(R_1) \subseteq s(R_2)$.

    (c) $t(R_1) \subseteq t(R_2)$.

20. 设 R 是集合 $\{0,1,2,3\}$ 上的关系, $R = \{(0,1),(1,1),(1,2),(2,0),(2,2),(3,0)\}$, 求

    (a) R 的自反闭包.

    (b) R 的对称闭包.

21. 设 R 是整数集合上的关系, $R = \{(a,b) \mid a \neq b\}$, R 的自反闭包是什么?

22. 设 R 是整数集合上的关系, $R = \{(a,b) \mid a整除b\}$, R 的对称闭包是什么?

23. 设 $A = \{1,2,3,4,5,6\}$. 下面 P_1, P_2, P_3, P_4 都是集合 A 的一些子集组成的集合, 哪些是集合 A 的一个划分?

    (a) $P_1 = \{\{1,2\},\{2,3,4\},\{4,5,6\}\}$.

    (b) $P_2 = \{\{1\},\{2,3,6\},\{4\},\{5\}\}$.

    (c) $P_3 = \{\{2,4,6\},\{1,3,5\}\}$.

    (d) $P_4 = \{\{1,4,5\},\{2,6\}\}$.

24. 下面的 (1), (2), (3) 和 (4) 中的每一类标出了整数集合的一些子集, 试问哪一类标出的子集组成的集合是整数集合的划分.

    (a) 偶数集合和奇数集合.

    (b) 正整数集合和负整数集合.

    (c) 被 3 整除的整数集合, 被 3 除后余数为 1 的整数集合, 被 3 除后余数为 2 的整数集合.

    (d) 小于 -100 的整数集合, 绝对值不超过 100 的整数集合, 大于 100 的整数集合.

    (e) 不能被 3 整除的整数集合, 偶数集合, 当被 6 除时余数是 3 的整数集合.

25. 下面 P_1, P_2, P_3, P_4, 每一个集合都是集合 $\{0,1,2,3,4,5\}$ 的划分. 给出每一个划分产生的等价关系中的有序对.

    (a) $P_1 = \{\{0\},\{1,2\},\{3,4,5\}\}$.

    (b) $\{\{0,1\},\{2,3\},\{4,5\}\}$.

    (c) $\{\{0,1,2\},\{3,4,5\}\}$.

    (d) $\{\{0\},\{1\},\{2\},\{3\},\{4\},\{5\}\}$.

26. (1) 设 R 是集合 A 上的对称和传递关系, 证明, 如果对于 A 中的每个元素 a, 都存在一个元素 $b \in A$, 使得 $(a,b) \in R$, 那么 R 是 A 上的等价关系.

(2) 证明: 由模 6 同余类构成的划分是模 3 同余类构成划分的一个加细.

(3) 假设 R_1 和 R_2 是集合 A 上的等价关系, A/P_1 和 A/P_2 分别是 R_1 和 R_2 的商集, 证明 $R_1 \subseteq R_2$, 当且仅当 A/P_1 是 A/P_2 的加细.

(4) 分别确定有向图 (图 4.4、图 4.5、图 4.6) 表示的关系 R_1, R_2, R_3 是否为等价关系.

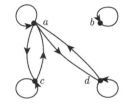

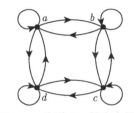

图 4.4　关系 R_1 的有向图　　　　图 4.5　关系 R_2 的有向图　　　　图 4.6　关系 R_3 的有向图

第 5 章 图 论

图论是以图为研究对象的数学分支. 图论中的图指的是一些点以及连接这些点的线的总体. 通常用点代表事物, 用连接两点的线代表事物间的关系. 在自然界和人类社会的实际生活中, 用图形来描述和表示某些事物之间的关系既方便又直观. 例如, 国家用点表示, 有外交关系的国家用线连接代表这两个国家的点, 于是世界各国之间的外交关系就被一个图形描述出来了. 另外我们常用工艺流程图来描述某项工程中各工序之间的先后关系, 用网络图来描述某通信系统中各通信站之间信息传递关系, 用开关电路图来描述集成电路中各元件电路导线连接关系等. 事实上, 任何一个包含了某种二元关系的系统都可以用图形来模拟. 由于我们感兴趣的是两对象之间是否有某种特定关系, 所以图形中两点之间连接与否最重要, 而连接线的曲直长短则无关紧要. 由此经数学抽象产生了图的概念. 研究图的基本概念和性质、图的理论及其应用构成了图论的主要内容.

5.1 若干图论经典问题

自从 1736 年欧拉 (Euler) 利用图论的思想解决了哥尼斯堡七桥问题以来, 图论经历了漫长的发展道路. 在很长一段时期内, 图论被当成是数学家的智力游戏, 解决一些著名的难题, 如迷宫问题、博弈问题、棋盘上马的行走路线问题、四色问题和哈密顿环游世界问题等, 曾经吸引了众多的学者. 图论中许多概论和定理的建立都与解决这些问题有关.

1847 年基尔霍夫 (Kirchhoff) 第一次把图论用于电路网络的拓扑分析, 开创了图论面向实际应用的成功先例. 此后, 随着实际的需要和科学技术的发展, 在半个多世纪内, 图论得到了迅猛的发展, 已经成了数学领域中最繁茂的分支学科之一. 尤其在电子计算机问世后, 图论的应用范围更加广泛, 在解决运筹学、信息论、控制论、网络理论、博弈论、化学、社会科学、经济学、建筑学、心理学、语言学和计算机科学中的问题时, 扮演着越来越重要的角色, 受到工程界和数学界的特别重视, 成为解决许多实际问题的基本工具之一.

5.1.1 哥尼斯堡七桥问题

从 1736 年到 19 世纪中叶, 当时的图论问题是盛行的迷宫问题和游戏问题. 最有代表性的工作是著名数学家欧拉于 1736 年解决的哥尼斯堡七桥问题.

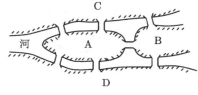

图 5.1 哥尼斯堡七桥图

东普鲁士的哥尼斯堡城位于普雷格尔河的两岸, 河中有一个岛, 城市被河的分支和岛分成了四个部分, 各部分通过七座桥彼此相通, 如图 5.1 所示. 该城的居民喜欢在星期日绕城散步. 于是产生了这样一个问题: 从四部分陆地任一块出发, 按什么样的路线能做到每座桥经过一次且仅一次返回出发点. 这就是有名的哥尼斯堡七桥问题. 瑞士数学家欧拉在 1736 年发表的 "哥尼斯堡七桥问题" 的文章中解决了这个问题. 这篇论文被公认为是图论历史上的第一篇论文, 欧拉也因此被誉为图论之父. 欧拉把七桥问题抽象成数学问题——一笔画问题, 并给出一笔画问题的判别准则, 从而判定七桥问题不存在解.

5.1.2 四色问题和哈密顿环游世界问题

从 19 世纪中叶到 1936 年, 图论主要研究一些游戏问题: 迷宫问题、博弈问题、棋盘上马的行走线路问题. 一些图论中的著名问题如四色问题 (1852 年) 和哈密顿环游世界问题 (1856 年) 也大量出现.

四色问题是一个著名的数学定理: 如果在平面上画出一些邻接的有限区域, 那么可以用不多于四种颜色来给这些区域染色, 使得每两个邻接区域染的颜色都不一样; 另一个通俗的说法是: 每个平面地图都可以用不多于四种颜色来染色, 而且没有两个邻接的区域颜色相同. 四色问题又称四色猜想、四色定理, 是世界三大数学猜想之一. 四色问题最先是由一位名为格斯里 (Guthrie) 的英国大学生提出来的. 一个多世纪以来, 数学家为证明这条定理绞尽脑汁, 所引进的概念与方法刺激了拓扑学与图论的生长、发展. 1976 年, 阿佩尔 (Appel) 和哈肯 (Haken) 借助电子计算机首次得到一个完全的证明, 四色问题也终于成为四色定理. 这个证明一开始并不为许多数学家接受, 因为不少人认为这个证明无法用人手直接验证. 尽管随着计算机的普及, 数学界对计算机辅助证明更能接受, 但仍有数学家希望能够找到更简洁或不借助计算机的证明. 四色问题在有效地设计航空班机日程表, 设计计算机的编码程序上都起到了推动作用.

哈密顿环游世界问题由天文学家哈密顿 (Hamilton) 提出, 在一个世界地图网络中, 寻找一条从给定的起点到给定的终点沿途恰好经过所有其他城市一次的路径. 判断哈密顿环游世界问题是否有解, 到目前为止还没有有效的算法, 实际上对于某些顶点数不到 100 的网络, 利用现有最好的算法和计算机也需要比较荒唐的时间 (比如几百年) 才能确定其是否存在一条这样的路径.

这一时期同时出现了以图为工具去解决其他领域中一些问题的成果. 1847 年德国的基尔霍夫将树的概念和理论应用于工程技术的电网络方程组的研究. 1857 年英国的凯莱 (Cayley) 也独立地提出了树的概念, 并应用于有机化合物的分子结构的研究中. 1936 年匈牙利的数学家哥尼格 (Konig) 写出了第一本图论专著《有限图与无限图的理论》.

5.1.3 平面图和印刷电路板的设计

1936 年以后, 由于生产管理、军事、交通运输、计算机和通信网络等方面的大量问题的出现, 大大促进了图论的发展. 特别是电子计算机的大量应用, 使大规模问题的求解成为可能. 实际问题如电网络、交通网络、电路设计、数据结构以及社会科学中的问题所涉及的图形都是很复杂的, 需要计算机的帮助才有可能进行分析和解决. 目前图论在物理、化学、运筹学、计算机科学、电子学、信息论、控制论、网络理论、社会科学及经济管理等几乎所有学科领域都有应用.

有时候, 实际问题要求我们把图画在平面上, 使得不是节点的地方不能有边交叉, 这在图论中就是判断一个图是否是平面图的问题. 如印刷电路板 (Printed Circuit Board, PCB)

几乎会出现在每一种电子设备中. PCB 的主要功能是提供各项零件的相互电气连接. 在设计和制造印刷电路板时, 首先要解决的问题是判定一个给定的电路图是否能印刷在同一层板上而使导线不发生短路? 若可以, 怎样给出具体的布线方案? 将要印刷的电路图看成是一个无向简单连通图 G, 其中顶点代表电子元件, 边代表导线, 于是上述问题归结为判定 G 是否是平面图. 平面图的判断问题, 在数学上已由波兰数学家库拉托夫斯基 (Kuratowski) 于 1930 年解决. 库拉托夫斯基定理给出的充要条件看似简单, 但实现起来很难. 但是许多研究拓扑图论的数学家提出了比较有效的图的平面性判定的准则, 如 DMP 方法就是其中的一种有代表性的方法.

5.1.4 运输网络

自从基尔霍夫运用图论从事电路网络的结构分析以来, 网络理论的研究和应用就越来越广泛. 特别是近几十年来, 电路网络、运输网络、通信网络等与工程和应用密切相关的课题受到了高度的重视. 无自回路的有向赋权图称为网络 (network). 在一个网络中, 有向边上的权称为容量 (capacity). 网络中入度为 0 的节点称为源 (source), 用字母 s 表示; 出度为 0 的节点称为汇 (trap), 用字母 t 表示. 在某些问题, 只考虑有单一源和单一汇的网络 (即运输网络), 而在另一些问题中 (如通信网络), 根本就不考虑源和汇. 运输网络的实际意义可以用公路网、铁路网、供水系统、电网等来说明, 也就是 "货物从产地 s, 通过若干中转站, 到达目的地 t" 这类情形的一般模型. 这里将源和汇分别看成是货物的产地和目的地, 其他节点是中转站, 有向边是连接两站的道路 (公路、铁路、水管或电线等), 容量则是某一段道路允许的通行能力的上限. 在运输网络中要考虑从源到汇的实际流通量, 显然它与每条有向边的容量有关, 也和每个节点的转运能力有关. 对运输货物来讲, 除了容量之外, 每条边还被赋予一个非负实数, 这一组数若满足以下条件: 单位时间内通过每条道路运送的货物总量不能超过道路的容量; 每一个中转站的流入量等于流出量; 源的流出量等于汇的总流入量, 即网络的流量 (discharge), 则称这组数为该运输网络的一个流 (flow). 一个运输网络中具有可能的最大值的流称为最大流. 在一个运输网络中, 可能不止有一个最大流, 即可能有几个不同的流, 都具有最大值. 给定运输网络求其最大流的问题, 就是怎样使给定网络在单位时间运输量最大的问题, 并且确定当网络的流量最大时的流. 最大流问题的解决显然在现实生活中有很重大的应用价值.

5.1.5 通信网络

网络应用的另一重要方面是通信网络, 如电话网络、计算机网络、管理信息系统、医疗数据网络、银行数据网络、开关网络等. 这些网络的基本要求是网络中各用户能够快速安全地传递信息, 不产生差错和故障, 同时使建造和维护网络所需费用低. 通信网络中最重要的整体问题是网络的拓扑结构. 根据用途和性能指标的不同要求, 通信网络有不同的拓扑结构, 如环形网络、树形网络、星形网络、分布式网络、网状网络及混合型网络等. 通信网络是一个强连通的有向图. 除了网络的拓扑结构外, 通信网络还要考虑流量和控制问题、网络的可靠性等问题. 图论中的连通度在通信网络中有着重要的应用, 是大规模互连容错网络可靠性的有效性分析的基础. 当然网络的可靠性涉及的因素很多, 但是从通信网络作为一个强连通的有向图来说, 一个具有最佳连通性的网络就不易出现阻碍问题.

5.1.6 二叉树的应用

前缀码 (霍夫曼编码) 在通信系统中, 常用二进制来表示字符. 但由于字符出现的频率不一样以及保密的原因, 能否用不等长的二进制数表示不同的字符, 使传输的信息所用的总码元尽可能少呢? 但是不等长的编码方案给编码和译码带来了困难. 霍夫曼于 1952 年提出一种编码方法, 该方法完全依据字符出现概率来构造异字头的平均长度最短的码字, 这个编码就称为霍夫曼编码.

5.1.7 最短路问题

若网络中的每条边都有一个数值 (长度、成本、时间等), 则找出两节点 (通常是源节点和终节点) 之间总权和最小的路径就是最短路问题. 最短路问题是网络理论解决的典型问题之一, 可用来解决管路铺设、线路安装、厂区布局和设备更新等实际问题. 最短路问题通常采用 Dijkstra 算法、Floyd-Warshall 算法和 Bellman-Ford 算法.

最短路问题的一个典型应用是在路由器上, 我们所说的 "互联网", 就是由各种路由器连接起来的, 而路由器具有路径选择能力. 在互联网中, 从一个节点到另一个节点, 可能有许多路径, 路由器能用最短路算法选择通畅快捷的近路, 大大提高通信速度, 减轻网络系统通信负荷, 节约网络系统资源.

最短路问题的另一个典型应用是在自主导航中. 如果你要开车从南京雨花台到北京天坛公园, 先要在导航仪中设置南京雨花台为起点, 北京天坛公园为终点, 搜索一条导航路径, 而搜索一条导航路径的过程就是在导航仪的电子地图中找一条从南京雨花台到北京天坛公园的最短路径. 导航仪的电子地图中存储了一定范围内的道路和交通管制信息, 与地点对应存储了相关的经纬度信息. 导航仪里有个 GPS 接收模块, 它要接收至少四个不同方位同步导航卫星的信号 (卫星的精确位置及发送信号的时刻), 通过这四个信号解一个三元一次方程组, 得到你现在这个导航仪的经纬度信息, 由这个经纬度信息再跟你导航仪里的电子地图比较, 得出导航仪在地图中的位置, 再显示在导航仪的屏幕中. 这样, 你的汽车在导航路径中的位置就确定了, 再沿着导航路径行走就可以了.

5.2 图的基本概念及矩阵表示方法

5.2.1 图的基本概念

图是用于描述现实世界中离散客体之间关系的有用工具. 在集合论中采用过以图形来表示二元关系的办法, 在那里, 用点来代表客体, 用一条由点 a 指向点 b 的有向线段来代表客体 a 和 b 之间的二元关系 aRb, 这样, 集合上的二元关系就可以用点的集合 V 和有向线的集合 E 构成的二元组 $<V, E>$ 来描述. 同样的方法也可以用来描述其他的问题. 当我们考察全球航运时, 可以用点来代表城市, 用线来表示两城市间有航线通达; 当研究计算机网络时, 可以用点来表示计算机及终端, 用线表示它们之间的信息传输通道; 当研究物质的化学结构时, 可以用点来表示其中的化学元素, 而用线来表示元素之间的化学键. 在这种表示法中, 点的位置及线的长短和形状都是无关紧要的, 重要的是两点之间是否有线相连. 从图形的这种表示方式中可以抽象出图的数学概念来.

定义 5.1　一个**图** G 是一个二元组 $G =< V(G), E(G) >$, 其中 $V(G)$ 是一个有限的非空集合, 称为顶点集, 其元素称为**节点或顶点**, 通常用 v 表示顶点; $E(G)$ 是一个以顶点对为元素, 并且元素可重复的集合, 其元素称为**边**. 若 $E(G)$ 全部由无序对构成, 称 $G =< V(G), E(G) >$ 为**无向图**, 无序对 (u, v) 对应连着顶点 u 和顶点 v 的无向边. 若 $E(G)$ 全部由有序对构成, 称 $G =< V(G), E(G) >$ 为**有向图**, 有序对 $< u, v >$ 对应从顶点 u 到顶点 v 的有向边. 若 $E(G)$ 由无序对和有序对共同构成, 称 $G =< V(G), E(G) >$ 为**混合图**.

在不致引起混淆的地方, 常常把 $V(G)$ 和 $E(G)$ 分别简记为 V 和 E, 因而常用 $G =< V, E >$ 表示图, 有时又简单用图 G 表示图 $G =< V, E >$. 无向图、有向图、混合图统称为图. 图 G 的节点数称为 G 的**阶**, n 个节点的图称为 **n 阶图**.

常用 e 表示边, 如 $e =< v_1, v_2 >$ 表示 e 是一条从 v_1 到 v_2 的有向边.

根据图的这种定义, 很容易利用图形来表示图. 图形的表示方法具有直观性, 可以帮助我们了解图的性质. 在图的图形表示中, 每个节点用一个小圆点表示, 每条边用一条分别以节点 v 和 u 为端点的连线表示. 以后用图形来直接表示图.

图 5.2(a) 是无向图 $G_1 =< \{v_1, v_2, v_3, v_4\}, \{(v_1, v_2), (v_1, v_3), (v_1, v_4), (v_2, v_3), (v_2, v_4), (v_3, v_4)\} >$ 的图形, 图 5.2(b) 是有向图 $G_2 =< \{v_1, v_2, v_3, v_4\}, \{< v_1, v_1 >, < v_1, v_2 >, < v_1, v_3 >, < v_2, v_4 >, < v_3, v_2 >\} >$ 的图形, 图 5.2(c) 是混合图 $G_3 =< \{v_1, v_2, v_3\}, \{(v_1, v_2), < v_1, v_2 >, (v_2, v_3), < v_3, v_1 >\} >$ 的图形.

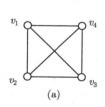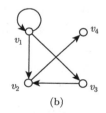

图 5.2　图的示例

一个图的图形表示法可能不是唯一的. 表示节点的圆点和表示边的线, 它们的位置是没有实际意义的. 因此, 对于同一个图, 可能画出很多表面不一致的图形来. 图 5.3 是同一个图的两种画法, 后面会讲到, 这两个图是互相同构的.

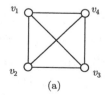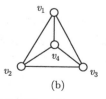

图 5.3　同一个图的两种画法

定义 5.2　若 $e = (u, v)$ 或 $e =< u, v >$ 是图 G 的一条边, 则称节点 u 和 v 是**相邻的**, 并且称边 e 分别与 u 和 v **关联**. 若 $e =< u, v >$ 是有向边, 称 u 和 v 是边 e 的**始点和终点**, 若图 G 的两条边 e_1 和 e_2 都与同一个节点关联, 称 e_1 和 e_2 是**相邻的**.

定义 5.3 在定义 5.2 中, $E(G)$ 如果有重复元素, 或序对的两个元素相同, 则图 G 是一个**多重图**. 在多重图中, 与同一对节点关联的两条或两条以上的边或 $E(G)$ 中相同序对对应的边称为**平行边**, 关联同一个节点的一条边称为**环**或**自回路**. 没有平行边和环的图称为**简单图**.

图 5.4 是一个多重图.

在一个图中不与任何节点相邻接的节点, 称为**孤立点**, 只由孤立点构成的图称为**零图**, 仅由一个孤立点构成的图称为**平凡图**, 若图中的顶点集 $V = \varnothing$, 称该图为**空图**.

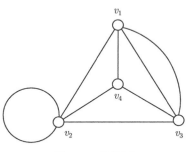

图 5.4 多重图

很明显, 将多重图的平行边代之以一条边, 去掉环, 就可以得到一个简单图. 这样得到的简单图称为原来图的**基图**. 在研究某些图论问题, 如连通、点着色、点独立集、哈密顿图和平面性问题时只要考虑对应的基图就行了. 因此, 简单图将是本书的主要讨论对象.

定义 5.4 简单图 $G = <V, E>$ 中若每一对节点间都有边相连, 则称该图为**完全图**. 有 n 个节点的无向完全图记作 K_n. 每对节点之间皆有边连接的简单有向图称为**有向完全图**.

图 5.5 是常见的几个完全图.

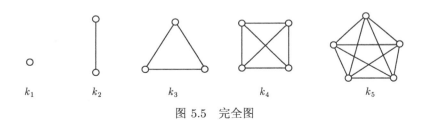

图 5.5 完全图

定理 5.1 n 个节点的无向完全图的边数为 $\dfrac{n(n-1)}{2}$.

证明 由于无向完全图的任何两个顶点有且只有一条边, 所以有 n 个节点的无向完全图的边数为组合数 $c(n, 2) = \dfrac{n(n-1)}{2}$.

例 5.1 设 $G = <V, E>$ 为无向图, $|V| = 7$, $|E| = 23$, 判断 $G = <V, E>$ 是否为一个简单图.

解 由于简单图没有多重边, 也没有环, 所以完全图是同样多顶点中边最多的简单图, 而 7 个顶点的完全图的边数为 $\dfrac{7(7-1)}{2} = 21$, $23 > 21$, 所以这个图不是简单图, 是多重图.

定义 5.5 图 G 中节点 v 的度数 $d_G(v)$ 是 G 中与 v 关联的边的数目, 简称为**度**, 记为 $d(v)$. 每个环在计算度时算作两条边. 对有向图而言, 顶点 v 作为边的终点的次数为 v 的**入度**, 记为 $d^-(v)$, 顶点 v 作为边的始点的次数为 v 的**出度**, 记为 $d^+(v)$. 令

$$\Delta(G) = \max\{d(v)|v \in V(G)\},$$
$$\delta(G) = \min\{d(v)|v \in V(G)\},$$

分别称为图 G 的**最大度**和**最小度**, 简记为: Δ, δ.

在图 5.4 中, $d(v_1) = 4, \Delta(G) = 5, \delta(G) = 3$.

定义有向图的最大入度和最小入度, 最大出度和最小出度如下:

$$\Delta^-(G) = \max\{d^-(v)|v \in V(G)\},$$
$$\delta^-(G) = \min\{d^-(v)|v \in V(G)\},$$
$$\Delta^+(G) = \max\{d^+(v)|v \in V(G)\},$$
$$\delta^+(G) = \min\{d^+(v)|v \in V(G)\},$$

简记为: Δ^-, δ^-, Δ^+, δ^+.

图 5.2(b) 中, $\Delta^- = 2, \delta^- = 1, \Delta^+ = 3, \delta^+ = 0$.

下面是 1736 年欧拉给出的握手定理, 是图论的基本定理.

定理 5.2   每一个图节点度的总和等于边数的 2 倍.

证明   根据节点度的定义, 在计算节点度时每条边对于它所关联的节点被计算了两次. 因此 G 中节点度的总和恰为边数的 2 倍.

由握手定理得到如下定理.

定理 5.3   在任意图中, 度为奇数的节点, 必定是偶数个.

由于每条有向边在计算入度和出度时各只计算一次, 所以有如下定理.

定理 5.4   在任意有向图中, 所有节点入度之和等于所有节点出度之和, 都等于边数.

定义 5.6   各节点度相等的图称为**正则图**. 特别地, 节点的度为 k 的正则图又称为 k 度正则图. 显然, 零图是零度正则图.

如何给一个图添加或删除一个节点和边呢? 添加一个节点, 即集合 V 增加一个元素, 在图形中画上一个点; 添加一条边即在现有的图形中的两个节点上加一条边. 在现有的图中删除一条边是将图形中的一条边删除; 而删除一个节点不仅是将此节点删去, 还要删去由此结点连接的所有边. 删除 G 中部分节点集 V' 用 $G - V'$ 表示, 删除 G 中部分边集 E' 用 $G - E'$ 表示.

定义 5.7   设 $G = <V, E>$ 和 $G' = <V', E'>$ 是两个图, 若满足 $V' \subseteq V$ 且 $E' \subseteq E$, 则称 G' 是 G 的**子图**. 特别地, 当 $V' = V$ 时, 称 G' 是 G 的**生成子图**; 当 $V' \subset V$ 或 $E' \subset E$ 时, 称 G' 是 G 的**真子图**; 当 $V' = V$ 且 $E' = E$ 或 $E' = \emptyset$ 时, 称 G' 是 G 的**平凡子图**; 对任意 $u \in V', v \in V'$, 若边 $(u, v) \in G$, 必有 $(u, v) \in G'$, 或边 $<u, v> \in G$, 必有 $<u, v> \in G'$, 称 G' 是 G 的**导出子图**.

在图 5.6 中, (b) 是 (a) 的生成子图, (c) 是 (a) 的导出子图, (d) 是 (a) 的子图, 但不是生成子图, 也不是导出子图.

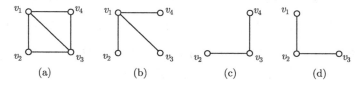

图 5.6   子图示例

定义 5.8 设 $G=<V,E>$ 为 n 阶无向简单图, 令

$$\overline{E} = \{(u,v)|u \in V \wedge v \in V \wedge u \neq v \wedge <u,v> \notin E\},$$

称 $\overline{G} =<V,\overline{E}>$ 为 G 的**补图**.

n 阶图 G 的补图 $\overline{G}$ 可以看成是完全图 K_n 删去 G 中的边后得到的子图, 显然, 图 G 也是图 $\overline{G}$ 的补图, 称它们互为补图. 图 5.7 是图及其补图的例子. 在图 5.7 中, (a) 与 (b) 互为补图, (c) 与 (d) 互为补图.

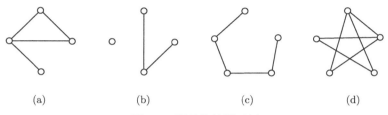

图 5.7　图及其补图示例

一个图的图形表示不一定是唯一的, 但有很多表面上看来似乎不同的图却可以有着极为相似的图形表示, 这些图之间的差别仅在于节点和边的名称的差异, 而从邻接关系的意义上看, 它们本质上都是一样的, 可以把它们看成是同一个图的不同表现形式, 这就是图的同构概念. 同构的图有同样的性质, 可以作为同一类图来研究.

定义 5.9 设 $G=<V,E>$ 和 $G'=<V',E'>$ 是两个图, 如果存在双射 $\varphi : V \to V'$, 使得

$$(u,v) \in V \Leftrightarrow (\varphi(u), \varphi(v)) \in E',$$

或

$$(u,v) \in V \Leftrightarrow <\varphi(u), \varphi(v)> \in E',$$

则称图 G 和图 G' **同构**, 并记之为 $G \cong G'$.

图 5.8 是一组同构图, 在图 5.8 中 (a) 和 (b) 同构, (c) 和 (d) 同构, 图 5.3 的两个图也是同构图. 图 5.8 中的 (c) 和 (d) 称为彼得松 (Peterson) 图.

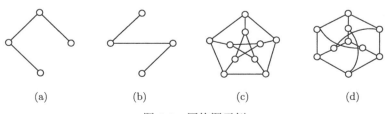

图 5.8　同构图示例

5.2.2 图的矩阵表示方法

一个图可以按定义描述出来, 也可以用图形表示出来, 还可以用矩阵来表示. 图用矩阵表示有很多优点, 既便于利用代数方法研究图的性质, 构造算法, 也便于计算机处理.

图的矩阵表示常用的有两种形式：邻接矩阵和关联矩阵. 邻接矩阵常用于研究图的各种道路的问题, 关联矩阵常用于研究子图的问题. 由于矩阵的行列有固定的顺序, 因此在用矩阵表示图之前, 须将图的节点和边加以编号 (定序), 以确定与矩阵元素的对应关系.

1. 图的邻接矩阵

定义 5.10   设 $G =< V, E >$ 是一 n 阶图, 构造矩阵 $\boldsymbol{A} = (a_{ij})_{n \times n}$, 其中,

$$a_{ij} = \begin{cases} 1, & < v_i, v_j >\in E \text{ 或 } (v_i, v_j) \in E \text{ 或 } (v_j, v_i) \in E, \\ 0, & < v_i, v_j >\notin E \text{ 且 } (v_i, v_j) \notin E, \end{cases}$$

则称 $\boldsymbol{A}$ 为有向图 G 的**邻接矩阵**.

显然, 当改变图的节点编号顺序时, 可以得到图的不同的邻接矩阵, 这相当于对一个矩阵进行相应行列的交换得到新的邻接矩阵. 给出了一个图的邻接矩阵, 就等于给出了图的全部信息, 可以从中直接判定图的某些性质. 无向图的邻接矩阵是个对称阵, 第 i 行元素之和恰为节点 v_i 的度. 有向图的邻接矩阵一般不对称, 第 i 行元素之和是节点 v_i 的出度, 第 j 列元素之和是节点 v_j 的入度.

图 5.9 的邻接矩阵为

$$\boldsymbol{A} = \begin{bmatrix} 1 & 1 & 1 & 0 \\ 0 & 0 & 0 & 1 \\ 1 & 1 & 0 & 0 \\ 0 & 1 & 0 & 0 \end{bmatrix}.$$

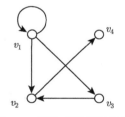

图 5.9   图的邻接矩阵示例

例 5.2   有一些特殊图, 它的顶点数较多而边数较少, 如果只对图进行访问, 可以用其基图的广义邻接矩阵来表示, 它可以节省图的存储空间. 广义邻接矩阵可以定义如下.

设 $G =< V, E >$ 是一 n 阶图, G' 是它的基图, $m = \Delta(G')$, 构造矩阵 $\boldsymbol{A} = (a_{ij})_{n \times m}$, 其中第 $i(1 \leqslant i \leqslant n)$ 行构造如下.

如果在 G' 中 v_i 与点 $v_{l_1}, \cdots, v_{l_k}$ 由无向边邻接, 或由有向边邻接且 v_i 作为这些边的始边, 则令第 i 行为 $(v_{l_1}, \cdots, v_{l_k}, 0, \cdots, 0)$.

广义邻接矩阵按与 v_i 邻接的顶点顺序记录邻接点的信息, 当一个图的邻接矩阵是稀疏矩阵时, 用广义邻接矩阵可以节省大量的存储空间, 当需要访问图时, 只要按行读取邻接顶点信息即可.

图 5.10 中图 G_1 和图 G_2 的广义邻接矩阵分别为

$$\boldsymbol{A}^1 = \begin{bmatrix} 2 & 0 \\ 1 & 4 \\ 4 & 0 \\ 2 & 3 \end{bmatrix}, \boldsymbol{A}^2 = \begin{bmatrix} 2 & 0 \\ 1 & 4 \\ 4 & 0 \\ 3 & 0 \end{bmatrix}.$$

从该例题中可以看出, 它节省了一半以上的存储空间.

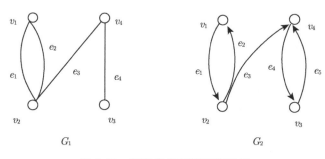

图 5.10 图的广义邻接矩阵示例

2. 图的关联矩阵

定义 5.11 设无向图 $G = (V, E)$, $V = \{v_1, v_2, \cdots, v_n\}$, $E = \{e_1, e_2, \cdots, e_m\}$, 令 m_{ij} 为顶点 v_i 与边 e_j 的关联次数, 则称 $\boldsymbol{M} = (m_{ij})_{n \times m}$ 为**无向图 G 的关联矩阵**, 记作 $\boldsymbol{M}(G)$.

定义 5.12 设有向图 $G = (V, E)$ 中无环, $V = \{v_1, v_2, \cdots, v_n\}$, $E = \{e_1, e_2, \cdots, e_m\}$, 令

$$m_{ij} = \begin{cases} 1, & v_i \text{ 为 } e_j \text{ 的始点}, \\ 0, & v_i \text{ 与 } e_j \text{ 不关联}, \\ -1, & v_i \text{ 为 } e_j \text{ 的终点}, \end{cases}$$

则称 $\boldsymbol{M} = (m_{ij})_{n \times m}$ 为**有向图 G 的关联矩阵**, 记作 $\boldsymbol{M}(G)$.

图 5.10 中图 G_1 和 G_2 的关联矩阵分别是

$$\boldsymbol{M}_1 = \begin{bmatrix} 1 & 1 & 0 & 0 \\ 1 & 1 & 1 & 0 \\ 0 & 0 & 0 & 1 \\ 0 & 0 & 1 & 1 \end{bmatrix}, \boldsymbol{M}_2 = \begin{bmatrix} 1 & -1 & 0 & 0 & 0 \\ -1 & 1 & 1 & 0 & 0 \\ 0 & 0 & 0 & -1 & 1 \\ 0 & 0 & -1 & 1 & -1 \end{bmatrix}.$$

从无向图的关联矩阵 $\boldsymbol{M}_1$ 可以看出, 每列都有两个 1, 因为每边恰好关联两个顶点. 每行的元素之和恰好是这个点的度数. 1 的个数是边数的两倍, 正是握手定理的内容. 从有向图的关联矩阵 $\boldsymbol{M}_2$ 可以看出, 每列都有一个 1 和一个 -1, 因为每边恰好是 1 顶点的始点和另一个顶点的终点. -1 的个数等于 1 的个数等于边数, 这也是握手定理的内容.

图的关联矩阵也适合顶点数较多而边数较少的情况.

5.3 路与连通度

在无向图或有向图中, 常常要考虑从确定的节点出发, 沿节点和边连续地移动而到达另一确定的节点的问题. 从这种由节点和无向边 (或有向边) 的序列的构成方式中可以抽象出图的路概念.

定义 5.13 无向图 (或有向图)$G =< V, E >$ 中的非空节点和边的交替序列 $p = v_0 e_1 v_1 e_2 v_2, \cdots, e_k v_k$, 称为 G 的一条由起点 v_0 到终点 v_k 的**路** (或**有向路**), 这里对所有的 $1 \leqslant i \leqslant k$, 边 e_i 的起点是 v_{i-1}, 终点是 v_i, 边的数目 k 是路的长度.

当起点和终点相同时, 这条路称作**回路**. 若一条路中所有的边均不相同, 这条路称作**迹**. 若一条路中所有的节点均不同, 这条路称作**通路**. 闭的通路, 即除 $v_0 = v_k$ 外, 其余的节点均不相同的路, 就称作**圈**或**回路**. 长度为奇数的圈称为**奇圈**, 长度为偶数的圈称为**偶圈**.

图 5.11 中 $v_1 f v_3 g v_4 b v_5 a v_1 e v_2$ 是长度为 5 的路, $v_1 f v_3 g v_4 b v_5 a v_1$ 是长度为 4 的回路, 这两条路也是迹, 但 $v_1 f v_3 g v_4 b v_5 a v_1 e v_2$ 不是通路, $v_1 f v_3 g v_4 b v_5 a v_1$ 是圈, 且是偶圈.

定义 5.14 设 $G =< V, E >$ 是一 n 阶无向图, 构造矩阵

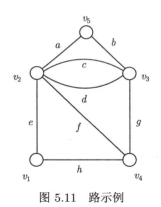

图 5.11 路示例

$$\boldsymbol{P} = (p_{ij})_{n \times n}$$

其中

$$p_{ij} = \begin{cases} 1, & \text{从 } v_i \text{ 到 } v_j \text{ 存在一条路, 即 } v_i \text{ 到 } v_j \text{ 是可达的,} \\ 0, & \text{从 } v_i \text{ 到 } v_j \text{ 不存在路, 即 } v_i \text{ 到 } v_j \text{ 不是可达的,} \end{cases}$$

称矩阵 P 为**可达性矩阵**.

如果是有向图, 则将路改为有向路即可.

由于可达性关系具有传递性, 邻接矩阵就是顶点间的关系矩阵, 所以求可达性矩阵的方法与求关系图的传递闭包方法是一致的, 可用 Warshell 算法, 这里不再重复.

图 5.12 中 (a) 和 (b) 的可达性矩阵分别为

$$M_1 = \begin{bmatrix} 1 & 1 & 1 & 1 & 0 & 0 \\ 1 & 1 & 1 & 1 & 0 & 0 \\ 1 & 1 & 1 & 1 & 0 & 0 \\ 1 & 1 & 1 & 1 & 0 & 0 \\ 0 & 0 & 0 & 0 & 1 & 1 \\ 0 & 0 & 0 & 0 & 1 & 1 \end{bmatrix}, M_2 = \begin{bmatrix} 1 & 1 & 1 & 1 & 0 & 0 \\ 1 & 1 & 1 & 1 & 0 & 0 \\ 1 & 1 & 1 & 1 & 0 & 0 \\ 1 & 1 & 1 & 1 & 0 & 0 \\ 1 & 1 & 1 & 1 & 0 & 1 \\ 0 & 0 & 0 & 0 & 0 & 0 \end{bmatrix}.$$

定理 5.5 在一个具有 n 个节点的图中, 如果从节点 u 到节点 v 存在一条路, 则从节点 u 到节点 v 存在一条不多于 $n-1$ 条边的路.

证明 设从节点 u 到节点 v 的一条路为 $v_0 e_1 v_1 e_2 v_2, \cdots, e_k v_k$, 这里 $u = v_0$, $\boldsymbol{v} = v_k$. 若 $k \leqslant n-1$, 结论成立. 若 $k > n-1$, 则这条路中的点系列 $v_0, v_1, \cdots, v_k$ 大于 n 个, 由于

这个图的顶点数为 n, 系列 $v_0, v_1, \cdots, v_k$ 至少有相同的两个, 不妨设这两个点为 v_s, v_t, 则 v_s 到 v_t 之间的这段路为回路, 删除这段回路, 剩下的部分还是节点 u 到节点 v 的一条路, 如果这条路不多于 $n-1$ 条边, 则结论成立. 否则, 剩下的这条节点 u 到节点 v 的一条路的节点个数还是大于 n, 重复上面的过程. 经过若干步后, 必得到从节点 u 到节点 v 存在一条不多于 $n-1$ 条边的路.

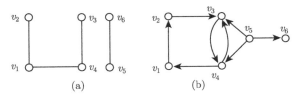

图 5.12　图的可达性矩阵示例

推论　在具有 n 个节点的圈中, 若从节点 v_j 到节点 v_k 存在一条路, 则存在一条从节点 v_j 到节点 v_k 不多于 n 条边的路.

类似可以证明下面的结论.

定理 5.6　在一个具有 n 个节点的图中, 如果从节点 u 到自身存在一条回路, 则从节点 u 到自身存在一条不多于 n 条边的回路.

定义 5.15　在一个无向图 G 中, 节点 u 和 v 之间若存在一条路, 则称节点 u 和 v 在 G 中是**连通**的. 在有向图中, 节点 u 到 v 有一条有向道路, 则称 u 到 v 是有向连通的, 或称为 u 可达于 v, 记为 $u \to v$. 有向连通性又称为**可达性**.

易知, 在有 n 个顶点的连通图中, 其边数不少于 $n-1$ 条.

图 5.13(a) 中 v_1, v_2, v_3, v_4 彼此都是连通的, 但 v_1 与 v_5 不连通. 图 5.13(b) 中 v_1 可达 v_5, 但 v_5 不可达 v_1.

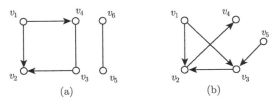

图 5.13　连通和可达示例

显然, 在一个无向图中, 连通作为一种关系满足自反性、对称性和传递性, 所以连通作为一种关系是等价关系.

在一个有向图中, 连通作为一种关系只满足自反性和传递性, 不具备对称性, 所以它不是等价关系.

对应于无向图连通关系, 存在着图 G 的节点集 V 的一个划分 $V_1, V_2, \cdots, V_k$, 使得 G 中任何两个节点 u 和 v 连通当且仅当 u 和 v 属于同一个分块 $V_i(1 \leqslant i \leqslant k)$, 这个划分就是顶点集 V 关于顶点之间的连通关系作为一种等价关系的一个等价类. 称导出子图 $G(V_i)$ 为 G 的一个**连通分支**. 连通分支是 G 的极大连通子图. 图 G 的**连通分支数**记为 $\omega(G)$.

定义 5.16 无向图中任何两点都是连通的图 (只有一个连通分支) 称为**连通图**, 连通分支数大于 1 的图称为非连通图.

在图 5.13(a) 中有两个连通分支, $V_1 = \{v_1, v_2, v_3, v_4\}$, $V_2 = \{v_5, v_6\}$, 它不是连通图.

在实际问题中, 除了考察一个图是否连通外, 往往还要研究一个图连通的程度, 作为某些系统的可靠性的一种度量.

定义 5.17 设 $G = <V, E>$ 是无向图, 若存在 $V' \subseteq V$, 使 $\omega(G - V') > \omega(G)$, 且对于任意的 $V'' \subset V'$, 均有 $\omega(G - V'') = \omega(G)$, 则称 V' 是 G 的一个**点割集**; 特别地, 当 v 是 G 的点割集时, 称点 v 是 G 的**割点**.

定义 5.18 设 $G = <V, E>$ 是无向图, 若存在 $E' \subseteq E$, 使 $\omega(G - E') > \omega(G)$, 且对于任意的 $E'' \subset E'$, 均有 $\omega(G - E'') = \omega(E)$, 则称 E' 是 G 的一个**边割集** (简称割集). 特别地, 当 e 是 G 的边割集时, 称边 e 是 G 的**割边**或**桥**.

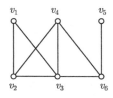
图 5.14 点割集示例

图 5.14 中 $\{v_3, v_4\}$ 是一个点割集, $\{v_1, v_3, v_4\}$ 不是一个点割集. v_5 是割点. 显然, 完全图 K_n 没有点割集, 它的连通性能是最好的.

图 5.14 中, $E' = \{(v_1, v_2), (v_1, v_3), (v_1, v_4)\}$ 是一个边割集, 但 $E'' = \{(v_1, v_2), (v_1, v_3), (v_1, v_4), (v_2, v_4)\}$ 不是一个边割集. 边 (v_5, v_6) 是割边.

定义 5.19 设图 G 是无向连通, 则称 $\kappa(G) = \min\{|V'| | V'$ 为 G 的点割集 $\}$ 为 G 的**点连通度**, $\kappa(G)$ 有时简记为 κ, 又若 $\kappa(G) \geqslant k(k \geqslant 1)$, 则称 G 为 k 连通图.

点连通度是由连通图 G 产生一个非连通子图, 或由 K_n 产生一个节点的子图所需要删去的最少的节点的数目, 显然, $\kappa(K_n) = n - 1$. 非连通图的点连通度为 0.

定义 5.20 设图 G 是无向连通图, 则称 $\lambda(G) = \min\{|E'| | E'$ 为 G 的边割集 $\}$ 为 G 的**边连通度**, $\lambda(G)$ 有时简记为 λ, 又若 $\lambda(G) \geqslant r(r \geqslant 1)$, 则称 G 为 r 边连通图.

图 5.14 的点连通度和边连通度都是 1. 边连通度是由连通图 G 产生一个非连通子图所需要删去的最少的边的数目.

定理 5.7 对于任何图 G, 皆有 $\kappa(G) \leqslant \lambda(G) \leqslant \delta(G)$.

下面讨论有向图的连通性.

定义 5.21 在简单有向图 $G = <V, E>$ 中, 任意一对节点间, 至少有一个节点到另一个节点是可达的, 则称这个图为**单向连通图**. 如果对于图 G 中的任意两个节点两者之间是互相可达的, 则称这个图为**强连通图**. 如果在图 G 中略去方向, 将它看成是无向图, 图是连通的, 则称该有向图为**弱连通图**, 弱连通图简称为连通图.

图 5.15 中 (a) 是强连通图, (b) 是单向连通图, (c) 是弱连通图.

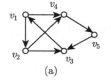
(a)

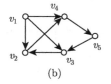
(b)

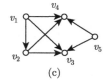
(c)

图 5.15 连通图示例

从前面的定义可以看出, 强连通图必是单侧连通的, 单侧连通必是弱连通的. 它们的逆命题都不真.

定理 5.8 一个有向图是强连通的, 当且仅当 G 中有一个回路, 它至少包含每个节点一次.

定理 5.9 一个有向图是单向连通的, 当且仅当 G 中有一个经过每个节点至少一次的通路.

定义 5.22 设 u 和 v 是图 G 中的两个节点, 若 u 到 v 存在路, 称 u 到 v 之间的最短道路之长为 u 到 v 之间的**距离**, 记为 $d(u,v)$. 若 u 到 v 没有路, 规定 $d(u,v) = \infty$.

对无向图 5.14, 点 v_1 到 v_6 的距离是 2, 对有向图 5.15 中 (a) 图, 点 v_1 到 v_4 的距离是 1, 而 v_4 到 v_1 的距离是 3.

在处理有关图的实际问题时, 往往有值的存在, 比如公里数、运费、城市、人口数以及造价等. 一般这个值称为权值.

定义 5.23 设图 $G = <V, E>$, 对 G 的每一条边 e, 给定一个数值 $W(e)$, 称为边 e 的权, 把这样的图称为**带权图**, 记为 $G = <V, E, W>$.

带权图有时也称赋权图或网络.

定义 5.24 设 P 是 G 中的一条通路, P 中所有边的权之和称为 P 的长度, 记为 $W(P)$. 类似地, 可以定义回路 C 的长度 $W(C)$. 设带权图 $G = <V, E, W>$(无向或有向图), 其中每一条边 e 的权 $W(e)$ 为非负实数. $\forall u, v \in V$, 当 u 和 v 联通或 u 可达 v 时, 称从 u 到 v 长度最短的路径为从 u 到 v 的最短路径, 称其长度为从 u 到 v 的**距离**, 也记作 $d(u,v)$. 约定, $d(u,u) = 0$, 当 u 和 v 不联通或 u 不可达 v 时, $d(u,u) = +\infty$.

给定非负带权图 $G = <V, E, W>$ 及顶点 u 和 v, 求从顶点 u 到 v 的最短路的方法称为**最短路问题**.

不难看出, 如果 $v_0 v_1 v_2 \cdots v_k$ 是从 $u = v_0$ 到 $v = v_k$ 的最短路, 则对每一个 $t(1 \leqslant t \leqslant k-1)$, $v_0 v_1 v_2 \cdots v_t$ 也是 $u = v_0$ 到 $v = v_t$ 的最短路.

根据这个性质, Dijkstra 于 1959 年给出了下述的最短路算法.

算法给出从起点 s 到每一点的最短路径. 在计算过程中, 赋予每一个顶点 v 一个标号 $l(v) = (l_1(v), l_2(v))$. 标号分永久标号和临时标号. 在 v 的永久标号 $l(v)$ 中, $l_2(v)$ 是从 s 到 v 的距离, $l_1(v)$ 是从 s 到 v 的最短路径上 v 的前一个顶点. 当 $l(v)$ 是临时标号时, $l_1(v)$ 和 $l_2(v)$ 分别是从 s 经过永久标号的标点到 v 的长度最短路径上 v 的前一个顶点和这条路径的长度.

Dijkstra 标号法

输入: 带权图 $G = <V, E, W>$ 和 $s \in V$, 其中 $|V| = n$, $\forall e \in E, W(e) \geqslant 0$.

输出: s 到 G 中每一顶点的最短路径及距离.

(1) 令 $l(s) \leftarrow (s, 0), l(v) \leftarrow (s, +\infty)(v \in V - s), i \leftarrow 1, l(s)$ 是永久标号, 其余标号均为临时标号, $u \leftarrow s$;

(2) for 与 u 关联的临时标号的顶点 v;

(3) if $l_2(u) + W(u,v) < l_2(v)$ then 令 $l(v) \leftarrow (u, l_2(u) + W(u,v))$;

(4) 计算 $l_2(t) = \min\{l_2(v) | v \in V$ 且有临时标号$\}$, 把 $l(t)$ 改为永久标号;

(5) if $i < n$ then 令 $u \leftarrow t, i \leftarrow i + 1$ 转 (2).

计算结束时, 对每一个顶点 $u, d(s, u) = l_2(u)$, 利用 $l_1(u)$ 从 u 开始回溯找到从 u 到 v 的最短路径.

Dijkstra 的最短路算法只能计算给定起始点到终点的最短路, 如果要计算任意两点间的最短路, 这个算法就有缺陷了. Floyd 在 1962 年找出了一个有 n 个节点的加权连通图中任意两点间最短距离的算法.

Floyd 算法通过求 n 个 n 阶矩阵 $\boldsymbol{D}^{(1)}, \cdots, \boldsymbol{D}^{(k-1)}, \boldsymbol{D}^{(k)}, \cdots, \boldsymbol{D}^{(n)}$ 来计算一个 n 节点加权图的最短距离矩阵, 最后的 $\boldsymbol{D}^{(n)}$ 便是任何两点间的最短路矩阵, 相应地可以得到 n 个 n 阶路径回溯矩阵 $\boldsymbol{R}^{(1)}, \cdots, \boldsymbol{R}^{(k-1)}, \boldsymbol{R}^{(k)}, \cdots, \boldsymbol{R}^{(n)}$.

矩阵 $\boldsymbol{D}^{(k)}$ 表示矩阵中任意一对节点间的最短路径矩阵, 矩阵 $\boldsymbol{R}^{(k)}$ 相应表示任意一对节点间的最短路径回溯矩阵, 该路径上的最大编号节点不大于 k. 令

$$d_{ij}^{(0)} = w_{ij}, r_{ij}^{(0)} = \begin{cases} i, & \text{若 } w_{ij} \neq \infty, \\ \infty, & \text{否则}. \end{cases}$$

对 $1 \leqslant k \leqslant n$, 计算

$$d_{ij}^{(k)} = \min\{d_{ij}^{(k-1)}, d_{ik}^{(k-1)} + d_{kj}^{(k-1)}\},$$

$$r_{ij}^{(k)} = \begin{cases} k, & d_{ij}^{(k-1)} > d_{ik}^{(k-1)} + d_{kj}^{(k-1)}, \\ r_{ij}^{(k-1)}, & \text{否则}. \end{cases}$$

从定义可知, 矩阵 $\boldsymbol{R}$ 中 r_{ij} 的值是从 v_i 到 v_j 的最短路径上紧跟 v_i 后的一个点的序号, 从而可以回溯 v_i 到 v_j 的最短路径.

例 5.3   用 Dijkstra 最短路算法求图 5.16(a) 中点 s 到其他各点的最短距离.

解   算法出的最短路径如图 5.16(b) 所示, s 到 v_6 的路径是 $sv_2v_4v_5v_6$ 或 $sv_2v_1v_4v_5v_6$, 最短距离为 7.

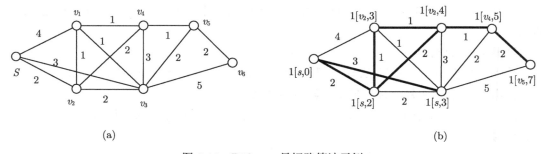

(a)   (b)

图 5.16 Dijkstra 最短路算法示例

例 5.4   用 Floyd 算法求图 5.17 中各点之间的最短距离及最短路径.

解 令

$$\boldsymbol{D}=\begin{bmatrix} 0 & \infty & 6 & \infty & 1 \\ 1 & 0 & \infty & \infty & \infty \\ \infty & 3 & 0 & \infty & \infty \\ 3 & 2 & 1 & 0 & \infty \\ \infty & \infty & \infty & 2 & 0 \end{bmatrix},\boldsymbol{R}=\begin{bmatrix} 1 & \infty & 1 & \infty & 1 \\ 2 & 2 & \infty & \infty & \infty \\ \infty & 3 & 3 & \infty & \infty \\ 4 & 4 & 4 & 4 & \infty \\ \infty & \infty & \infty & 5 & 5 \end{bmatrix}.$$

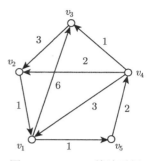

图 5.17　Floyd 算法示例

$$k=1\text{时},\boldsymbol{D}=\begin{bmatrix} 0 & \infty & 6 & \infty & 1 \\ 1 & 0 & 7 & \infty & 2 \\ \infty & 3 & 0 & \infty & \infty \\ 3 & 2 & 1 & 0 & 4 \\ \infty & \infty & \infty & 2 & 0 \end{bmatrix},\boldsymbol{R}=\begin{bmatrix} 1 & \infty & 1 & \infty & 1 \\ 2 & 2 & 1 & \infty & 1 \\ \infty & 3 & 3 & \infty & \infty \\ 4 & 4 & 4 & 4 & 1 \\ \infty & \infty & \infty & 5 & 5 \end{bmatrix}.$$

$$k=2\text{时},\boldsymbol{D}=\begin{bmatrix} 0 & \infty & 6 & \infty & 1 \\ 1 & 0 & 7 & \infty & 2 \\ 4 & 3 & 0 & \infty & 5 \\ 3 & 2 & 1 & 0 & 4 \\ \infty & \infty & \infty & 2 & 0 \end{bmatrix},\boldsymbol{R}=\begin{bmatrix} 1 & \infty & 1 & \infty & 1 \\ 2 & 2 & 1 & \infty & 1 \\ 2 & 3 & 3 & \infty & 2 \\ 4 & 4 & 4 & 4 & 1 \\ \infty & \infty & \infty & 5 & 5 \end{bmatrix}.$$

$$k=3\text{时},\boldsymbol{D}=\begin{bmatrix} 0 & 9 & 6 & \infty & 1 \\ 1 & 0 & 7 & \infty & 2 \\ 4 & 3 & 0 & \infty & 5 \\ 3 & 2 & 1 & 0 & 4 \\ \infty & \infty & \infty & 2 & 0 \end{bmatrix},\boldsymbol{R}=\begin{bmatrix} 1 & 3 & 1 & \infty & 1 \\ 2 & 2 & 1 & \infty & 1 \\ 2 & 3 & 3 & \infty & 2 \\ 4 & 4 & 4 & 4 & 1 \\ \infty & \infty & \infty & 5 & 5 \end{bmatrix}.$$

$$k=4\text{时},\boldsymbol{D}=\begin{bmatrix} 0 & 9 & 6 & \infty & 1 \\ 1 & 0 & 7 & \infty & 2 \\ 4 & 3 & 0 & \infty & 5 \\ 3 & 2 & 1 & 0 & 4 \\ 5 & 4 & 3 & 2 & 0 \end{bmatrix},\boldsymbol{R}=\begin{bmatrix} 1 & 3 & 1 & \infty & 1 \\ 2 & 2 & 1 & \infty & 1 \\ 2 & 3 & 3 & \infty & 2 \\ 4 & 4 & 4 & 4 & 1 \\ 4 & 4 & 4 & 5 & 5 \end{bmatrix}.$$

$$k=5\text{时},\boldsymbol{D}=\begin{bmatrix} 0 & 5 & 4 & 3 & 1 \\ 1 & 0 & 5 & 4 & 2 \\ 4 & 3 & 0 & 7 & 5 \\ 3 & 2 & 1 & 0 & 4 \\ 5 & 4 & 3 & 2 & 0 \end{bmatrix},\boldsymbol{R}=\begin{bmatrix} 1 & 5 & 5 & 5 & 1 \\ 2 & 2 & 5 & 5 & 1 \\ 2 & 3 & 3 & 5 & 2 \\ 4 & 4 & 4 & 4 & 1 \\ 4 & 4 & 4 & 5 & 5 \end{bmatrix}.$$

从距离矩阵看, v_1 到 v_2 的最短距离为 5, 从路径矩阵 $\boldsymbol{R}$ 查得, v_1 到 v_2 第一个要经过 v_5, 而从 v_5 到 v_2 第一个要经过 v_4, 而从 v_4 到 v_2 第一个要经过 v_4, 即从 v_4 可以直接到 v_2, 从而 v_1 到 v_2 的最短路径为 $v_1 \to v_5 \to v_4 \to v_2$.

5.4   欧拉图与哈密顿图

欧拉在 1736 年解决著名的哥尼斯堡七桥难题中, 建立了欧拉图类存在性的完整理论. 图论的研究方法也随之进入了数学的广大领域.

定义 5.25   经过图中所有顶点且每条边恰好经过一次的通路称为**欧拉通路**, 经过图中所有顶点且每条边恰好经过一次的回路称为**欧拉回路**, 有欧拉回路的图称为**欧拉图**, 具有欧拉通路但没有欧拉回路的图称为**半欧拉图**.

判断一个图是不是欧拉图, 方法比较简单, 有如下的定理.

定理 5.10   无向图 G 为欧拉图当且仅当 G 连通且无奇度顶点.

定理 5.11   无向图 G 为半欧拉图当且仅当 G 连通且恰有两个奇度顶点.

定理 5.12   有向图 D 为欧拉图当且仅当 D 连通且每个顶点的入度都等于出度.

定理 5.13   有向图 D 为半欧拉图当且仅当 D 连通且恰有两个奇度顶点, 其中一个入度比出度大 1, 另一个出度比入度大 1, 其余顶点的入度等于出度.

判断一个图是不是能一笔画出, 其实就是判断这个图是不是具有欧拉通路或具有欧拉回路.

在图 5.18 中, (a) 与 (d) 是欧拉图, (b) 与 (e) 是半欧拉图, (c) 与 (f) 不是欧拉图.

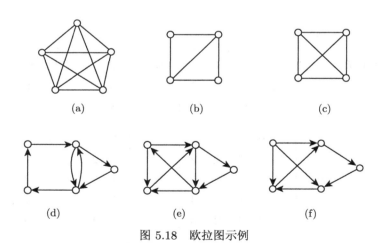

图 5.18   欧拉图示例

定义 5.26   经过图中所有顶点一次且仅一次的通路称为**哈密顿通路**, 经过图中所有顶点一次且仅一次的回路称为**哈密顿回路**, 具有哈密顿回路的图称为**哈密顿图**, 具有哈密顿通路但没有哈密顿回路的图称为**半哈密顿图**.

对于判断一个图是不是哈密顿图, 到目前为止, 还没有找到充分必要条件. 下面的定理是判断哈密顿图的充分条件或必要条件.

定理 5.14　设无向图 $G = <V, E>$ 是哈密顿图, 则对节点 V 的每一个非空子集 S, 均有 $\omega(G - S) \leqslant |S|$.

推论　设无向图 $G = <V, E>$ 是半哈密顿图, 则对节点 V 的每一个非空子集 S, 均有 $\omega(G - S) \leqslant |S| + 1$.

定理 5.15　设 G 是 $n(n \leqslant 3)$ 阶无向简单图, 若任意两个不相邻的顶点的度数之和大于等于 $n - 1$, 则 G 中存在哈密顿通路.

推论　若任意两个不相邻的顶点的度数之和大于等于 n, 则 G 中存在哈密顿回路, 即 G 为哈密顿图. 显然, k_n 都是哈密顿图.

至今还没有找到解决哈密顿回路存在性问题的有效算法.

例 5.5　图 5.19 中哪个是哈密顿图, 哪个是半哈密顿图, 哪个不是密顿图? 为什么?

解　在图 5.19(a) 中, 取 $S = \{a, f\}$, 则 $\omega(G - S) = 4 \geqslant |S| = 2$, 由定理 5.14 及其推论, 图 5.19(a) 不是哈密顿图, 也不是半哈密顿图.

在图 5.19(b) 中, 取 $S = \{a, e, f, j, h\}$, 则 $\omega(G - S) = 6 \geqslant |S| = 5$, 由定理 5.14 及其推论, 图 5.19(b) 不是哈密顿图, 但它有哈密顿通路 $bcehifdagjk$, 是半哈密顿图. 若在图上再添上边 (b, k), 则图 5.19(b) 是一个哈密顿图.

在图 5.19(c) 中, $cdgjafihebc$ 是一条哈密顿回路, 所以图 5.19(c) 是一个哈密顿图.

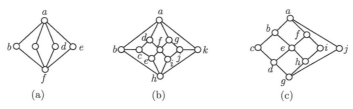

图 5.19　哈密顿图示例

5.5　二部图与匹配

定义 5.27　设无向图 $G = <V, E>$, 若能将 V 分成 V_1 和 $V_2(V_1 \cup V_2 = V, V_1 \cap V_2 = \varnothing)$, 使得 G 中的每条边的两个端点都是一个属于 V_1, 另一个属于 V_2, 则称 G 为**二部图 (二分图、偶图)**, 称 V_1 和 V_2 为**互补顶点集**, 常将二部图记为 $G = <V_1, V_2, E>$. 若 G 为简单二部图, V_1 中每个顶点均与 V_2 中所有顶点相邻, 则称 G 为**完全二部图**, 记为 $K_{r,s}$, 其中 $r = |V_1|, s = |V_2|$.

可用节点标记法判断已知图 G 是否为二部图.

① 任选一点标为 A; ② 把上一步标为 A 的所有相邻的点标为 B, 同样把上一步标为 B 的所有相邻的点标为 A, 照此继续直到每点都被标记; ③ 判断原则: 如果标记后的图没有任何相邻两点有相同的标记, 则 G 是二部图, 否则 G 不是二部图.

$n(n \geqslant 2)$ 阶零图是二部图.

定理 5.16　一个无向图 G 是二部图当且仅当 G 中无奇数长度的回路.

证明 必要性. 设 $G =< V_1, V_2, E >$ 是二部图, 不妨设回路从 V_1 出发, 由于回路的每条边依次是从 V_1 到 V_2, 再从 V_2 到 V_1, 再从 V_1 到 V_2, 再从 V_2 到 V_1, ·····, 最后回到 V_1, 从而回路的长度为偶数.

充分性. 不妨设 G 至少有一条边且连通. 取任一顶点 u, 令

$$V_1 = \{v|v \in V \wedge d(v,u) \text{为偶数}\}, V_2 = \{v|v \in V \wedge d(v,u) \text{为奇数}\},$$

其中, $d(v,u)$ 表示顶点 v 到顶点 u 的路的长度, 则 $V_1 \cup V_2 = V$, $V_1 \cap V_2 = \varnothing$.

先证 V_1 中任意两点不相邻. 假设存在 $s, t \in V_1, e = (s, t) \in E$. 设 Γ_1, Γ_2 分别是 u 到 s 和 u 到 t 的路径, 则 Γ_1, e, Γ_2 是一条回路, 其长度为奇数, 与假设矛盾.

同理可证 V_2 中任意两点不相邻.

定义 5.28 设 $G =< V_1, V_2, E >$ 是二部图, 若 $E^* \subseteq E$, 且 E^* 中任意两条边都是不相邻的, 则 E^* 称为 G 的一个**匹配 (边独立集)**, 若在 E^* 中再加入任何一条边都不是匹配, 称 E^* 为**极大匹配**, 边数最多的极大匹配为**最大匹配**, 最大匹配中边的条数称为 G 的**匹配数**, 记为 β. 令 M 是 G 的一个匹配, 若节点 v 与 M 中的边关联, 则称 v 是 **M 饱和点**; 否则称 v 是 **M 非饱和点**; 若 G 中的每个节点都是 M 饱和点, 则称 M 是**完美匹配**.

显然, 每个完美匹配是最大匹配, 但反之不真.

定义 5.29 设 $G =< V_1, V_2, E >$ 为一个二部图, M 为 G 中一个最大匹配, 若 $|M| = \min\{|V_1|, |V_2|\}$, 称 M 为 G 中的一个**完备匹配**, 且若 $|V_1| \leqslant |V_2|$, 称 M 为 V_1 到 V_2 的一个完备匹配; 若 $|V_1| = |V_2|$, 则 M 为 G 的完美匹配.

显然, 完美匹配是完备匹配, 反之不真.

定理 5.17 (Hall 定理) 设二部图 $G =< V_1, V_2, E >$, $|V_1| \leqslant |V_2|$, G 中存在从 V_1 到 V_2 的完备匹配当且仅当 V_1 中任意 k 个顶点至少邻接 V_2 中的 k 个顶点 (相异性条件).

定理 5.18 设二部图 $G =< V_1, V_2, E >$, 如果

(1) V_1 中每个顶点至少关联 $t(t > 0)$ 条边;

(2) V_2 中每个顶点至多关联 t 条边 (t 条件);

则 G 中存在 V_1 到 V_2 的完备匹配.

满足 t 条件的二部图一定满足相异性条件; 反之不真.

二部图的最大匹配运用较广, 许多问题可以转化为在一个二部图中寻求最大匹配, 如集合划分问题、不同类型的排序问题、指派问题、边覆盖问题、边着色问题、排课问题、高级运输问题等. 求二部图的最大匹配问题运用迭代改进技术. 即先求一个初始匹配, 再寻求增益路径. 设 U 和 V 是二部图 $G =< V, E >$ 的两个互补顶点集, M 是一个初始匹配. 如果 G 有一条简单路径起点连着 U 中的 M 非饱和点, 而终点连着 V 中的 M 非饱和点, 路径上的边交替出现在 $E - M$ 和 M 中, 即路径的第一条边不在 M, 第二条边在 M 中, 以此类推, 直到最后一条边不在 M 中. 这样的路径称为 M 的**增益路径**.

例如, 图 5.20(b) 中, 路径 2, 6, 1, 7、路径 3, 6, 1, 7 和路径 3, 8, 4, 9, 5, 10 都是增益路径.

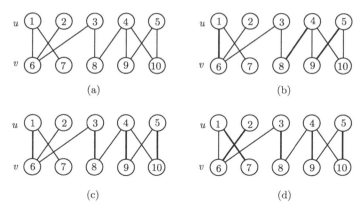

图 5.20 路径示例

求一个初始匹配的方法如下.

(1) 初始化 $Q \leftarrow U$, $R \leftarrow V$, $M \leftarrow \varnothing$, $i \leftarrow 1$.

(2) 若 $i = |U| + 1$, 结束. 否则, 取 $u_i \in Q$.

(3) 找 $v_i \in R$, 使得 $(u_i, v_i) \in E$, 若不存在这样的 v_i, 令 $i \leftarrow i + 1$, 转 (2) .

(4) 令 $M \leftarrow M \cup \{(u_i, v_i)\}$, $Q \leftarrow Q - u_i$, $R \leftarrow R - v_i$, $i \leftarrow i + 1$, 转 (2) .

寻求增益路径的方法类似图的深度优先搜索如下.

(1) 初始化 Q 为 U 中所有 M 非饱和点.

(2) 若 $Q = \varnothing$, 终止. 否则, 初始化 S 为 V 中所有未标记点, 即 $S \leftarrow V$, $i \leftarrow 1$, 取 $u_i \in Q$.

(3) $Q \leftarrow Q - u_i$, 取 $v_i \in S$ 且 $(u_i, v_i) \in E$, 若 v_i 不存在或 v_i 是 V 中最后一个点且 v_i 是 M 饱和的, 则从 u_1 开始没有 M 增益路径, 转 (2) . 若 v_i 存在且 v_i 是 M 非饱和的, 则找到一条增益路径, 令 $M \leftarrow M \cup \{(u_i, v_i)\}$, 转 (2) .

(4) v_i 是 M 饱和点, 设 $(u_{i+1}, v_i) \in M$, 令 $M \leftarrow M \cup (u_i, v_i)$, $M \leftarrow M - (u_{i+1}, v_i)$, $S \leftarrow S \cup \{v_i\}$. $i \leftarrow i + 1$, 转 (3) .

例 5.6 求图 5.20(a) 中的最大匹配.

解 (1) 先求图 5.20(a) 中的初始匹配, 得图 5.20(c).

(2) 找一条增益路径, 它是 $2, 6, 1, 7$, 将边 $(1, 6)$ 从 M 中删除, 将边 $(2, 6), (1, 7)$ 加入 M 中, 得到图 5.20(d), 这时 M 已经是最大匹配, 它还是完美匹配.

5.6 平 面 图

5.6.1 平面图及其性质

定义 5.30 若简单图 $G = <V, E>$ 的图形在平面上能画成如下形式:

(1) 没有两个节点重合;

(2) 除节点外每条边不相交, 则称 G 是具有平面性的图, 或简称为**平面图**.

图 5.21 是 k_4 的两个图形, 图 5.21(a) 有两条边相交, 但我们可以画成图 5.21(b) 的平面表示形式, 所以 k_4 是平面图.

　　图的平面性问题有着许多实际的应用. 例如在电路设计中常常要考虑布线是否可以避免交叉以减少元件间的互感影响. 如果必然交叉, 那么怎样才能使交叉处尽可能少? 或者如何进行分层设计, 才使每层都无交叉? 这些问题实际都与图的平面表示有关.

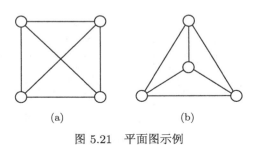

图 5.21　平面图示例

　　确实存在着大量的图, 它们没有对应的平面图形表示. 例如 K_5 和 $K_{3,3}$, 无论怎么画, 总会出现边的交叉, 这样的图称为非平面图.

　　如图 5.22 所示, (a) 是 K_5, (c) 是 $K_{3,3}$, 它们可以画成 (b) 和 (d) 的形式, 但 (b) 和 (d) 两个图的边 (u,v) 无论怎么画, 总会与其他的边交叉, 所以 K_5 和 $K_{3,3}$ 是非平面图.

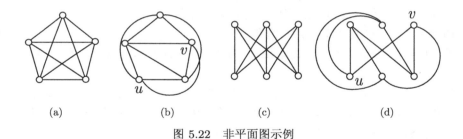

图 5.22　非平面图示例

　　那么, 能不能不通过图的图形表示来判断一个图的平面性呢? 首先, 要研究一下平面图的特点.

　　定义 5.31　设 G 是一个平面图. 若 G 的图形中由边围成的封闭区域不能再分割成两个或两个以上的包含更少边数的子区域, 则称这个封闭区域为 G 的**面**, 包围这个区域的边称为**面的边界**, 其中有一个面的区域由这个平面图的外部边界组成, 这个面称为**外部面**. 面的边界中的边数称为**面的度** (割边在计度时算作两条边).

　　若一条边不是割边, 它必是两个面的公共边界; 割边只能是一个面的边界. 两个以一条边为公共边界的面称为**相邻的面**.

　　平面图的节点数 v, 边数 e 以及面的数目 r 之间有着密切的关系, 这就是重要的**欧拉公式**.

　　定理 5.19 (欧拉公式)　设连通平面图 $G =<V,E>$ 的顶点数、边数和面数分别为 v, e 和 r, 则有 $v-e+r=2$.

　　证明　如果该平面图只有一个顶点没有边, 则 $v=1$, $e=0$, $r=1$, 结论成立. 否则对边作数学归纳法.

　　增加一条边, 为使图连通, 这时只有如下两种情况.

(1) 该边的一端是悬挂点, 这时增加了一个顶点和一条边, 面数不变, 满足欧拉公式, 即 $(v+1)-(e+1)+r=v-e+r=2$;

(2) 该边的两端为原图的两个顶点, 这时顶点数不增加, 但增加了一条边和一个面, 所以也满足欧拉公式, 即 $v-(e+1)+(r+1)=v-e+r=2$.

推论 设平面图 $G=<V,E>$ 有 k 个连通分支, 它的顶点数、边数和面数分别为 v, e 和 r, 则有 $v-e+r=k+1$.

由于在计算 G 的面的度时, 每条边被计算了两次, 因此有下面定理.

定理 5.20 设 G 是连通简单平面图, 则面的度之和等于边数的两倍.

定理 5.21 设 G 是一个阶数大于 2 的连通简单平面图, 顶点数和边数分别为 v,e, 则 $e \leqslant 3v-6$.

证明 若 G 的阶数大于 2, 则每个面的度不小于 3, 从而有 $3r \leqslant 2e$, 代入欧拉公式 $v-e+r=2$ 消去 r, 可得 $e \leqslant 3v-6$.

推论 在任何简单连通平面图中, 至少存在一个其度不超过 5 的节点.

证明 若全部节点的度均大于 5, 则 $6v \leqslant \sum(d_{v_i})=2e$, 即 $3v \leqslant e$, 再由上面公式 $e \leqslant 3v-6$ 可得 $3v \leqslant 3v-6$, 矛盾.

定理 5.22 $K_{3,3}$ 和 K_5 都是非平面图.

证明 K_5 中 $v=5,e=10$, 若 K_5 是平面图, 则 K_5 应该满足 $e \leqslant 3v-6$, 而 K_5 中, $3v-6=9 \leqslant e$, 矛盾. 故 K_5 不是平面图.

同样, $K_{3,3}$ 是 $v=6,e=9$ 的连通图, 若 $K_{3,3}$ 是平面图, 则每个面的度为 4, 因而有 $4r=2e$, 即 $2r=e$, 代入欧拉公式 $v-e+r=2$, 则应有 $2v-e=4$, 但 $2 \times 6-9=3$, 矛盾. 故 $K_{3,3}$ 不是平面图.

虽然欧拉公式可用来判别某个图是非平面图, 但是当节点数和边数较多时, 应用欧拉公式进行判别就会相当困难. 一个图是否有平面的图形表示是判别平面图的最具说服力的方法, 但是又因为工作量太大而不实用. 要找到一个好的方法去判断任何一个图是否是平面图, 就得对平面图的本质有所了解. Kuratowski 建立了一个定理, 定性地说明了平面图的本质.

首先, 在图 G 的边 (u,v) 上新增加一个二度节点 w, 称为图 G 的细分. 严格地说, 细分是从 G 中先删去边 (u,v), 再增加一个新节点 w 及边 (u,w) 和边 (v,w). 一条边上也可以同时增加有限个二度节点, 所得的新图称为原图的细分图. 例如, 在图 5.23 中 (b) 是 (a) 的一种细分图, (d) 是 (c) 的一种细分图. 容易知道, 若 G' 是 G 的细分图, 则 G' 与 G 同为平面图或同为非平面图.

　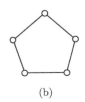　　

(a)　　　　(b)　　　　(c)　　　　(d)

图 5.23　平面图示例

定理 5.23 (Kuratowski) 一个图是平面图当且仅当它不包含与 K_5 和 $K_{3,3}$ 的细分图同构的子图.

Kuratowski 定理虽然很基本, 证明的方法各有特色, 但证明的篇幅都较大, 这里不给出证明.

例 5.7 证明图 5.24(a)(Petersen 图) 不是平面图.

证明 把 Petersen 图 (a) 删除一个顶点 u, 得到其子图 (b), 这个图是图 (c) 的细分图, 而图 (c) 与图 (d) 同构, 图 (d) 即是 $K_{3,3}$, 说明 Petersen 图包含与 $K_{3,3}$ 的细分图同构的子图, 由定理 5.23 可以得到 Petersen 图不是平面图.

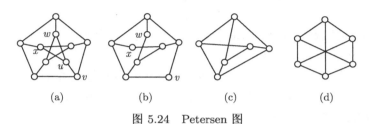

(a)   (b)   (c)   (d)

图 5.24 Petersen 图

5.6.2 平面图着色

在图论发展史上, "四色问题" 曾经起过巨大的推动作用. 所谓 "四色问题", 就是考虑在一张各国地域连通, 并且相邻国家有一段公共边界的平面地图上, 是否可以用四种颜色为地图着色, 使得相邻国家有不同的颜色? 这是一个著名的数学难题, 100 多年中曾吸引过许多优秀的数学家, 但是谁也未能从理论上严格证明这个问题的答案是肯定的. 直到 1979 年才由美国的阿佩尔和哈肯利用计算机给出了证明, 宣布这一问题得到了解决. 在理论研究中, 虽然未能证明 "四色定理", 然而 1890 年希伍德 (Heawood) 在肯普 (Kempe) 证明方法的基础上建立了五色定理, 也是着色研究的一个重要结果, 特别是证明方法很有用处. 下面将围绕平面图的着色问题介绍对偶图的概念与五色定理.

设 $G = <V, E>$ 是一个平面图, 构造图 $G^* = <V^*, E^*>$ 如下:

(1) G 的面 $f_1, f_2, \cdots, f_k$ 与 V^* 中的点 $v_1^*, v_2^*, \cdots, v_k^*$ 一一对应;

(2) 若面 f_i 和面 f_j 邻接, 则 v_i^* 与 v_j^* 邻接;

(3) 若 G 中有一条边 e 只是面 f_i 的边界, 则 v_i^* 有一环.

称图 G^* 是 G 的对偶图.

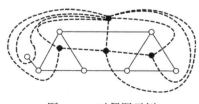

图 5.25 对偶图示例

G 的对偶图 G^* 可以有各种画法, 其中最通用的方法是将 G^* 的节点画在 G 的面内, G^* 的每条边 (u^*, v^*) 只与 G 中分隔面 f_u 和 f_v 的边交叉一次. 例如, 在图 5.25 中, 虚线和黑点分别是 G^* 的边和节点, 实线和空心点是 G 的边和节点.

从对偶图的定义, 特别是从其表示方法中可以清楚地看到, 每个平面图都有对偶图, 若 G^* 是连

通图 G 的对偶图, 则 G 也是 G^* 的对偶图, 若 G 是连通的平面图, 则 $G^{**} \cong G$, 其中 G^{**} 是 G^* 的对偶图. 事实上, 存在着对偶图是一个图为平面图的充分必要条件. 一个连通平面图的对偶图也必是平面图.

利用对偶图的概念, 可以把平面图 G 的面着色问题转化为研究 G^* 的点着色问题.

定义 5.32 如果图 G 的对偶图 G^* 同构于 G, 则称 G 是**自对偶的**.

k_4 是自对偶图.

从对偶图的概念可以看到, 对于地图的着色问题, 可以归纳为对平面图的节点着色问题, 因此四色问题可以归结为要证明对于任何一个平面图, 一定可以用四种颜色对它的节点进行着色, 使得邻接的节点都有不同的颜色.

定义 5.33 图 G 的正常着色 (或简称为着色) 是指对它的每一个节点指定一种颜色, 使得没有两个相邻的节点有同一种颜色. 如果图 G 在着色时用 n 种颜色, 则称 G 为 **$n-$色的或 $n-$ 色图**. 对图 G 进行着色时, 需最少颜色数称为**着色数**, 记作 $\chi(G)$.

虽然到现在还没有一个简单通用的方法, 可以确定任一图 G 是否是 n-色的. 但我们可用鲍威尔 (Powell) 法对图 G 进行着色, 其方法如下.

(1) 将图 G 的节点按照度数的递减次序进行排列 (这种排列可能并不是唯一的, 因为有些点有相同的度数).

(2) 用第一种颜色对第一点进行着色, 并且按排列次序, 对前面着色点不邻接的每一点着上同样的颜色.

(3) 用第二种颜色对尚未着色的点重复步骤 (2) , 用第三种颜色继续这种做法, 直到所有的点全部着上色.

例 5.8 用鲍威尔法对图 5.26 着色.

(1) 将图 G 的节点按照度数的递减次序进行排列 $v_2, v_5, v_8, v_1, v_6, v_7, v_4, v_3$ (这种排列可能并不是唯一的, 因为有些点有相同的度数).

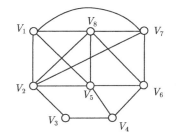

(2) 用第一种颜色对 v_2 着色, 并对前面着第一种颜色点不邻接的节点 v_6 也着第一种颜色.

(3) 对 v_5 节点和它不相邻的节点 v_7, v_3 着第二种颜色.

(4) 对 v_8 节点和它不相邻的节点 v_4 着第三种颜色.

(5) 对 v_1 节点着第四种颜色.

图 5.26 着色示例

因此图 G 是四色的, 所以 $\chi(G) = 4$.

从上面的例子可以看出, 如果图 G 有一个 k 阶最大完全子图, 则 $\chi(G) = k$, 这个最大完全子图称为这个图的最大团.

定理 5.24 对于 n 个节点的完全图 K_n, 有 $\chi(K_n) = n$.

证明 因为完全图每一个节点与其他各节点都相邻接, 故 n 个节点的着色数不能少于 n, 又 n 个节点的着色数至多为 n, 故有 $\chi(K_n) = n$.

定理 5.25 设 G 为至少有三个节点的连通平面图, 则 G 中必有一个节点 u, 使得 $\deg(u) \leqslant 5$.

证明 设 $G = <V, E>$, $|V| = v$, $|E| = e$, 若 G 的每一个节点 u, 都有 $\deg(u) \geqslant 6$, 但

因 $\sum\limits_{i=1}^{v} \deg(v_i) = 2e$, 故 $2e \geqslant 6v$, 所以 $e \geqslant 3v > 3v - 6$, 与平面图的性质 $e \geqslant 3v - 6$ 矛盾.

定理 5.26　任意连通平面图 G 最多是 5-色的.

例 5.9　计算机自动生成课表是图顶点着色运用之一. 把每门课程分别画成不同顶点, 如果有两门课程是同一个班级上的或这两门课程是同一个老师上的, 说明这两门课程不能安排在同一时间, 在代表这两门课程的顶点间划上一条边, 这样便得到了一个图, 这个图的任何两个相邻的顶点所代表的课程都不能安排在同一时间. 对这个图着色, 着同样颜色的顶点所代表的课程可以安排在同一时间上. 当然, 以上过程都可以用计算机自动处理.

5.7　树

树是图论中最主要的概念之一, 而且是最简单的图之一. 它在计算机科学中应用非常广泛.

5.7.1　树及其性质

我们从一个问题谈起, 图 5.27 是通信线路图. 其中 $v_1, v_2, \cdots, v_{10}$ 是 10 个城市, 线路只能在这里相接. 不难发现, 只要破坏了几条线路, 立即使这个通信系统分解成不相连的两部分. 但要问在什么情况下这 10 个城市依然保持相通? 不难知道, 至少要有 9 条线把这 10 个城市连接在一起, 显然这 9 条线是不存在任何回路的, 因而 9 条线少一条就会使系统失去连通性.

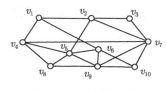

图 5.27　连通性示例

定义 5.34　一个连通且无回路的无向图称为**树**. 在树中度数为 1 的节点称为**树叶**, 度数大于 1 的节点称为**分枝点**或**内点**. 如果一个无回路的无向图的每一个连通分图是树, 则称为**森林**.

碳氢化合物 C_4H_{10} 的分子结构图是一棵树; 表达式 $(a \times b + (c + d) \div f) - r$ 可以表示成树形; 有 8 名选手参加的采用淘汰制方式的羽毛球单打比赛图也可以用一棵树表示, 如图 5.28 所示.

定理 5.27　给定图 T, 以下关于树的定义是等价的:

(1) 无回路的连通图;

(2) 无回路且 $e = v - 1$, 其中 e 为边数, v 为节点数;

(3) 连通且 $e = v - 1$;

(4) 无回路且增加一条新边, 得到一条且仅一条回路;

(5) 连通且删去任何一条边后不连通;

(6) 每一对节点之间有一条且仅一条路.

证明　(1)⇒(2).

设在图 T 中, 当 $v = 2$ 时, 连通无向图 T 中的边数 $e = 1$, 因此 $e = v - 1$ 成立.

设 $v = k - 1$ 时命题成立, 当 $v = k$ 时, 因无向图且连通, 故至少有一条边其一个端点 u 的度数为 1. 设该边为 (u, w), 删去节点 u, 便得到一个 $k - 1$ 个节点的无向连通图 T', 由归纳假设, 图 T' 的边数 $e' = v' - 1 = (k-1) - 1 = k - 2$, 于是再将节点 u 和关联边 (u, w) 加到图 T' 中得到原图 T, 此时图 T 的边数为 $e = e' + 1 = (k-2) + 1 = k - 1$, 节点数 $v = v' + 1 = (k-1) + 1 = k$, 故 $e = v - 1$ 成立.

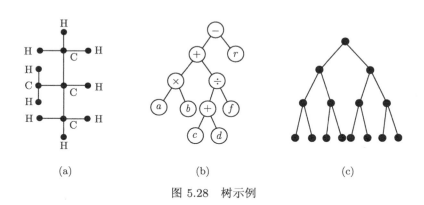

(a)　　　　　　　　(b)　　　　　　　　(c)

图 5.28　树示例

(2)⇒(3).

若 T 不连通, 并且有 $k(k \geqslant 2)$ 个连通分支 $T_1, T_2, \cdots, T_k$, 因为每个分图是连通无回路的, 则我们可证: 如 T_i 有 v_i 个节点 $v_i < v$ 时, T_i 有 $v_i - 1$ 条边, 而 $v = v_1 + v_2 + \cdots + v_k e = (v_1 - 1) + (v_2 - 1) + \cdots + (v_k - 1) = v - k$, 但 $e = v - 1$, 故 $k = 1$, 这与假设 G 是不连通即 $k \geqslant 2$ 相矛盾.

(3)⇒(4).

若 T 连通且有 $v - 1$ 条边.

当 $v = 2$ 时, $e = v - 1 = 1$, 故 T 必无回路. 如增加一条边得到且仅得到一条回路.

设 $v = k - 1$ 时命题成立.

考察 $v = k$ 时情况, 因为 T 是连通的, $e = v - 1$. 故每个节点 u 有 $\deg(u) \geqslant 1$, 可以证明至少有一节点 u_0, 使 $\deg(u_0) = 1$, 否则, 即所有节点 u 有 $\deg(u) \geqslant 2$, 则 $2e \geqslant 2v$, 即 $e \geqslant v$ 与假设 $e = v - 1$ 矛盾. 删去 u_0 及其关联的边, 而得到图 T', 由归纳假设得知 T' 无回路, 在 T' 中加入 u_0 及其关联边又得到 T, 故 T 是无回路的, 如在 T 中增加一条边 (u_i, u_j), 则该边与 T 中 u_i 到 u_j 的路构成一条回路, 则该回路必是唯一的, 否则若删除这条新边, T 必有回路, 得出矛盾.

(4)⇒(5).

若图 T 不连通, 则存在节点 u_i 与 u_j, u_i 与 u_j 之间没有路, 显然若加边 (u_i, u_j) 不会产生回路, 与假设矛盾. 又由于 T 无回路, 故删去任一边, 图就不连通.

(5)⇒(6).

由连通性可知, 任两个节点间有一条路, 若存在两点, 在它们之间有多于一条的路, 则 T 中必有回路, 删去该回路上任一条边, 图仍是连通的, 与 (5) 矛盾.

(6)⇒(1).

任意两点间必有唯一一条路, 则 T 必连通, 若有回路, 则回路上任两点间有两条路, 与 (6) 矛盾.

定理 5.28 任一棵树至少有两片树叶.

证明 设树 $T =< V, E >$ 有 x 片树叶, $|V| = v$, 则

$$\sum_{i=1}^{i=v} \deg(v_i) = 2(v-1) \geqslant x + 2(v-x).$$

由此得 $x \geqslant 2$.

定理 5.29 (Cayley) 过 n 个有标志顶点的树的数目等于 n^{n-2}.

5.7.2 最小生成树

定义 5.35 若图 G 的生成子图是一棵树, 则该树称为 G 的**生成树**. 设图 G 有一棵生成树 T, 则 T 中的边称为**树枝**. 图 G 中不在生成树上的边称为**弦**. 所有弦的集合称为生成树 T 相对于 G 的补.

在图 5.29 中, (a) 和 (b) 中粗线所表示的树都是原图的一棵生成树. 每条粗线都是树枝, 细线是弦. 从图 5.29 可以看出, 一个图的生成图不是唯一的.

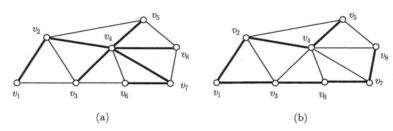

图 5.29   生成树示例

定理 5.30 连通图至少有一棵生成树.

证明 设连通图 G 没有回路, 则它本身就是一棵生成树. 若 G 至少有一条回路, 我们删去回路上的一条边, 得到 G_1, 它仍然是连通的, 并与 G 有相同的节点集. 若 G_1 没有回路, 则 G_1 就是 G 的生成树. 若 G_1 仍然有回路, 再删去 G_1 回路上的一条边, 重复上面的步骤, 直到得到一个连通图 H, 它没有回路, 但与 G 有相同的节点集, 因此 H 为 G 的生成树.

由上面定理的证明过程中可以看出, 一个连通图有许多生成树. 因为取定一条回路后, 就可以从中去掉任何一条边, 去掉的边不一样, 故可以得到不同的生成树, 这也是求一个连通图的生成树的方法.

定义 5.36 假定 G 是一个有 n 个节点和 m 条边的连通图, 则 G 的生成树正好有 $n-1$ 条边. 因此要确定 G 的一棵生成树, 必须删去 G 中的 $m - (n-1) = m - n + 1$ 条边. 该数 $m - n + 1$ 称为**连通图 G 的秩**.

定理 5.31 一条回路和任意一棵生成树的补至少有一条公共边.

证明 若有一条回路和一棵生成树的补没有公共边, 那么该回路包含在生成树之中, 然而这是不可能的, 因为一棵生成树不能包含回路.

定理 5.32 一个边割集和任何生成树至少有一条公共边.

证明 若有一条边割集和一棵生成树没有公共边, 那么删去这个边割集后, 所得的子图必然包含该生成树, 这意味着删去边割集后仍然连通, 与边割集定义矛盾.

现在讨论一般带权图的情况.

假定图 G 是具有 n 个节点的连通图. 对应于 G 的每一条边 e, 指定一个正数 $c(e)$, $c(e)$ 称为边 e 的权 (可以是长度、运输量、费用等). G 的每棵生成树具有一个树权 $c(T)$, 它是 T 的所有边权的和.

定义 5.37 在带权的图 G 的所有生成树中, 树权最小的那棵生成树, 称为**最小生成树**.

设图 G 中的一个节点表示一个城市, 各边表示城市间道路的连接情况, 边的权表示道路的长度, 如果我们要用通信线路把这些城市连接起来, 要求沿道路架设线路时, 所用的线路最短, 这就要求在图 G 中求一棵最小生成树.

求最小生成树有许多方法, 这里介绍避圈法 (Kruskal 算法).

设图 G 有 n 个节点, 以下算法产生最小生成树.

(1) 选择最小权边 e_1, 如果有多条这样的边, 选序号最小的边, 置边数 $i \leftarrow 1$;

(2) $i = n - 1$ 结束, 否则转步骤 (3);

(3) 设定已选定 $e_1, e_2, \cdots, e_i$, 在 G 中选取不同于 $e_1, e_2, \cdots, e_i$ 的边 e_{i+1}, 使 $e_1, e_2, \cdots, e_i, e_{i+1}$ 无回路且 e_{i+1} 是满足此条件的最小边, 如果有多条这样的边, 选序号最小的边;

(4) $i \leftarrow i + 1$, 转步骤 (2).

图 5.30 中给出了两个带权连通图. 图中粗线是按上述算法得到的两个最小生成树.

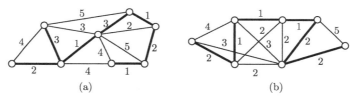

图 5.30 带权连通图

5.7.3 有向树

前面讨论的树, 都是一个无向图, 下面讨论有向图的树.

定义 5.38 如果一个有向图在不考虑边的方向时是一棵树, 那么, 这个有向图称为**有向树**. 一棵有向树, 如果恰有一个节点的入度为 0, 其余所有节点的入度都为 1, 则称为**根树**. 入度为 0 的节点称为**根**, 出度为 0 的节点称为**叶**, 入度为 1 出度不为 0 的节点称为**分支点**, 根和分支点统称为**内点**, 从树根到顶点 v 的路径的长度 (路径中的边数) 称为 v 的**层数**, 所有顶点的最大层数称为**树高**.

对于一棵根树, 如果用图形来表示, 可以有树根在下或树根在上的两种画法. 但通常将树根画在上方, 有向边的方向向下或斜向下方, 并省去各边的箭头, 如图 5.31(c) 所示.

图 5.31 中 (a) 为根树自然表示法, 即树从它的树根向上生长; (b) 和 (c) 是都是由树根往下生长, 它们是同构图, 其差别仅在于每一层上的节点从左到右出现的次序不同, 为此今后要用明确的方式, 指明根树中的节点或边的次序, 这种树称为有序树.

在图 5.31(c) 中, v_1 为根, 有 4 个分枝点, 7 片叶子, 树的高度为 4.

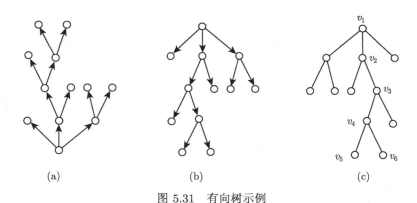

图 5.31　有向树示例

从根树的结构可以看出, 树中每一个节点可以看成是原来树中的某一棵子树的根.

设点 a 是根树中的一个分枝点, 若从点 a 到点 b 有一条边, 则节点 a 称为节点 b 的 "父亲", 而节点 b 称为节点 a 的 "儿子". 假若节点 a 可达 c, 则节点 a 称为节点 c 的 "祖先", 而节点 c 称为节点 a 的 "后裔". 同一个分枝点的 "儿子" 称为 "兄弟".

在图 5.31(c) 中, v_5 和 v_6 是 "兄弟", v_4 是它们的 "父亲", v_5 和 v_6 是 v_4 的 "儿子". v_1, v_2, v_3, v_4 都是 v_5 和 v_6 的 "祖先".

下面介绍 m 叉树. m 叉树是一种特殊的根树, 在 $m = 2$ 时, 称为二叉树, 它在计算机科学中有着广泛的应用.

定义 5.39　在根树中, 若每一个节点的出度小于或等于 m, 则这棵树称为 m **叉树**. 如果每一个节点的出度恰好等于 m 或零, 则这棵树称为**完全 m 叉树**. 若所有的树叶层次相同, 则这棵树称为**正则 m 叉树**, 当 $m = 2$ 时, 称为**二叉树**.

在图 5.32 中, (a) 是 4 叉树, (b) 是完全 3 叉树, (c) 是正则二叉树.

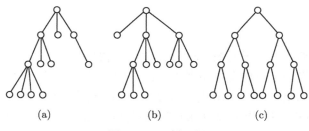

图 5.32　叉树示例

在实际应用中, 二叉树特别有用. 一方面因为它便于用计算机表示, 另一方面还因为任何一个有序树, 甚至有序森林都可以变换一个对应的二叉树, 把一个有序树变成二叉树可以分以下两步完成.

第一步, 对有序树的每个分枝点 u, 保留它的最左一条出边 (如果只有一条出边, 把它作为左儿子), 再把 u 的位于同一层的各个儿子用一条有向道路从左到右连接起来;

第二步, 在由第一步得到的图中, 对每个节点 u, 将位于 u 下面一层的直接后继 (如果存在) 作为左儿子, 在同一水平线上相邻的两个节点中右节点作为左节点的右儿子, 以此类推.

如果是森林, 先把各树处理成二叉树, 再作如下处理: 左右两棵树中右边树作为左边树根的右子树处理.

在图 5.33 中, (a) 是一棵四叉树, (b) 是中间转化过程, (c) 是它转化成的二叉树.

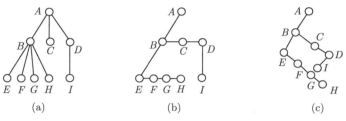

图 5.33 叉树转化示例

在树的实际应用中, 我们经常研究完全 m 叉树.

定理 5.33 设有完全 m 叉树, 其树叶数为 t, 分枝点数为 i, 则 $(m-1)i = t-1$.

证明 在分枝点中, 除根的度数为 m 外, 其余各分枝节点的度皆为 $m+1$. 各叶点的度为 1, 总边数为 mi, 由图论基本定理得到 $2mi = m+(m+1)(i-1)+t$, 即 $(m-1)i = t-1$.

这个定理实质上可以用每局有 m 个选手参加的单淘汰制比赛来说明. t 个叶表示 t 个参赛的选手, i 则表示必须安排的总的比赛局数. 每一局由 m 个参赛者中产生一个优胜者, 最后决出一个冠军.

例 5.10 设有 30 盏灯, 拟共用一个电源插座, 问需用多少块具有四种插座的接线板.

解 将四叉树每个分枝点看成是具有四插座的接线板, 树叶看成是电灯, 则 $(4-1)i \geqslant 30-1$, $i=10$, 所以需要 10 块具有四插座的接线板.

在计算机的应用中, 还常常考虑二叉树的通路长度问题.

定义 5.40 在根树中, 一个节点的通路长度, 就是从树根到此节点的通路中的边数. 我们把分枝点的通路长度称为**内部通路长度**, 树叶的通路长度称为**外部通路长度**.

定理 5.34 若完全二叉树有 n 个分枝点, 且内部通路长度总和为 I, 外部通路长度总和为 E, 则 $E = I + 2n$.

二叉树的一个重要应用就是最优树问题.

定义 5.41 给定一组权 $w_1, w_2, \cdots, w_t$, 不妨设 $w_1 \leqslant w_2 \leqslant \cdots \leqslant w_t$. 设有一棵二叉树, 共有 t 片树叶, 分别带权 $w_1, w_2, \cdots, w_t$, 该二叉树称为**带权二叉树**. 在带权二叉树中, 若带权为 w_i 的树叶, 其通路长度为 $L(w_i)$, 我们把 $w(T) = \sum_{i=1}^{t} w_i L(w_i)$ 称为该带权二叉树的权. 在所有带权 $w_1, w_2, \cdots, w_t$ 的二叉树中, 找到一棵使 $w(T)$ 最小的那棵树, 称为**最优树**.

假如给定一组权 $w_1, w_2, \cdots, w_t$, 为了找最优树, 我们先证明下面的定理.

定理 5.35 设 T 为带权 $w_1 \leqslant w_2 \leqslant \cdots \leqslant w_t$ 的最优树, 则

(1) 带权为 w_1, w_2 的树叶是兄弟;

(2) 以树叶为 v_{w_1}, v_{w_2} 儿子的分枝点, 其通路长度最长.

证明　设在带权 $w_1, w_2, \cdots, w_t$ 的最优树中, v 是通路长度最长的分枝点, v 的儿子分别为 w_x 和 w_y, 故有

$$L(w_x) \geqslant L(w_1), L(w_y) \geqslant L(w_2).$$

若有 $L(w_x) > L(w_1)$, 将 w_x 与 w_1 对调, 得到新树 T', 则

$$w(T') - w(T) = (L(w_x)w_1 + L(w_1)w_x) - (L(w_x)w_x + L(w_1)w_1)$$
$$= L(w_x)(w_1 - w_x) + L(w_1)(w_x - w_1)$$
$$= (w_x - w_1)(L(w_1) - L(w_x)) < 0,$$

即 $w(T') < w(T)$, 与 T 是最优树的假定矛盾. 故 $L(w_x) = L(w_1)$. 同理可证 $L(w_x) = L(w_2)$.

因此

$$L(w_1) = L(w_2) = L(w_x) = L(w_y).$$

分别将 w_1, w_2 与 w_x, w_y 对调得到一棵最优树, 其中带权 w_1 和 w_2 的树叶是兄弟.

定理 5.36　设 T 为带权 $w_1 \leqslant w_2 \leqslant \cdots \leqslant w_t$ 的最优树, 若将以带权 w_1, w_2 的树叶为儿子的分枝点改为带权 $w_1 + w_2$ 的树叶, 得到一棵新树 T', 则 T' 也是最优树.

证明　根据题设, 有 $w(T) = w(T') + w_1 + w_2$.

若 T' 不是最优树, 则必有另外一棵带权为 $w_1 + w_2, w_3, \cdots, w_t$ 的最优树 T''. 对 T'' 中带权为 $w_1 + w_2$ 的树叶 $v_{w_1+w_2}$ 生成两个儿子, 得到树 $\widehat{T}$, 则

$$w(\widehat{T}) = w(T'') + w_1 + w_2.$$

因为 T'' 是带权为 $w_1, w_2, \cdots, w_t$ 的最优树, 故 $w(T'') \leqslant w(T')$.

如果 $w(T'') < w(T')$, 则 $w(\widehat{T}) < w(T)$ 与 T 是带权为 $w_1, w_2, \cdots, w_t$ 的最优树矛盾, 因此 $w(T'') = w(T')$, T' 是一棵带权为 $w_1, w_2, \cdots, w_t$ 的最优树.

根据上面两个定理, 要画一棵带有 t 个权的最优树, 可简化为画一棵带有 $t-1$ 个权的最优树, 而又可简化为画一棵带 $t-2$ 个权的最优树, 依此类推. 具体的做法是: 首先找出两个最小权值, 设为 w_1 和 w_2, 然后对 $t-1$ 个权 $w_1 + w_2, w_3, \cdots, w_t$ 求作一棵最优树, 并且将这棵最优树的节点 $v_{w_1+w_2}$ 分叉生成两个儿子 v_1 和 v_2, 依此类推. 这种方法称为霍夫曼编码.

例 5.11　设一组权为 1,1,2,3,3,4,5,5, 求相应的最优树.

解　图 5.34 给出了用霍夫曼编码计算最优树的过程. 最后的一棵树为最优树, $w(T) = 69$. 求最优二叉树的过程是一棵树从最长路径叶子向上生长的过程, 图中的黑体字是 w_1 和 w_2, 带括号的数字代表中间节点.

由于兄弟节点左右可以互换, 所以最优树不唯一.

二叉树的另一个应用, 就是前缀码问题.

我们知道, 在远距离通信中, 常常用 0 和 1 的字符串作为英文字母传送信息, 因为英文字母共有 26 个, 故用不等长的二进制序列表示 26 个英文字母时由于长度为 1 的序列有 2 个, 长度为 2 的二进制序列有 2^2 个, 长度为 3 的二进制序列有 2^3 个, 依此类推, 我们有

$2 + 2^2 + 2^3 + \cdots + 2^i \leqslant 26,\ 2^{i+1} - 2 \leqslant 26,\ i \leqslant 4$. 因此, 用长度不超过 4 的二进制序列就可表达 26 个不同英文字母. 但是由于字母使用的频繁程度不同, 为了减少信息量, 人们希望用较短的序列表示频繁使用的字母. 当使用不同长度的序列表示字母时, 我们要考虑的另一个问题是如何对接收的字符串进行译码? 办法之一就是使用由 0 和 1 组成的 2 元前缀码.

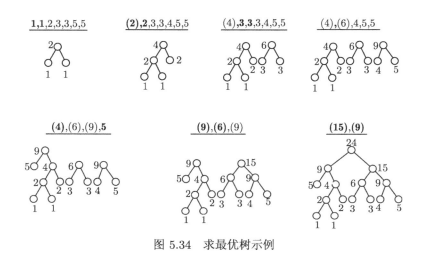

图 5.34 求最优树示例

定义 5.42 给定一个由 0 和 1 组成的序列集合, 若没有一个序列是另一个序列的前缀, 该序列集合称为**二元前缀码**, 简称为**前缀码**.

例如 $000, 001, 01, 10$ 是前缀码, 而 $1, 0001, 000$ 就不是前缀码.

定理 5.37 任何一棵二叉树的树叶可对应一个前缀码.

证明 给定一棵二叉树, 从每一个分枝点引出两条边, 对左侧边标以 0, 对右侧边标以 1, 则每片树叶可以标定一个 0 和 1 的序列, 它是由树根到这片树叶的通路上各边标号所组成的序列, 显然, 没有一片树叶的标定序列是另一片树叶的标定序列的前缀, 因此, 任何一棵二叉树的树叶可对应一个前缀码.

定理 5.38 任何一个前缀码都对应一棵二叉树的树叶.

证明 设给定一个前缀码, h 表示前缀码中最长序列的长度. 我们画出一棵高度为 h 的正则二叉树, 并给每一分枝点射出的两条边标以 0 和 1, 这样, 每个节点可以标定一个二进制序列, 它是从树根到该节点通路上各边的标号所确定的, 因此, 对长度不超过 h 的每一个二进制序列必对应一个节点. 对应于缀码中的每一序列的节点, 给予一个标记, 并将标记节点的所有后裔和射出的边全部删去, 这样得到一棵二叉树, 再删去其中未标记的树叶, 得到一棵新的二叉树, 它的树叶就对应给定的前缀码.

定义 5.43 用各个符号的使用频率为权的最优二叉树产生的前缀码进行传输符号时所用的二进制位数最少. 称由这个最优二叉树产生的前缀码为**最佳前缀码**.

例 5.12 设一组字符 v, l, o, y, e, u, I 和空格 (space) 的相对使用频率为 $1, 1, 2, 3, 3, 4, 5, 5$, 求 v, l, o, y, e, u, I 和空格对应的最佳前缀码, 并对 0-1 系列字符串 "01101011110101111 0000 0111 01011101" 用该前缀码进行译码.

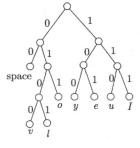

图 5.35　前缀码示例

解　由字符 v, l, o, y, e, u, I 和空格的相对使用频率为权得到的一棵二叉树, 如图 5.34 的最后一个图所示. 对这棵二叉树的每个内点的左侧边标以 0, 右侧边标以 1, 如图 5.35 所示, 则这棵二叉树的树叶可对应一个前缀码, 它们是最优前缀码. 由树叶的权对应相应的字符可以得到各自的前缀码:

v:0100　　l:0101　　o:011　　y:100　　e:101

u:110　　I:111　　空格:00

字符串 "1110001010110100101000011110" 用该前缀码进行译码所得的结果是 "I love you".

5.8　习　　　题

1. 设无向图 G 有 18 条边且每个顶点的度数都是 3, 求图 G 的顶点数.

2. 设 n 阶图 G 有 m 条边, 每个节点度数不是 k 就是 $k+1$, 求 k 度节点数.

3. 证明: 在任何有向完全图中, 所有节点入度的平方和等于所有节点出度的平方和.

4. 证明: 若图 G 是不连通的, 则 G 的补图 $\overline{G}$ 是连通的.

5. 求图 5.36 的邻接矩阵和完全关联矩阵.

6. 有向图 $G = < V, E >, V = \{a, b, c, d, e, f\}, E = \{< a, b >, < b, c >, < c, a >, < a, d >, < d, e >, < f, e >\}$, 求它的连通性.

7. 用 Warshell 算法求图 5.37 的可达矩阵, 并判断图的连通性.

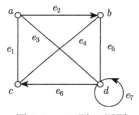

图 5.36　习题 5 用图

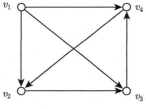

图 5.37　习题 7 用图

8. 求图 5.38(a) 的 $\kappa(G)$ 和 $\lambda(G)$.

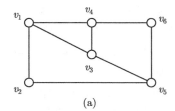

(a)

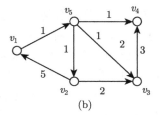

(b)

图 5.38　习题 8、9 用图

9.(1) 用 Dijkstra 最短路算法求图 5.38(b) 中 v_1 到其他各点的最短距离.

(2) 用 Floyd 算法求图 5.38(b) 中各点之间的最短距离及最短路径.

10. 求图 5.39(a) 和 (b) 中的最大匹配.

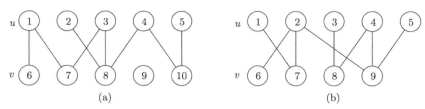

图 5.39　习题 10 用图

11. 图 5.40 中哪一个图可一笔画出?

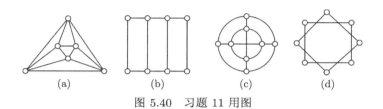

图 5.40　习题 11 用图

12. 图 5.41 中既不是欧拉图, 也不是哈密顿图的是哪个?

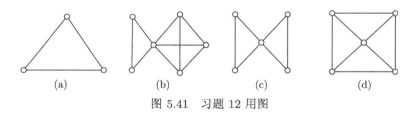

图 5.41　习题 12 用图

13. 在图 5.24(a)Petersen 图中, 至少填加多少条边才能构成欧拉图?

14. 写一个算法, 要求:

(1) 找出无向 (或有向) 欧拉图的一条欧拉回路.

(2) 找出无向 (或有向) 欧拉图的所有欧拉回路.

15. 具有 6 个顶点, 12 条边的连通简单平面图中, 每个面都是由多少条边围成的?

16. 设 G 是有 n 个节点 m 条边的连通平面图, 且有 k 个面, 求 k 的值.

17. 证明在 6 个节点 12 条边的简单连通平面图中, 每个面的次数都是 3.

18. 设 G 是连通简单平面图, 节点数为 $n(n \geqslant 3)$, 边数为 m, 面数为 r, 证明: $r \leqslant 2n - 4$.

19. 某年级共有 9 门选修课程, 期末考试前必须提前将这 9 门课程考完, 每人每天只在下午考一门课, 若课程用节点表示, 有一人同时选两门课程, 则这两门课程对应的节点间有边 (如图 5.42), 问至少需几天考完?

20. 证明: 将六阶完全无向图 k_6 的边随意地涂上红色或蓝色, 证明无论如何涂, 总存在红色的 k_3 或蓝色的 k_3.

21. 已知一棵无向树 T 有 3 个三度顶点, 1 个二度顶点, 其余的都是一度顶点, 求一度顶点数.

22. 求有 n 个节点的树的节点度数之和.

23. 二叉树有 5 个三度节点, 求它的叶子节点数.

24. 一棵树 T 中, 有 3 个二度节点, 1 个三度节点, 其余节点都是树叶.

(1) T 中有几个节点;

(2) 画出具有上述度数的所有非同构的无向图.

25. 证明: 若 T 是有 n 个节点的完全二叉树, 则 T 有 $(n+1)/2$ 片叶子.

26. 图 5.43 所示的赋权图表示某 7 个城市及预先算出它们之间的一些直接通信线路造价, 试给出一个设计方案, 使得各城市之间能够通信而且总造价最小.

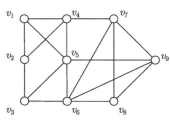

图 5.42　习题 19 用图

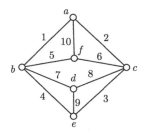

图 5.43　习题 26 用图

27. 从简单有向图的邻接矩阵怎样去决定它是否为根树? 如果是根树, 怎样定它的树根和树叶?

28. 4 个集合 $0, 10, 110, 101111$;　$1, 11, 101, 001, 0011$;　b, c, aa, ab, aba;　$01, 001, 000, 1$ 中, 哪一个是前缀码?

29. (1) 求权为 $2,3,5,7,8,11,13$ 的最优二叉树 T;

(2) 求 T 对应的二元前缀码.

30. 假设英文字母 a, e, h, n, p, r, w, y 出现的频率分别为 12%, 8%, 15%, 7%, 6%, 10%, 5%, 10%, 求传输它们的最佳前缀码, 并给出 "happy new year" 的编码信息.

31. 在通信中, 八进制数字出现的频率如下: $0{:}30\%$, $1{:}20\%$, $2{:}15\%$, $3{:}10\%$, $4{:}10\%$, $5{:}5\%$, $6{:}5\%$, $7{:}5\%$, 求传输它们的最佳前缀码.

第 6 章　初 等 数 论

6.1　整数和除法

人类从计数开始就和自然数打交道, 后来由于实践需要, 数的概念进一步扩充到整数. 数论这门学科最初是从研究整数开始的, 所以称为整数论. 后来称为整数论又进一步发展, 就称为数论了. 确切地说, 数论就是研究数的规律, 特别是整数性质的数学分支. 初等数论主要是用整数的四则运算方法来研究整数性质 (特别是一些特殊类型的正整数的性质及其关系) 的数学分支.

初等数论中得到的整数的许多性质都要直接或间接地涉及整除性, 整除性是初等数论的基础, 因此这章首先讨论整除性的基本理论.

6.2　整　　数

我们知道, **自然数**或者**正整数**指的是数 $1, 2, \cdots$, 而**整数**指的是数 $0, \pm 1, \pm 2, \cdots$. 全体整数的集合记作 Z, 而全体正整数或自然数的集合记作 Z^+.

显然, 对任意 $a, b \in Z$, 有 $a+b, a-b, ab \in Z$, 即 Z 关于加、减、乘是封闭的, 但存在 $a, b \in Z$, 使得 $a/b \notin Z$. 因此我们需要考虑整除, 即研究什么时候 $a/b \in Z$. 为此, 引入下面的概念.

定义 6.1　设 $a, b \in Z$, 且 $b \neq 0$. 如果存在 $q \in Z$, 使得 $a = bq$, 则称 b **整除** a, 记作 $b|a$. 此时, b 称为 a 的**因数**, a 称为 b 的**倍数**.

如果 b 不能整除 a, 则用记号 $b \nmid a$ 表示.

对任意整数 a, 显然 $1|a$, 即 1 是任意整数的因数; 当 $a \neq 0$ 时, 有 $a|0$ 和 $a|a$, 即 0 是任意整数的倍数, 任意非零整数是自身的因数也是自身的倍数.

如果一个整数是 2 的倍数, 则称它为**偶数**; 否则称它为**奇数**.

因为一个非零数的因数的绝对值不大于该数本身的绝对值, 所以任一非零数的因数只有有限多个.

由整除的定义, 不难证明下面这些基本性质.

命题 6.1　设 $a, b, c \in Z$.

(1) 如果 $c|b, b|a$, 那么 $c|a$.

(2) 如果 $b|a, c \neq 0$, 那么 $cb|ca$.

(3) 如果 $c|a, c|b$, 那么对任意 $m, n \in Z$, 有 $c|ma + nb$.

(4) 如果 $b|a, a|b$, 那么 $a = b$ 或 $a = -b$.

因为 $|a|$ 和 a 的所有因数都相同, 所以我们讨论因数时可以只就正整数来讨论.

下面是整除的基本定理, 也称为**带余除法**, 它是初等数论的证明中最基本、最常用工具.

定理 6.1　设 $a, b \in Z$, 且 $b \neq 0$, 则存在唯一的 $q, r \in Z$, 使得

$$a = bq + r, \quad 0 \leqslant r < |b|. \tag{6.1}$$

证明　考虑整数序列

$$\cdots, -2|b|, -|b|, 0, |b|, 2|b|, \cdots,$$

则 a 必在上述序列的某相邻两项之间. 不妨假定

$$q|b| \leqslant a < (q+1)|b|$$

于是 $0 \leqslant a - q|b| < |b|$, 令 $r = a - q|b|$, 则 $0 \leqslant r < |b|$, 因此, 当 $b > 0$ 时, 有 $a = bq + r$; 当 $b < 0$ 时, 有 $a = b(-q) + r$. 这样就证明了 q 和 r 的存在性.

下面证明 q, r 的唯一性. 假设存在另外一组 $q', r' \in Z$ 使得式 (6.1) 成立, 即 $a = bq' + r', 0 \leqslant r' < |b|$, 则有

$$-|b| < r - r' = b(q' - q) < |b|$$

因此 $b(q' - q) = 0$, 从而 $r - r' = 0$, 即 $q' = q, r' = r$ 所以唯一性成立.

例如, 当 $a = 17, b = 5$ 时, $17 = 5 \times 3 + 2$, 这时 $q = 3, r = 2$; 而 $a = -17, b = 5$ 时, $-17 = 5 \times (-4) + 3$, 这时 $q = -4, r = 3$.

定义 6.2　称式 (6.1) 式中的 q 为用 b 除 a 得出的**不完全商**, 称 r 为用 b 除 a 得到的**最小非负余数**, 也简称为**余数**, 常记作 $\langle a \rangle_b$ 或 $a \bmod b$.

注意　在不致引起混淆时, $\langle a \rangle_b$ 中的 b 常略去不写. 为方便起见, 以后除非特别说明, 总假定除数 b 以及因数都大于零.

作为带余除法的一个重要应用, 我们考虑整数的基 $b(b \geqslant 2)$ 表示. 通常所用的数都是十进制的, 而计算机上用的数是二进制、八进制及十六进制的. 下面的定理给出一个数能用不同进制表示的依据.

定理 6.2　设 $b \geqslant 2$ 是给定的正整数, 那么任意正整数 n 可以唯一表示为

$$n = r_k b^k + r_{k-1} b^{k-1} + \cdots + r_1 b + r_0$$

这里整数 $k \geqslant 0$, 整数 $r_i(i = 0, 1, \cdots, k)$ 满足 $0 \leqslant r_i < b, r_k \neq 0$.

证明　先证存在性. 对 n 用归纳法, 当 $n = 1$ 时, $1 = 1 \cdot b^0 + 0$, 结论成立. 设对小于 n 的一切正整数都成立. 对于 n, 根据带余除法, 可设 $n = bq + r, 0 \leqslant r < b$. 若 $r = 0$ 且 $q = 1$, 则结论成立. 不然则有 $q < n$, 根据归纳假设

$$q = t_s b^s + t_{s-1} b^{s-1} + \cdots + t_1 b + t_0$$

于是

$$\begin{aligned} n &= bq + r \\ &= b(t_s b^s + t_{s-1} b^{s-1} + \cdots + t_1 b + t_0) + r \\ &= t_s b^{s+1} + t_{s-1} b^s + \cdots + t_1 b^2 + t_0 b + r \end{aligned}$$

存在性得证.

设

$$n = r_k b^k + r_{k-1}b^{k-1} + \cdots + r_1 b + r_0$$
$$n = t_s b^s + t_{s-1}b^{s-1} + \cdots + t_1 b + t_0$$

因为 $b \mid n - n$, 所以 $b \mid r_0 - t_0$, 可知 $r_0 = t_0$, 同理 $r_1 = t_1$, 这样必有 $k = s$, 且对于 $i = 2, 3, \cdots, k$ 有 $r_i = t_i$, 唯一性得证.

如果取 $b = 2$, 那么任意正整数 n 可以表示为 2 的乘幂之和, 即

$$n = 2^k + r_{k-1}2^{k-1} + \cdots + r_1 \cdot 2 + r_0$$

其中, 整数 $k \geqslant 0, r_i(i = 0, 1, \cdots, k-1)$ 是 0 或 1.

在本节的最后, 给出有关余数的几个性质.

定理 6.3　设 $a_1, a_2, b \in Z$, 且 $b > 0$ 则

(1)　$\langle a_1 + a_2 \rangle = \langle \langle a_1 \rangle + \langle a_2 \rangle \rangle$

(2)　$\langle a_1 - a_2 \rangle = \langle \langle a_1 \rangle - \langle a_2 \rangle \rangle$

(3)　$\langle a_1 a_2 \rangle = \langle \langle a_1 \rangle \langle a_2 \rangle \rangle$

证明　(1) 设 $a_1 = bq_1 + \langle a_1 \rangle, a_2 = bq_2 + \langle a_2 \rangle, \langle a_1 \rangle + \langle a_2 \rangle = bq_3 + \langle \langle a_1 \rangle + \langle a_2 \rangle \rangle$, 于是

$$a_1 + a_2 = b(q_1 + q_2) + \langle a_1 \rangle + \langle a_2 \rangle$$
$$= b(q_1 + q_2 + q_3) + \langle \langle a_1 \rangle + \langle a_2 \rangle \rangle$$

因此 $\langle a_1 + a_2 \rangle = \langle \langle a_1 \rangle + \langle a_2 \rangle \rangle$, 类似可以证明 (2) 和 (3).

6.3　素　　数

任何大于 1 的整数都能被 1 和它本身整除.

定义 6.3　设正整数 $a > 1$. 若 a 只能被 1 和自身整除, 称 a 是素数. 否则称 a 是合数. 素数也称为质数. 如 2, 11 为素数, 6 为合数.

素数在数论中有着极其重要的地位.

定义 6.4　若正整数 a 有一因数 b, 而 b 又是素数, 则称 b 为 a 的素因数或素因子. 如 $12 = 3 \times 4$, 其中 3 是 12 的素因数, 而 4 不是.

命题 6.2　p 为素数, a, b, c, d 为整数. 下面结论成立.

(1) 如果 $d > 1, d|p$, 有 $d = p$;

(2) a 是大于 1 的合数当且仅当 $a = bc$, 其中 $1 < b < a, 1 < c < a$;

(3) 若 a 为合数, 则存在素数 p, 使得 $p|a$. 即合数必有素数因子.

证明　(1) 和 (2) 容易证明. 下面证明 (3). 根据 (2), 合数 a 有因子 b 满足 $1 < b < a$, 设 p 是其中最小的, 则 p 必为素数. 否则存在 $e_1 > 1, e_2 > 1, p = e_1 e_2$, 这样 e_1 是 p 的因子也是 a 的因子, 但比 p 还小, 与 p 的选取不符.

命题 6.3　(1) 任意合数 a 必有不超过 $\sqrt{a}$ 的素因数;

(2) 素数有无限个.

证明　(1) 设 p 是合数 a 最小的因子, 则 p 是素数, 令 $a = pb$, $a = pb \geqslant p^2$, 于是 $p \leqslant \sqrt{a}$.

(2) 反证法. 假设只有有限个素数, 设为 $p_1, p_2, \cdots, p_n$, 令 $m = p_1 p_2 \cdots p_n + 1$, 因为 m 比每一个素数都大, 所以 m 是合数, 这样 m 有一个素数因子 p_i, 根据 $p_i \mid m$, 可以得出 $p_i \mid 1$, 这是个矛盾.

此命题可以判断整数是否为素数.

例 6.1　判断 127 和 133 是否是素数.

解　2, 3, 5, 7 和 11 是不超过 $\sqrt{127}$ 和 $\sqrt{133}$ 的所有素数. 因为 $2 \nmid 127$, $3 \nmid 127$, $5 \nmid 127$, $7 \nmid 127$, $11 \nmid 127$, 可知 127 为素数. 因为 $7 | 133$, 所以 133 为合数.

6.4　最大公约数和最小公倍数

6.4.1　最大公约数和最小公倍数的定义

定义 6.5　给定不全是零的整数 $a_1, a_2, \cdots, a_n$, $n \geqslant 2$. $a_1, a_2, \cdots, a_n$ 公有因子中的最大者称为 $a_1, a_2, \cdots, a_n$ 的最大公因子, 记为 $(a_1, a_2, \cdots, a_n)$. 若 $(a_1, a_2, \cdots, a_n) = 1$, 称 $a_1, a_2, \cdots, a_n$ 是互素的.

如 $(8, 12) = 4$, $(12, 25) = 1$ 等. 再如 $(6, 10, 15) = 1$, 但 $(6, 10) = 2$, $(6, 15) = 3$, $(10, 15) = 5$. 多个互素正整数, 不一定每两个都是互素的.

定义 6.6　对于 $n(n \geqslant 2)$ 个都不是零的整数 $a_1, a_2, \cdots, a_n$; $a_1, a_2, \cdots, a_n$ 大于零的公有倍数中的最小者称为 $a_1, a_2, \cdots, a_n$ 的最小公倍数, 记为 $[a_1, a_2, \cdots, a_n]$.

如 $[4, 6] = 12$, $[2, 5] = 15$. 对任何整数 a, 都有 $[1, a] = a$ 等.

下是关于最大公因子和最小公倍数的一些性质.

命题 6.4　对于正整数 a, b, m, d, 有

(1) 若 $a | m, b | m$, 则 $[a, b] | m$;

(2) 若 $d | a, d | b$, 则 $d | (a, b)$.

证明　(1) 记 $M = [a, b]$, 设 $m = qM + r$, $0 \leqslant r < M$, 下证 $r = 0$. 由 $a | m, a | M$ 可知 $a | r$, 同理, $b | r$. 这样, r 是 a 和 b 的公倍数, 若 $r \neq 0$, 则 r 大于零小于 M 的 a 和 b 的公倍数, 这与 M 是最小的产生矛盾.

(2) 记 $k = (a, b)$, 下证 $[d, k] = k$, 从而 $d | k$. 事实上, 若 $[d, k] \neq k$, 则 $[d, k] > k$, 注意到 $d | a, k | a$, 故 $[d, k] | a$, 同理 $[d, k] | b$, 即 $[d, k]$ 是 a 和 b 的公因子, 而 $[d, k] > k$, 这与 k 是最大的不相符.

命题 6.5　已知正整数 a 和 b, 设 $a = qb + r$, $0 \leqslant r < b$, 则 $(a, b) = (b, r)$.

证明　设 a 和 b 的所有公因子组成的集合是 A, b 和 r 的所有公因子组成的集合是 B. 对于任意的 $d \in A$, 即 $d | a, d | b$, 注意到 $r = a - qb$, 于是 $d | r$, 从而 $d \in B$, 这样 $A \subseteq B$. 任取 $d \in B$, 即 $d | b, d | r$. 注意到 $a = qb + r$, 故有 $d | a$, 从而 $d | a, d | b$, 于是 $d \in A$, 这样 $B \subseteq A$.

上述两个方面表明 $A = B$, 于是

$$(a, b) = \max A = \max B = (b, r)$$

给定正整数 a 和 b, 设 $a = q_1 b + r_1, 0 \leqslant r_1 < b$. 若 $r_1 > 0$, 设 $b = q_2 r_1 + r_2, 0 \leqslant r_2 < r_1$. 重复上述过程, 由于 $b > r_1 > r_2 > \cdots \geqslant 0$, 存在 k 使得 $r_k = 0$, 于是

$$
\begin{aligned}
a &= q_1 b + r_1, & 1 &\leqslant r_1 < b \\
b &= q_2 r_1 + r_2, & 1 &\leqslant r_2 < r_1 \\
r_1 &= q_3 r_2 + r_3, & 1 &\leqslant r_3 < r_2 \\
r_2 &= q_4 r_3 + r_4, & 1 &\leqslant r_4 < r_3 \\
&\quad\vdots & &\quad\vdots \\
r_{k-3} &= q_{k-1} r_{k-2} + r_{k-1}, & 1 &\leqslant r_{k-1} < r_{k-2} \\
r_{k-2} &= q_k r_{k-1} + r_k &
\end{aligned}
$$

则有 $(a, b) = (b, r_1) = (r_1, r_2) = \cdots = (r_{k-2}, r_{k-1}) = r_{k-1}$.

例 6.2 计算 $(126, 27)$.

解

$$
\begin{aligned}
126 &= 4 \times 27 + 18 \\
27 &= 1 \times 18 + 9 \\
18 &= 2 \times 9
\end{aligned}
$$

这样

$$(126, 27) = (27, 18) = (18, 9) = 9$$

根据上述例子, 可知

$$
\begin{aligned}
9 &= 27 - 1 \times 18 \\
&= 27 - 1 \times (126 - 4 \times 27) \\
&= -1 \times 126 + 5 \times 27
\end{aligned}
$$

这个结论具有一般性, 这就是下面的定理.

定理 6.4 对于任何正整数 a 和 b, 都存在整数 u 和 v, 使得

$$au + bv = (a, b)$$

这个结论为两个整数的最大公因子是两个整数的线性组合. 这里略去该结论的证明.

设整数 a 与 b 互素, 则存在 u 和 v, 使得

$$au + bv = 1$$

反过来, 给定两个整数 a 和 b, 若存在整数 u 和 v 使得

$$au + bv = 1$$

不难证明 a 与 b 互素, 于是有如下命题.

命题 6.6   整数 a 与 b 互素的充要条件是, 存在 u 和 v, 使得

$$au + bv = 1$$

素数还有一些比较好的特性.

命题 6.7   设 p 为素数, a 和 b 是整数, 若 $p|ab$, 则 $p|a$ 和 $p|b$ 二者之一必须成立.

证明   设 $p \nmid a$, 则 $(p, a) = 1$, 于是存在整数 u, v 使得 $pu + av = 1$, 这个等式的两端都乘以 b, 可知

$$pub + abv = b$$

因为 $p|pub, p|abv$, 因此 $p|b$, 证毕. 不难把上面的命题作下面的推广.

命题 6.8   对于素数 p 和整数 $a_1, a_2, \cdots, a_n$. 若

$$p|a_1a_2\cdots a_n$$

则存在 $i, 1 \leqslant i \leqslant n$, 使得 $p|a_i$.

命题 6.9 a, b 和 c 是整数, 若 $a|c, b|c, (a, b) = 1$, 则 $ab|c$.

证明   因为 $(a, b) = 1$, 于是存在整数 u, v 使得 $au + bv = 1$, 这个等式的两端都乘以 c, 可知

$$auc + bvc = c$$

因为 $b|c$, 所以 $ab|auc$; 因为 $a|c$, 所以 $ab|bvc$, 这样 $ab|(auc + bvc)$, 也就是 $ab|c$, 证毕.

定理 6.5 (算术基本定理)   任何大于 1 的整数都能够分解为素数之积, 而且形式唯一. 即对于整数 $a > 1$, 有

$$a = p_1p_2\cdots p_s$$

其中 $p_i(1 \leqslant i \leqslant n)$ 是满足 $p_1 \leqslant p_2 \leqslant \cdots \leqslant p_n$ 的素数. 而且 a 的分解形式唯一, 也就是说, 若

$$a = q_1q_2\cdots q_t$$

其中 $q_j(1 \leqslant j \leqslant t)$ 是满足 $q_1 \leqslant q_2 \leqslant \cdots \leqslant q_t$ 的素数. 则 $s = t$, 且 $p_k = q_k$, $k = 1, 2, \cdots, s$.

证明   分解存在性. 若 a 是素数, 取 $p_1 = a$ 即可, 不妨设 a 是合数, 已知合数有素数因子, 设 r_1 为 a 的素数因子, 令 $a = r_1b$, 若 b 是素数, 取 $r_2 = b$; 否则 b 为合数, 令 $b = r_2c$, r_2 素数. 这个过程必然在某一步停止, 于是存在 $s > 1$, 使得 $a = r_1r_2\cdots r_s$. 适当调整顺序后, 可知

$$a = p_1p_2\cdots p_s$$

其中 $p_i(1 \leqslant i \leqslant n)$ 是满足 $p_1 \leqslant p_2 \leqslant \cdots \leqslant p_n$ 的素数. 分解存在性证毕.

分解唯一性. 对于任何整大于 1 的整数 a, 设

$$a = p_1p_2\cdots p_s = q_1q_2\cdots q_t$$

其中 $p_i(i = 1, 2, \cdots, s)$ 是满足 $p_1 \leqslant p_2 \leqslant \cdots \leqslant p_s$ 的素数, $q_j(j = 1, 2, \cdots, t)$ 是满足 $q_1 \leqslant q_2 \leqslant \cdots \leqslant q_t$ 的素数. 因为 $p_1|q_1q_2\cdots q_s$, 故存在 $q_k(1 \leqslant k \leqslant s)$, 使得 $p_1|q_k$, 而 q_k 是

素数, 所以 $p_1 = q_k$. 这样 $q_k = p_1 \geqslant q_1$, 同理可以得到 $q_1 \geqslant p_1$, 因此 $p_1 = q_1$. 继续这个证明过程 s 与 t 必须相等, 且 $p_l = q_l$, $l = 2, 3, \cdots, s$.

设大于 1 正整数 a 的素数分解式为 $a = q_1 q_2 \cdots q_s$, 将相同的素数合并, 并且重新编号后, 有

$$a = p_1^{\alpha_1} p_2^{\alpha_2} \cdots p_k^{\alpha_k} \tag{6.2}$$

这里 $\alpha_i \geqslant 1$, $i = 1, 2, \cdots, k$, $p_1 < p_2 < \cdots < p_k$. 式 (6.2) 称为 a 的**标准分解式**.

例如, 72 的标准分解式是 $2^3 \times 3^2$, 100 的标准分解式是 $2^2 \times 5^2$.

由算术基本定理可知下面的结论成立.

推论 对任一正整数 a 进行素因子分解, $a = p_1^{r_1} p_2^{r_2} \cdots p_k^{r_k}$, 则 a 有 $(r_1 + 1)(r_2 + 1) \cdots (r_k + 1) = \prod\limits_{i=1}^{k} (r_i + 1)$ 个正因子.

例 6.3 (1) 20328 有多少个正因子? (2) 20! 的二进制表示中从最低位数起有多少个连续的 0?

解 (1) $20328 = 2^3 \times 3 \times 7 \times 11^2$, 由推论得 20328 正因子个数 $4 \times 2 \times 2 \times 3 = 48$ 个.

(2) 20! 的二进制表示中从最低位数起零的个数就是因子 2 的个数. 不超过 20 含有因子 2 的数有 2, $4 = 2^2$, $6 = 2 \times 3$, $8 = 2^3$, $10 = 2 \times 5$, $12 = 2^2 \times 3$, $14 = 2 \times 7$, $16 = 2^4$, $18 = 2 \times 3^2$, $20 = 2^2 \times 5$. 故 20! 含有 18(1+2+1+3+1+2+1+4+1+2=18) 个因子 2, 从而 20! 的二进制表示中从最低位数起有 18 个连续的 0.

根据上述性质, 下面介绍最大公约数与最小公倍数的求法.

6.4.2 最大公约数和最小公倍数的求法

方法一: 利用整数的素因子分解法

$$a = p_1^{r_1} p_2^{r_2} \cdots p_k^{r_k}, b = p_1^{s_1} p_2^{s_2} \cdots p_k^{s_k}$$

其中 $p_1, p_2, \cdots, p_k$ 是不同的素数, $r_1, r_2, \cdots, r_k, s_1, s_2, \cdots, s_k$ 是非负整数. 则

$$(a, b) = p_1^{\min(r_1, s_1)} p_2^{\min(r_2, s_2)} \cdots p_k^{\min(r_k, s_k)}$$

$$[a, b] = p_1^{\max(r_1, s_1)} p_2^{\max(r_2, s_2)} \cdots p_k^{\max(r_k, s_k)}$$

例 6.4 求 84 和 600 的最大公约数和最小公倍数.

解 对 84 和 600 进行素因子分解, 得

$$84 = 2^2 \times 3 \times 7, \quad 600 = 2^3 \times 3 \times 5^2$$

将它们都写成 $84 = 2^2 \times 3^1 \times 5^0 \times 7^1$, $600 = 2^3 \times 3^1 \times 5^2 \times 7^0$. 所以

$$(84, 600) = 2^2 \times 3^1 \times 5^0 \times 7^0 = 12$$

和

$$[84, 600] = 2^3 \times 3^1 \times 5^2 \times 7^1 = 4200$$

方法二: 辗转相除法求最大公约数, 此法常用, 原理基于前面命题 6.5.

例 6.5 求 84 和 600 的最大公约数.
解

$$600 = 84 \cdot 7 + 12$$
$$84 = 12 \cdot 7$$

于是 $(84, 600) = (84, 12) = 12$.

6.5 同 余

用一个固定的数来除所有整数, 根据余数的不同, 可以把全体整数进行分类, 余数相同的分在同一类. 利用研究同一类的数有哪些性质, 不同类的数之间又有哪些关系, 来研究所有整数的性质. 本章介绍同余的基本理论.

定义 6.7 设 $a, b \in Z$, m 是一个正整数, 如果用 m 分别去除 a 和 b, 所得余数相同, 则称 a 和 b 关于模 m **同余**, 用符号 $a \equiv b(\bmod m)$ 表示; 如果余数不同, 则称 a 和 b 关于模 m **不同余**, 用符号 $a \not\equiv b(\bmod m)$ 表示.

根据定义容易得知: $a \equiv b(\bmod m) \Leftrightarrow$ 存在整数 k, 使得 $a = b + km$.

同余与通常的相等类似, 是 Z 上的等价关系, 即满足下面的性质.

命题 6.10 设 $a, b, c \in Z$, m 是任意正整数, 则模 m 同余是 Z 上的等价关系, 即下列性质成立.

(1) $a \equiv a(\bmod m)$.

(2) 如果 $a \equiv b(\bmod m)$, 那么 $b \equiv a(\bmod m)$.

(3) 如果 $a \equiv b(\bmod m)$, $b \equiv c(\bmod m)$, 那么 $a \equiv c(\bmod m)$.

定理 6.6 设 $a, b, c, d \in Z$, m 是任意正整数.

(1) 如果 $a \equiv b(\bmod m)$, 那么 $ac \equiv bc(\bmod m)$.

(2) 如果 $a \equiv b(\bmod m)$, $c \equiv d(\bmod m)$, 那么 $(a + c) \equiv (b + d)(\bmod m)$.

(3) 如果 $a \equiv b(\bmod m)$, $c \equiv d(\bmod m)$, 那么 $ac \equiv bd(\bmod m)$.

(4) 如果 $a \equiv b(\bmod m)$, 那么对任意正整数 n, 有 $a^n \equiv b^n(\bmod m)$.

证明 (1) 如果 $a \equiv b(\bmod m)$, 则有 $m|a - b$, 因此有 $m|(a - b)c$, 即 $m|ac - bc$, 所以 $ac \equiv bc(\bmod m)$.

(2) 由 $a \equiv b(\bmod m)$, $c \equiv d(\bmod m)$ 知, $m|a - b$. 且 $m|c - d$, 所以 $m|a - b + c - d$, 即 $m|(a + c) - (b + d)$, 于是有 $a + c \equiv b + d(\bmod m)$.

(3) 由假设知 $m|a - b$, $m|c - d$, 因此 $m|(a - b)c + b(c - d)$, 即 $m|ac - bd$, 所以 $ac \equiv bd(\bmod m)$.

(4) 对 n 用归纳法. 当 $n = 1$ 时, 结论显然成立. 假设结论对 $n = k(\geqslant 1)$ 也成立, 即 $a^k \equiv b^k(\bmod m)$. 则当 $n = k + 1$ 时, 由 (3) 有 $aa^k \equiv bb^k(\bmod m)$, 即 $a^{k+1} \equiv b^{k+1}(\bmod m)$. 因此对任意正整数 n, 都有 $a^n \equiv b^n(\bmod m)$.

由定理 6.6, 容易得到下面的推论.

推论 如果 $a \equiv b(\bmod m)$, 那么对任意整系数多项式 $f(x) = r_k x^k + \cdots + r_1 x + r_0$, $r_i \in Z$, $0 \leqslant i \leqslant k$, 有 $f(a) \equiv f(b)(\bmod m)$.

定理 6.7　证明:

(1) 如果 $a \equiv b \pmod{m}$, 正整数 $d|m$, 那么 $a \equiv b \pmod{d}$.

(2) 如果 $ac = bc \pmod{m}$, 则 $a \equiv b \pmod{m/(c,m)}$.

证明　(1) 由 $a \equiv b \pmod{m}$ 知, $m|a-b$. 因为 $d|m$, 所以 $d|a-b$, 故 $a \equiv b \pmod{d}$.

(2) 令 $d = (c,m)$. 由 $ac = bc \pmod{m}$ 知, 存在 $k \in Z$, 使得 $ac - bc = km$, 于是有 $(a-b)\dfrac{c}{d} = k\dfrac{m}{d}$. 又因为 $d = (c,m)$, 所以 $\left(\dfrac{c}{d}, \dfrac{m}{d}\right) = 1$. 从而有 $\dfrac{m}{d}|a-b$, 即 $a \equiv b \pmod{m/d}$, 故结论成立.

定理 6.7 的一种特殊情形是, 当 $(c,m) = 1$ 时, $ac = bc \pmod{m}$ 蕴涵 $a \equiv b \pmod{d}$.

6.6　剩 余 系

6.6.1　完全剩余系

由命题 6.10 知, 模 m 同余是 Z 上的等价关系, 该关系将全体整数划分为 m 个等价类, 用 Z_m 表示全体等价类组成的集合. 例如, 模 3 同余的 3 个等价类如下:

$$\{\cdots, -6, -3, 0, 3, 6, \cdots\},$$
$$\{\cdots, -5, -2, 1, 4, 7, \cdots\},$$
$$\{\cdots, -4, -1, 2, 5, 8, \cdots\}.$$

同一等价类中的元素具有相同的余数, 每个等价类中的元素有相同的余数 r, 这里 $r = 0, 1, 2$. 用 $[r]$ 表示该等价类. 令 $Z_3 = \{[0], [1], [2]\}$. 有时直接用余数表示等价类, 在这种记号下, $Z_3 = \{0, 1, 2\}$.

定义 6.8　设 $S \subseteq Z$, 如果任意整数都与 S 中正好一个元素关于模 m 同余, 则称 S 是模 m 的一个 **完全剩余系** (或简称为**剩余系**).

因为任一整数用 m 去除得到的最小非负余数必定是 $0, 1, 2, \cdots, m-1$ 中的某个数, 即任一整数关于模 m 必定与 $0, 1, 2, \cdots, m-1$ 中某一数同余, 这样 $S = \{0, 1, 2, \cdots, m-1\}$ 是模 m 的一个完全剩余系, 该完全剩余系称作**标准剩余系**, 记作 Z_m. 模 m 的完全剩余系恰好有 m 个元素.

下面的定理给出了集合 $S \subseteq Z$ 是完全剩余系的充要条件.

定理 6.8　设 $S = \{a_1, a_2, \cdots, a_k\} \subseteq Z$, 则 S 是模 m 的一个完全剩余系的充要条件为

(1) $k = m$.

(2) 当 $i \neq j$ 时, $a_i \not\equiv a_j \pmod{m}$.

证明　必要性. 设 S 是模 m 的一个完全剩余系, 由定义知 $|S| = m$. 因为任何整数都只与 S 中一个元素同余, 自然 S 中的每个元素只能与 S 中的一个元素同余, 而 S 中的元素与自身同余, 所以 S 中的不同元素关于模 m 不同余, 必要性成立.

充分性. 设 $k = m$, 且 S 中任意两个元素关于模 m 均不同余, 那么 S 中每个元素都属于 Z_m 中不同的等价类, 于是任意整数都与 S 中正好一个元素关于模 m 同余, 根据定义, S 是模 m 的一个完全剩余类系.

　　定理 6.8 表明, 任意 m 个模 m 互不同余的数构成模 m 的一个完全剩余系. 从一个给定的完全剩余系, 可以使用下面的定理构造新的完全剩余系.

　　定理 6.9　设 $S = \{a_1, a_2, \cdots, a_m\}$ 是模 m 的一个完全剩余系, $(k, m) = 1$, 则 $S' = \{ka_1 + b, ka_2 + b, \cdots, ka_m + b\}$ 也是模 m 的一个完全剩余系, 这里 b 是任意整数.

　　证明　由定理 6.8 知, 只需证明: 当 $i \neq j$ 时, $ka_i + b \neq ka_j + b(\bmod m)$ 即可. 下面用反证法. 假设 $ka_i + b \equiv ka_j + b(\bmod m)$, 那么必然有 $ka_i \equiv ka_j(\bmod m)$, 即 $m|k(a_i - a_j)$. 因为 $(k, m) = 1$, 所以 $m|a_i - a_j$, 即 $a_i \equiv a_j(\bmod m)$, 这与 S 是模 m 的一个完全剩余系矛盾, 因此定理成立.

　　例 6.6　设 m 是正偶数, $\{a_1, a_2, \cdots, a_m\}$ 和 $\{b_1, b_2, \cdots, b_m\}$ 都是模 m 的完全剩余系, 试证

$$\{a_1 + b_1, a_2 + b_2, \cdots, a_m + b_m\}$$

不是模 m 的完全剩余系.

　　证明　因为 $\{a_1, a_2, \cdots, a_m\}$ 是模 m 的完全剩余系, 所以

$$\sum_{i=1}^{m} a_i \equiv \sum_{i=1}^{m} i = \frac{m(m+1)}{2} \equiv \frac{m}{2}(\bmod m)$$

同理有

$$\sum_{i=1}^{m} b_i \equiv \frac{m}{2}(\bmod m)$$

如果 $\{a_1 + b_1, a_2 + b_2, \cdots, a_m + b_m\}$ 也是模 m 的完全剩余系, 则同理也有

$$\sum_{i=1}^{m} (a_i + b_i) \equiv \frac{m}{2}(\bmod m)$$

但是

$$\sum_{i=1}^{m} (a_i + b_i) = \sum_{i=1}^{m} a_i + \sum_{i=1}^{m} b_i \equiv \frac{m}{2} + \frac{m}{2} = m \equiv 0(\bmod m)$$

所以 $\frac{m}{2} \equiv 0(\bmod m)$, 矛盾. 故 $\{a_1 + b_1, a_2 + b_2, \cdots, a_m + b_m\}$ 不是模 m 的完全剩余系.

6.6.2　既约剩余系、欧拉函数和欧拉定理

　　在模 m 的一个完全剩余系 S 中, 有的数与 m 互素, 有的数与 m 不互素, 所有与 m 互素的数构成的集合称为模 m 的一个**既约剩余系**, 同理有**标准既约剩余系**.

　　因为 1 与任何数都互素, 所以任意正整数都有既约剩余系. 要问既约剩余系中元素的个数, 只需求出标准既约剩余系中元素的个数即可, 欧拉用 $\phi(m)$ 表示模 m 的既约剩余系所含元素的个数. 换言之, 对任意正整数 m, $\phi(m)$ 表示所有不大于 m 且与 m 互素的正整数的个数, 这样得到的函数 $\phi: N \to N$ 称为**欧拉函数**.

　　由定义可知, 显然 $\phi(1) = \phi(2) = 1, \phi(3) = \phi(4) = 2, \phi(5) = 4, \cdots$. 一般地, 若正整数 m 是素数, 则 $\phi(m) = m - 1$; 若 m 是合数, 则 $\phi(m) < m - 1$.

　　与完全剩余系类似, 有如下判定一个集合是否是既约剩余系的结论.

定理 6.10 设 $S = \{a_1, a_2, \cdots, a_k\} \subseteq Z$, 则 S 是模 m 的一个既约剩余系的充要条件是

(1) $k = \phi(m)$;

(2) 当 $i \neq j$ 时, $a_i \not\equiv a_j(\mathrm{mod}\, m)$;

(3) 对任意 $a_i \in S$, 都有 $(a_i, m) = 1$.

证明 必要性由定义即得.

下面考虑充分性. 因为 $a_i \not\equiv a_j(\mathrm{mod}\, m)$, 所以 S 中的 k 个数属于 Z_m 的 k 个不同的等价类, 又因为 $k = \phi(m)$ 以及 S 中每个元素都与 m 互素, 所以 $a_1, a_2, \cdots, a_k$ 是模 m 的完全剩余系中所有与 m 互素的数, 因此 S 是模 m 的既约剩余系.

定理 6.10 表明, 任意 $\phi(m)$ 个与 m 互素且两两关于模 m 不同余的数构成模 m 的一个既约剩余系.

与定理 6.9 类似, 有下面的结果.

定理 6.11 设 $S = \{a_1, a_2, \cdots, a_{\phi(m)}\}$ 是模 m 的一个既约剩余系, $(k, m) = 1$, 则 $S' = \{ka_1, ka_2, \cdots, ka_{\phi(m)}\}$ 也是模 m 的一个既约剩余系.

证明 因为当 $i \neq j$ 时, $a_i \not\equiv a_j(\mathrm{mod}\, m)$, 又 $(k, m) = 1$, 所以 $ka_i \not\equiv ka_j(\mathrm{mod}\, m)$. 另外, 对任意 $ka_i \in S'$, 因为 $(k, m) = 1$ 和 $(a_i, m) = 1$, 所以 $(ka_i, m) = 1$, 由定理 6.10知, S' 是模 m 的一个既约剩余系, 定理成立.

下面是一个称为欧拉定理的结论, 有着十分广泛的应用.

定理 6.12 (欧拉定理) 设 $a \in Z$, m 是正整数, 如果 $(a, m) = 1$, 那么

$$a^{\phi(m)} \equiv 1(\mathrm{mod}\, m)$$

证明 设 $S = \{a_1, a_2, \cdots, a_{\phi(m)}\}$ 模 m 的一个既约剩余系, 则由定理 6.11 知, $S' = \{aa_1, aa_2, \cdots, aa_{\phi(m)}\}$ 也是模 m 的一个既约剩余系. S' 中任一数恰好与 S 的一个数关于模 m 同余, 于是有

$$a^{\phi(m)} \prod_{i=1}^{\phi(m)} a_i = \prod_{i=1}^{\phi(m)} (aa_i) \equiv \prod_{i=1}^{\phi(m)} a_i(\mathrm{mod}\, m) \tag{6.3}$$

即 $m|(a^{\phi(m)} - 1) \prod_{i=1}^{\phi(m)} a_i$. 另外, 由既约剩余系定义知, 对所有 $1 \leqslant i \leqslant \phi(m)$, 都有 $(a_i, m) = 1$, 所以 $\left(\prod_{i=1}^{\phi(m)} a_i, m \right) = 1$, 从而 $m|a^{\phi(m)} - 1$, 即 $a^{\phi(m)} \equiv 1(\mathrm{mod}\, m)$, 故定理成立.

例如, 当 $a = 5$, $m = 6$ 时, 显然有 $(5, 6) = 1$, $\phi(6) = 2$, 计算得 $5^{\phi(6)} = 5^2 \equiv 1(\mathrm{mod}\, 6)$, 与欧拉定理结论一致.

欧拉定理的一种特殊情形是 $m = p$, 这里 p 是素数. 此时 $\phi(p) = p - 1$, 代入式 (6.3) 即得下面的费马 (Fermat) 定理.

定理 6.13 (费马定理) 如果 $a \in Z$, p 是素数, 则

$$a^p \equiv a(\mathrm{mod}\, p)$$

特别地, 若 $p \nmid a$, 则

$$a^{p-1} \equiv a(\mathrm{mod}\, p).$$

证明 若 $p|a$, 则 $a^p \equiv a(\bmod\ p)$ 显然成立. $p \nmid a$, 则有 $(p, a) = 1$, 于是由欧拉定理知, $a^{p-1} = a^{\phi(p)} \equiv 1(\bmod\ p)$, 即 $a^{p-1} \equiv a(\bmod\ p)$, 用 a 乘该同余式两边即得 $a^p \equiv a(\bmod\ p)$. 这就证明了定理.

如果 p 是素数, 那么对任意正整数 a, 都有 $a^p \equiv a(\bmod\ p)$. 因此, 若存在整数 b, 使得 $b^n \not\equiv b(\bmod\ n)$, 那么 n 必定不是素数. 例如, 63 不是素数, 因为 $2^{63} = (2^6)^{10} \times 2^3 \equiv 2^3 \not\equiv 2(\bmod\ 63)$.

值得注意的是, 这种判定 n 是合数的方法不需要对 n 进行分解.

例 6.7 求 $3^{301}(\bmod\ 11)$.

解 由费马定理知, $3^{10} \equiv 1(\bmod\ 11)$, 所以

$$3^{301} = (3^{10})^{30} \times 3 \equiv 3(\bmod\ 11)$$

于是 $3^{301}(\bmod\ 11) = 3$.

6.7 欧拉函数的计算

对于正整数 m, 要求 $\phi(m)$, 根据定义需要检查 1 到 m 每一个数是否与 m 互素, 这种方法是比较耗时的. 例如, $m \approx 10^3$, 会耗费许多时间. 对 $m \approx 10^{100}$ 这么大的数, 则几乎是不可能的. 本节讨论计算欧拉函数 $\phi(m)$ 的一般方法.

下面的定理为计算 $\phi(m)$ 提供了基础.

定理 6.14 (1) 如果 p 是素数且 $\alpha \geqslant 1$, 则

$$\phi(p^\alpha) = p^\alpha - p^{\alpha-1} \tag{6.4}$$

(2) 如果 $(a, b) = 1$, 那么

$$\phi(ab) = \phi(a)\phi(b) \tag{6.5}$$

证明 (1) 考虑模 p^α 的完全剩余系 $S = \{1, 2, \cdots, p^\alpha\}$, 在 S 中与 p^α 不互素的数只有 p 的倍数, 即

$$p, 2p, \cdots, p^{\alpha-1}p$$

这些数总共有 $p^{\alpha-1}$ 个, 其余 $p^\alpha - p^{\alpha-1}$ 个数都是与 p^α 互素的, 因此 p^α 的既约剩余系含有 $p^\alpha - p^{\alpha-1}$ 个元素, 故 $\phi(p^\alpha) = p^\alpha - p^{\alpha-1}$.

(2) 设 $S_a = \{x_1, x_2, \cdots, x_{\phi(a)}\}$ 和 $S_b = \{y_1, y_2, \cdots, y_{\phi(b)}\}$ 分别是模 a 和模 b 的既约剩余系. 作集合

$$S_{ab} = \{bx_i + ay_j | 1 \leqslant i \leqslant \phi(a), 1 \leqslant j \leqslant \phi(b)\}$$

若 $bx_i + ay_j = bx_{i'} + ay_{j'}$, 这里 $1 \leqslant i, i' \leqslant \phi(a)$ 和 $1 \leqslant j, j' \leqslant \phi(b)$, 推知 $x_i \equiv x_{i'}(\bmod)$ 和 $y_j \equiv y_{j'}(\bmod\ b)$. 由此可知集合 S_{ab} 中含有 $\phi(a)\phi(b)$ 个数. 欲证式 (6.5), 只需证明 S_{ab} 是 ab 的一个既约剩余系即可, 下面分三步来证明.

先证 S_{ab} 中任意两个数关于模 ab 均不同余. 设 $bx_i + ay_j, bx_{i'} + ay_{j'} \in S_{ab}$, $bx_i + ay_j \neq bx_{i'} + ay_{j'}$, 则 $x_i \not\equiv x_{i'}(\bmod\ a)$ 和 $y_j \not\equiv y_{j'}(\bmod\ b)$ 至少一个成立. 如果 $bx_i + ay_j \equiv$

$bx_{i'} + ay_{j'} (\bmod ab)$, 那么必有 $bx_i + ay_j \equiv bx_{i'} + ay_{j'} (\bmod a)$, 于是 $bx_i \equiv bx_{i'} (\bmod a)$. 因为 $(a, b) = 1$, 所以 $x_i \equiv x_{i'} (\bmod a)$. 同理可得 $y_i \equiv y_{i'} (\bmod b)$, 这是一个矛盾. 因此 S_{ab} 中任意两个数关于模 ab 是不同余的.

再证 S_{ab} 中任一数都与 ab 互素. 对任意的 $bx_i + ay_j \in S_{ab}$, 因为 $(x_i, a) = 1$, $(b, a) = 1$, 所以 $(bx_i, a) = 1$, 故 $(bx_i + ay_j, a) = 1$. 同理有 $(bx_i + ay_j, b) = 1$. 于是 $(bx_i + ay_j, ab) = 1$, 这表明 S_{ab} 中任一数都与 ab 互素.

最后证任一与 ab 互素的数都与 S_{ab} 中某个数关于模 ab 同余. 假设整数 c 与 ab 互素, 即 $(c, ab) = 1$. 因为 $(a, b) = 1$, 所以存在 $x_0, y_0 \in Z$, 使得 $bx_0 + ay_0 = 1$, 于是 $bcx_0 + acy_0 = c$. 令 $x = cx_0, y = cy_0$, 则有 $bx + ay = c$. 因为 $(c, ab) = 1$, 所以 $(c, a) = 1$, 即 $(bx + ay, a) = 1$, 故 $(bx, a) = 1$, 从而有 $(x, a) = 1$. 因此存在 $x_i \in S_a$, 使得 $x \equiv x_i (\bmod a)$. 同理, 存在 $y_j \in S_b$, 使得 $y \equiv y_j (\bmod b)$. 因此有 $bx \equiv bx_i (\bmod ab)$, $ay \equiv ay_j (\bmod ab)$, 即 $c \equiv (bx_i + ay_j)(\bmod ab)$. 这说明与 ab 互素的数都与 S_{ab} 中某个数关于模 ab 同余.

综上可知, S_{ab} 是 ab 的一个既约剩余系, 故式 (6.5) 成立.

有了上面这些结果, 很容易得到计算 $\phi(m)$ 的一般公式.

定理 6.15 设 m 的标准分解为 $m = p_1^{\alpha_1} p_2^{\alpha_2} \cdots p_k^{\alpha_k}$, 则

$$\phi(m) = m \left(1 - \frac{1}{p_1}\right) \left(1 - \frac{1}{p_2}\right) \cdots \left(1 - \frac{1}{p_k}\right) \tag{6.6}$$

证明 由式 (6.5) 和式 (6.4), 有

$$
\begin{aligned}
\phi(m) &= \phi(p_1^{\alpha_1} p_2^{\alpha_2} \cdots p_k^{\alpha_k}) \\
&= \phi(p_1^{\alpha_1}) \phi(p_2^{\alpha_2}) \cdots \phi(p_k^{\alpha_k}) \\
&= (p_1^{\alpha_1} - p_1^{\alpha_1 - 1})(p_2^{\alpha_2} - p_2^{\alpha_2 - 1}) \cdots (p_k^{\alpha_k} - p_k^{\alpha_k - 1}) \\
&= p_1^{\alpha_1} p_2^{\alpha_2} \cdots p_k^{\alpha_k} \left(1 - \frac{1}{p_1}\right) \left(1 - \frac{1}{p_2}\right) \cdots \left(1 - \frac{1}{p_k}\right) \\
&= m \left(1 - \frac{1}{p_1}\right) \left(1 - \frac{1}{p_2}\right) \cdots \left(1 - \frac{1}{p_k}\right)
\end{aligned}
$$

所以定理成立.

例如, $\phi(300) = \phi(2^2 \times 3 \times 5^2) = 300 \left(1 - \frac{1}{2}\right) \left(1 - \frac{1}{3}\right) \left(1 - \frac{1}{5}\right) = 80$. 把公式 (6.6) 稍作变形, 可得

$$\phi(m) = p_1^{\alpha_1 - 1} p_2^{\alpha_2 - 1} \cdots p_k^{\alpha_k - 1} (p_1 - 1)(p_2 - 1) \cdots (p_k - 1)$$

也可将式 (6.6) 写成

$$\phi(m) = m \cdot \prod_{p \mid m} \left(1 - \frac{1}{p}\right)$$

这里 p 是素数.

因为当 $m > 2$ 时, m 或者有 $2^k (k \geqslant 2)$ 因子或者有大于 2 的素数因子, 所以 $\phi(m)$ 总是偶数.

在定理 6.14 中, 考虑的是两个数 a, b 互素时, $\phi(ab)$, $\phi(a)$ 及 $\phi(b)$ 三者间的关系, 下面讨论一般情况.

定理 6.16 (1) 设 $(a,b)=d$, 那么

$$\phi(ab)=\phi(a)\phi(b)\frac{d}{\phi(d)}$$

(2) 如果 $a|b$, 那么 $\phi(a)|\phi(b)$.

证明   (1) 由定理 6.15得

$$\frac{\phi(ab)}{ab}=\prod_{p|ab}\left(1-\frac1p\right)$$

$$=\frac{\prod_{p|a}\left(1-\frac1p\right)\cdot\prod_{p|b}\left(1-\frac1p\right)}{\prod_{p|(a,b)}\left(1-\frac1p\right)}$$

$$=\frac{\dfrac{\phi(a)}{a}\cdot\dfrac{\phi(b)}{b}}{\dfrac{\phi(d)}{d}}$$

$$=\frac{1}{ab}\phi(a)\phi(b)\frac{d}{\phi(d)}$$

因此, $\phi(ab)=\phi(a)\phi(b)\dfrac{d}{\phi(d)}$.

(2) 因为 $a|b$, 可设 $b=ac$, $(a,c)=e$, 则由 (1) 知,

$$\frac{\phi(b)}{\phi(a)}=\frac{ac\cdot\prod_{p|ac}\left(1-\frac1p\right)}{a\cdot\prod_{p|a}\left(1-\frac1p\right)}$$

$$=\frac{c\cdot\prod_{p|a}\left(1-\frac1p\right)\cdot\prod_{p|\frac{c}{e}}\left(1-\frac1p\right)}{\prod_{p|a}\left(1-\frac1p\right)}$$

$$=e\cdot\frac{c}{e}\cdot\prod_{p|\frac{c}{e}}\left(1-\frac1p\right)$$

$$=e\cdot\phi\left(\frac{c}{e}\right)\text{是整数}.$$

因此 $\phi(a)|\phi(b)$, 定理成立.

注意   因为 $(a,c)=e$, 可设 $e=p_1^{k_1}p_2^{k_2}\cdots p_t^{k_t}$, $a=ep_{t+1}^{k_{t+1}}\cdots p_n^{k_n}$, $c=ep_{n+1}^{k_{n+1}}\cdots p_m^{k_m}$, 这里的 p_i 都是素数. 这样 ac 的全体素数因子是

$$p_1,p_2,\cdots,p_t,p_{t+1},\cdots,p_n,p_{n+1}\cdots,p_m$$

这些素数因子也就是 a 的素数因子和 $\dfrac{c}{e}$ 的素数因子. 于是 (2) 的证明过程中的第二个等号成立.

6.8　一次同余方程

6.8.1　一次同余方程的概念

代数学中, 求解方程是一个重要问题. 在同余理论中, 求解同余方程也同样是个重要的问题.

定义 6.9　设 $f(x) = a_nx^n + a_{n-1}x^{n-1} + \cdots + a_1x + a_0$, 其中 $a_i \in Z$, $i = 0, 1, \cdots, n$. 则称

$$f(x) \equiv 0(\bmod\ m) \tag{6.7}$$

为**模 m 的一元同余方程**. 如果 $m \nmid a_n$, 则 n 称为式 (6.7) 的**次数**. 如果 x_0 满足 $f(x_0) \equiv 0(\bmod\ m)$, 那么所有满足 $x \equiv x_0(\bmod\ m)$ 的 x 都满足 $f(x) \equiv 0(\bmod\ m)$, 称为式 (6.7) 的**解**或**根**. 若式 (6.7) 的两个解关于模 m 互不同余, 那么称它们是不相同的解.

根据定义, 将模 m 的标准剩余系中的每个元素代入式 (6.7) 即可确定它的所有解, 因此, 解同余方程一般来说比解一般意义下的方程容易. 例如, 解 $x^5 + 2x^4 + x^3 + 2x^2 - 2x + 3 \equiv 0(\bmod\ 7)$, 只需把模 7 的标准剩余系中的元素 0, 1, 2, 3, 4, 5, 6 代入验算, 从而可以得到它的全部解为 $x \equiv 1, 5, 6(\bmod\ 7)$. 代入法是求解同余方程的基本方法, 但对于模数较大的情形, 计算量很大. 另外, 应该注意有些同余方程没有解, 如 $x^2 \equiv 3(\bmod\ 10)$. 这也很容易理解, 因为毕竟有许多普通方程也没有 (实数) 解, 如 $x^2 = -1$.

6.8.2　一次同余方程的解

本节将讨论一次同余方式的公式解, 即讨论一个一次同余方程是否有解, 有多少个不同的解, 如何用公式给出它的所有解等问题.

先讨论一元一次同余方程的求解问题. 一元一次同余方程的一般形式是 $ax \equiv b(\bmod\ m)$, 其中 $a, b, m \in Z$, $m > 0$ 且 $m \nmid a$. 下面分 $(a, m) = 1$ 和 $(a, m) > 1$ 两种情况来讨论它的解.

注意　当 $m|a$ 时, 可设 $a = km$, 于是方程变为 $kmx \equiv b(\bmod\ m)$. 容易看出, 若 b 是 m 的倍数, 则任何整数都是方程的解; 若 b 不是 m 的倍数, 则方程无解. 因此, 一般情况下, 都首先要求 $m \nmid a$, 另外, 既然要求 $m \nmid a$, 所以 $m > 1$.

定理 6.17　设 $(a, m) = 1$, 那么一元一次同余方程 $ax \equiv b(\bmod\ m)$ 有且仅有一个解 $x \equiv ba^{\phi(m)-1}(\bmod\ m)$.

证明　由欧拉定理知, $a^{\phi(m)} \equiv 1(\bmod\ m)$, 于是 $a(ba^{\phi(m)-1}) \equiv b(\bmod\ m)$, 这说明 $x \equiv ba^{\phi(m)-1}(\bmod\ m)$ 是同余方程 $ax \equiv b(\bmod\ m)$ 的解.

对于方程的任意两个解 x_1 和 x_2, 因为 $ax_1 \equiv b(\bmod\ m)$, $ax_2 \equiv b(\bmod\ m)$, 所以 $a(x_1 - x_2) \equiv 0(\bmod\ m)$, 而 $(a, m) = 1$, 故 $x_1 \equiv x_2(\bmod\ m)$, 方程的解唯一.

例 6.8　解同余方程 $3x \equiv 7(\bmod\ 80)$.

解 因为 $(3,80) = 1$, 所以 $3x \equiv 7(\mathrm{mod}\ 80)$ 有唯一解.

$$\phi(80) = \phi(2^4 \times 5) = \phi(2^4)\phi(5) = (2^4 - 2^3) \times 4 = 32$$

故由定理 6.17 知, 该唯一解为

$$x \equiv 7 \times 3^{\phi(80)-1} \equiv 7 \times 3^{31} \equiv 7 \times 3^3 \times (3^4)^7 \equiv 7 \times 3^3 \equiv 29(\mathrm{mod}\ 80),$$

即 $x \equiv 29(\mathrm{mod}\ 80)$.

对于一般情形, 有下面的定理.

定理 6.18 设 $(a, m) = d$. 则有以下结论.

(1) 一元一次同余方程

$$ax \equiv b(\mathrm{mod}\ m) \tag{6.8}$$

有解当且仅当 $d|b$.

(2) 若式 (6.8) 有解, 则恰有 d 个解

$$x \equiv x_0 + k\frac{m}{d}(\mathrm{mod}\ m), \quad k = 0, 1, 2, \cdots, d-1$$

其中 x_0 是式 (6.8) 的一个特解.

证明 先证定理的第一部分.

必要性. 设式 (6.8) 有解. 存在 $x_0, k \in Z$, 使得 $ax_0 = b + km$. 因为 $(a, m) = d$, 所以 $d|a$, $d|m$, 于是 $d|b$.

充分性. 设 $d|b$. 由 $(a, m) = d$, 可知 $\left(\dfrac{a}{d}, \dfrac{m}{d}\right) = 1$, 根据定理 6.17 知, 同余方程

$$\frac{a}{d}x \equiv \frac{b}{d}\left(\mathrm{mod}\ \frac{m}{d}\right) \tag{6.9}$$

有唯一解, 设为 $x \equiv x_0 \left(\mathrm{mod}\ \dfrac{m}{d}\right)$. 易见 $x \equiv x_0(\mathrm{mod}\ m)$ 是式 (6.8) 的解.

第一部分证毕.

再证定理的第二部分.

设式 (6.8) 有解 x_0, 由前面的结论知 $d|b$, 这样式 (6.9) 有意义, 显然 x_0 是式 (6.9) 的解. 另外, 式 (6.8) 的解是式 (6.9) 的解, 式 (6.9) 的解也是式 (6.8) 的解. 于是解式 (6.8) 就转化为解式 (6.9) 了. 需要注意的是, 式 (6.8) 和式 (6.9) 的模不同, 式 (6.9) 的模 $\dfrac{m}{d}$ 相同的解不一定就是式 (6.8) 模 m 相同的解.

设式 (6.9) 的唯一解为 $x \equiv x_0 \left(\mathrm{mod}\ \dfrac{m}{d}\right)$. x_1 是式 (6.8) 的任意一个解. 因为 x_1 也是式 (6.9) 的解, 由式 (6.9) 解的唯一性知,

$$x_1 \equiv x_0 \ \left(\mathrm{mod}\ \frac{m}{d}\right)$$

这样 $x_1 = x0 + k \cdot \dfrac{m}{d}$, 这里 k 是整数. 这就是说式 (6.8) 的任意解都具有 $x_1 = x0 + k \cdot \dfrac{m}{d}$ 这种形式, 不难验证这种形式的任何数也是式 (6.8) 的解. 因此, 只要在所有形如 $x_0 + k\dfrac{m}{d}$ 的数中找出所有模 m 不同的数即可, 这些数是

$$x_0, x_0 + \frac{m}{d}, \cdots, x_0 + (d-1)\frac{m}{d}$$

它们就是式 (6.8) 的所有解.

定理 6.18 的证明过程实际上也给出了一种求解一般一元一次同余方程的方法. 下面看一个例子.

例 6.9 解同余方程 $9x \equiv 21 (\mathrm{mod}\ 240)$.

解 因为 $(9, 240) = 3 | 21$, 所以 $9x \equiv 21 (\mathrm{mod}\ 240)$ 有三个解. 前面的例子已经得到 $3x \equiv 7 (\mathrm{mod}\ 80)$ 的唯一解 $x \equiv 29 (\mathrm{mod}\ 80)$, 从它得出方程的全部解为

$$x \equiv 29 (\mathrm{mod}\ 240),$$
$$x \equiv 29 + 80 = 109 (\mathrm{mod}\ 240),$$
$$x \equiv 29 + 2 \times 80 = 189 (\mathrm{mod}\ 240).$$

6.9 剩 余 定 理

6.9.1 一次同余方程组

本节讨论一次同余方程组的求解.

在代数方程体系中, 两个不同的一元一次方程不可能有公共解, 因此不存在一元一次方程组的求解问题. 但对于模不相同的一元一次同余方程, 这个问题是有意义的, 因为它等价于求满足不同整除条件的整数. 先看下面的例子.

例 6.10 求满足被 3 除余 2, 被 5 除余 1, 被 7 除余 6 的最小正整数.

解 由题意, 即要求满足下面三个同余方程的最小正整数:

$$x \equiv 2 (\mathrm{mod}\ 3) \tag{6.10}$$
$$x \equiv 1 (\mathrm{mod}\ 5) \tag{6.11}$$
$$x \equiv 6 (\mathrm{mod}\ 7) \tag{6.12}$$

由第一个同余方程知, 存在 $k \in Z$, 使得 $x = 3k + 2$, 将其代入第二个同余方程得

$$3k + 2 \equiv 1 (\mathrm{mod}\ 5)$$

即

$$3k \equiv 4 (\mathrm{mod}\ 5)$$

它有唯一解 $k \equiv 3 (\mathrm{mod}\ 5)$. 于是存在 $r \in Z$, 使得 $k = 5r + 3$, 所以 $x = 15r + 11$, 将其代入

$$15r + 11 \equiv 6 (\mathrm{mod}\ 7)$$

即

$$15r \equiv 2 (\mathrm{mod}\ 7)$$

它有唯一解 $r \equiv 2 (\mathrm{mod}\ 7)$. 因此存在 $s \in Z$, 使得 $r = 7s + 2$, 从而 $x = 105s + 41$. 反过来, 易见对任意 $s \in Z, x = 105s + 41$, 即 $x \equiv 41 (\mathrm{mod}\ 105)$, 满足三个方程式, 故 41 是所求方程组的一个整数解.

关于一般同余方程组的求解, 我们有下面的定理. 该定理来源于我国在大约公元 3 世纪问世的数学著作《孙子算经》的第 3 卷问题 26. 宋代数学家秦九韶编著的《九章算术》中对此类问题的解法作了系统的论述, 并称为大衍求一术. 因此, 该定理也称为中国剩余定理.

定理 6.19 (剩余定理) 设 $m_1, m_2, \cdots, m_k$ 是 k 个两两互素的正整数, $m = m_1 m_2 \cdots m_k$, $M_i = m/m_i, 1 \leqslant i \leqslant k$, 那么同余方程组

$$\begin{cases} x \equiv b_1 (\mathrm{mod}\ m_1) \\ x \equiv b_2 (\mathrm{mod}\ m_2) \\ \quad\vdots \\ x \equiv b_k (\mathrm{mod}\ m_k) \end{cases}$$

有唯一解

$$x \equiv \sum_{i=1}^{k} b_i M_i M_i' (\mathrm{mod}\ m)$$

其中 M_i' 满足 $M_i M_i' \equiv 1 (\mathrm{mod}\ m_i)$.

证明 对于 $i = 1, 2, \cdots, k$, 由于 $M_i = M/m_i$, 即 M_i 是除去 m_i 所有其他 m_j 的乘积, 所以 $(M_i, m_i) = 1$, 故存在整数 M_i' 是方程 $M_i x \equiv 1 (\mathrm{mod}\ m_i)$ 的解. 即 $M_i M_i' \equiv 1 (\mathrm{mod}\ m_i)$, 于是 $b_i M_i M_i' \equiv b_i (\mathrm{mod}\ m_i)$. 在 k 个相加的项 $\sum_{i=1}^{k} b_i M_i M_i'$ 中, 只有 $b_i M_i M_i'$ 这一项与 b_i 模 m_i 相等. 其余的 $k - 1$ 项的每一项都是 m_i 的倍数, 从而与 0 模 m_i 相等. 所以有

$$\sum_{i=1}^{k} b_i M_i M_i' \equiv b_i (\mathrm{mod}\ m_i)$$

因此, $x = \sum_{i=1}^{k} b_i M_i M_i'$ 是一元同余方程组的解, 因为 m 是 m_i 的倍数, 不难验证与 x 模 m 同余的任何一个整数 y 都是方程组的解, 即满足

$$y \equiv \sum_{i=1}^{k} b_i M_i M_i' (\mathrm{mod}\ m)$$

的整数 y 也为方程组的解.

最后证明解的唯一性. 设 x_1, x_2 都是同余方程组的解. 则对所有的 $i (1 \leqslant i \leqslant n)$ 有

$$x_1 \equiv x_2 (\mathrm{mod}\ m_i)$$

所以 $x_1 \equiv x_2 (\mathrm{mod}\ [m_1, m_2, \cdots, m_k])$. 因为 $m_1, m_2, \cdots, m_k$ 是两两互素的, 所以 $[m_1, m_2, \cdots, m_k] = m_1 m_2 \cdots m_k$, 于是有

$$x_1 \equiv x_2 (\mathrm{mod}\ m)$$

故方程的解唯一.

定理 6.19 的证明中提供了同余方程组的公式解法. 下面利用这种方法求解例 6.10 中的同余方程组.

例 6.11 解同余方程组

$$\begin{cases} x \equiv 2(\mathrm{mod}\ 3), \\ x \equiv 1(\mathrm{mod}\ 5), \\ x \equiv 6(\mathrm{mod}\ 7). \end{cases}$$

解 直接利用中国剩余定理求解. 这里 $m_1 = 3, m_2 = 5, m_3 = 7, m = 105, M_1 = 35, M_2 = 21, M_3 = 15$. 分别解同余方程

$$35M_1' \equiv 1(\mathrm{mod}\ 3), 21M_2' \equiv 1(\mathrm{mod}\ 5), 15M_3' \equiv 1(\mathrm{mod}\ 7)$$

得

$$M_1' \equiv 2(\mathrm{mod}\ 3), M_2' \equiv 1(\mathrm{mod}\ 5), M_3' \equiv 1(\mathrm{mod}\ 7)$$

于是同余方程组的解为

$$x \equiv 2 \times 35 \times 2 + 1 \times 21 \times 1 + 6 \times 15 \times 1(\mathrm{mod}\ 105) \equiv 41(\mathrm{mod}\ 105)$$

6.9.2 剩余定理的计算机大整数加法

利用剩余定理可以做大整数计算机加法. 假设 $m_1, m_2, \cdots, m_k$ 是 $\geqslant 2$ 的且两两互素的整数. 令 m 为它们的乘积, 作集合

$$A = \{0, 1, 2, \cdots, m-1\}$$

和集合

$$B = \{b_1, b_2, \cdots, b_k \mid 0 \leqslant b_i \leqslant m_i - 1, i = 0, 1, 2, \cdots, k\}$$

对于任意的 $x \in A$, 令

$$\phi: \quad x \to (x \bmod m_1,\ x \bmod m_2,\ \cdots,\ x \bmod m_k)$$

由于 $(x \bmod m_1,\ x \bmod m_2,\ \cdots,\ x \bmod m_k)$ 由 x 唯一确定, 故这是集合 A 和集合 B 之间的一个映射关系. 下面证明 ϕ 是一一映射. 设 $x_1 \neq x_2$, 必然有 $\phi(x_1) \neq \phi(x_2)$. 否则, 设 $\phi(x_1) = \phi(x_2) = (b_1, b_2, \cdots, b_k)$, 这相当于 x_1 和 x_2 都是方程

$$\begin{cases} x \equiv b_1(\mathrm{mod}\ m_1) \\ x \equiv b_2(\mathrm{mod}\ m_2) \\ \quad\vdots \\ x \equiv b_k(\mathrm{mod}\ m_k) \end{cases} \tag{6.13}$$

的解, 这与剩余定理表明的方程有唯一的满足 $0 \leqslant x < m$ 的解相矛盾, 因为集合 A 和集合 B 是有限集合, ϕ 是满射是显然的. 实际上, B 中的元素 $(b_1, b_2, \cdots, b_k)$ 的原像就是方程 (6.13) 满足 $0 \leqslant x < m$ 的解.

现在, 在集合 A 定义运算 $\oplus$: 任意的 $x_1, x_2 \in A$,

$$x_1 \oplus x_2 = (x_1 + x_2) \bmod m$$

定义集合 B 上的运算为 ⊞: 任意的 $(a_1, a_2, \cdots, a_k), (b_1, b_2, \cdots, b_k) \in B$,

$$(a_1, a_2, \cdots, a_k) ⊞ (b_1, b_2, \cdots, b_k)$$
$$=((a_1 + b_1) \bmod m_1, (a_2 + b_2) \bmod m_2, \cdots, (a_k + b_k) \bmod m_k)$$

则

$$\phi(x_1 \oplus x_2) = \phi((x_1 + x_2) \bmod m)$$
$$=(((x_1 + x_2) \bmod m) \bmod m_1, \cdots, ((x_1 + x_2) \bmod m) \bmod m_k)$$
$$=((x_1 \bmod m + x_2 \bmod m) \bmod m_1, \cdots, (x_1 \bmod m + x_2 \bmod m) \bmod m_k)$$
$$=\phi(x_1) ⊞ \phi(x_2)$$

这表明 ϕ 是集合 A 到集合 B 之间的同构映射.

根据以上的讨论, 每个小于 $99 \cdot 98 \cdot 97 \cdot 95$ 的非负整数可唯一地用该整数除以这四个数的余数表示. 例如

$$123684 \bmod 99 = 33,$$
$$123684 \bmod 98 = 8,$$
$$123684 \bmod 97 = 9,$$
$$123684 \bmod 95 = 89,$$

于是 123684 可唯一地表示成 $(33, 8, 9, 89)$. 类似地 412456 表示成 $(32, 92, 42, 16)$. 这样来计算这两个整数的和:

$$(33, 8, 9, 89) + (32, 92, 42, 16)$$
$$=(65 \bmod 99, 100 \bmod 98, 51 \bmod 97, 105 \bmod 95)$$
$$=(65, 2, 51, 10)$$

要求出两个整数的和, 即求出 $(65, 2, 51, 10)$ 表示的整数, 需要解同余数方程组

$$x \equiv 65 (\bmod 99)$$
$$x \equiv 2 (\bmod 98)$$
$$x \equiv 51 (\bmod 97)$$
$$x \equiv 10 (\bmod 95)$$

536140 是唯一一个小于 89403930 的非负解. 536140 便是所求的和.

6.10 习   题

1. 判断下列命题是否为真:

(a) $4|6$

(b) $5|-25$

(c) $12|3$

(d) $3|0$

(e) $0|-1$

(f) $0|0$

2. 给出 36 的全部因数.

3. 设 a, b, c, d 均为正整数, 下述各命题是否为真; 若为真, 请给出证明; 否则, 请给出反例.

   (a) 若 $a|c, b|c$, 则 $ab|c$;

   (b) 若 $a|c, b|d$, 则 $ab|cd$;

   (c) 若 $ab|c$, 则 $a|c$;

   (d) 若 $a|bc$, 则 $a|c$ 或 $b|c$.

4. 对下述每一对数做带余除法. 第一个数是被除数, 第二个是除数.

   (a) 37, 4

   (b) 5, 9

   (c) 18, 3

   (d) −4, 3

   (e) −28, 7

   (f) −6, −4

5. 判断下述正整数是素数还是合数

   113, 221, 527, $2^{13} - 1$.

6. 给出下述正整数的素因子分解.

   126, 222, 100000, 196608, 20!.

7. 求 2004! 末尾零的个数.

8. 利用素因子分解. 求下述每一对数的最大公约数和最小公倍数.

   (a) 175, 140

   (b) 72, 108

   (c) 315, 2200

9. 求满足 $(a, b) = 10$ 的所有正整数对 a, b.

10. 用辗转相除法求下述每一对数的最大公约数.

    (a) 85, 125

    (b) 231, 72

    (c) 45, 56

    (d) 154, 64

11. 设 p 是素数, a 是整数. 证明: 当 $p|a$ 时, $\gcd(p, a) = p$; 当 $p \nmid a$ 时, $\gcd(p, a) = 1$.

12. 下述每一对数是否互素? 若互素, 试给出整数 x 和 y 使 $xa + yb = 1$.

    (a) 12, 35

    (b) 63, 91

    (c) 450, 539

　　　　(d) 1024, 729

13. 设 a, b 是两个不为 0 的整数, d 为正整数, 则 $d = \gcd(a, b)$ 当且仅当存在整数 x 和 y 使 $a = dx, b = dy$, 且 x 和 y 互素.

14. 证明: 对任意的正整数 a 和 b, $ab = (a, b) \cdot (a, b)$.

15. 证明: 如果 $a|bc$, 且 a 与 b 互素, 则 $a|c$.

16. 设 a, b 互素, 证明:

　　　　(a) 对任意的整数 m, $(m, ab) = (m, a)(m, b)$;

　　　　(b) 当 $d > 0$ 时, $d|ab$ 当且仅当存在正整数 d_1, d_2 使 $d = d_1 d_2, d_1|a, d_2|b$, 并且 d 的这种表示是唯一的.

17. 下述命题是否为真

　　　　(a) $13 \equiv 1 (\mod 2)$;

　　　　(b) $22 \equiv 7 (\mod 5)$;

　　　　(c) $69 \equiv 62 (\mod 7)$;

　　　　(d) $111 \equiv -9 (\mod 4)$.

18. 求整数 m 使下列命题为真.

　　　　(a) $27 \equiv 5 (\mod m)$;

　　　　(b) $1000 \equiv 1 (\mod m)$;

　　　　(c) $1331 \equiv 0 (\mod m)$.

19. 写出 Z_6 的全部元素以及 Z_6 上的加法表和乘法表.

20. 给出模 8 的最小非负完全剩余系, 另外给出两个不同的完全剩余系, 并给出 3 个不同的简化剩余系.

21. (a) 给出全是奇数的模 13 的完全剩余系, 能否给出全是奇数的模 10 的完全剩余系;

　　　　(b) 给出全是偶数的模 9 的简化完全剩余系, 能否给出全是偶数的模 10 的简化完全剩余系.

22. (a) 计算下列整数模 47 后的最小正剩余 (即小于 47 的最小正整数);

　　　　$2^{32}, 2^{47}, 2^{200}$

　　　　(b) 求下列最小正剩余:

　　　　3^{10} 模 11, 5^{16} 模 17, 3^{20} 模 23.

23. 证明:

　　　　(a) 设 $d \geqslant 1, d|m$, 则 $a \equiv b (\mod m) \Rightarrow a \equiv b (\mod d)$;

　　　　(b) 设 $d \geqslant 1, d|m$, 则 $a \equiv b (\mod m) \Leftrightarrow da \equiv db (\mod dm)$;

　　　　(c) 设 c 与 m 互素, 则 $a \equiv b (\mod m) \Leftrightarrow ca \equiv cb (\mod m)$

24. 下述一次同余方程是否有解? 若有解, 试给出它的全部解.

　　　　(a) $9x \equiv 3 (\mod 6)$;

　　　　(b) $4x \equiv 3 (\mod 2)$;

　　　　(c) $3x \equiv -1 (\mod 5)$;

　　　　(d) $8x \equiv 2 (\mod 4)$;

　　　　(e) $20x \equiv 12 (\mod 8)$;

25. 对下述每一组 a, b, m, 验证 b 是 a 的模 m 的逆:

　　　　(a) 5, 3, 7

(b) 11, 11, 12

(c) 6, 11, 13

26. 对下述每一对数 a 和 m, 是否有 a 的模 m 的逆? 若有, 试给出.

(a) 2, 3

(b) 18, 7

(c) 5, 9

(d) -1, 9

27. 设 $m > 1$, $ac \equiv bc \pmod{m}$, $d \equiv \gcd(c, m)$, 则 $a \equiv b \pmod{m/d}$.

28. 设 p 是素数, 若 $x^2 \equiv 1 \pmod{p}$, 则 $x \equiv 1 \pmod{p}$ 或 $x \equiv -1 \pmod{p}$.

29. 证明: 若 m 和 n 互素, 则 $\phi(mn) = \phi(m)\phi(n)$.

30. 利用费马定理计算:

(a) $2^{325} \bmod 5$

(b) $3^{516} \bmod 7$

(c) $8^{1003} \bmod 11$

31. 有一队士兵, 若 3 人一组, 则余 1 人; 若 5 人一组, 则缺 2 人; 若 11 人一组, 则余 3 人, 已知这对士兵不超过 170 人, 问这对士兵共有多少人?

第 7 章　代 数 系 统

代数, 也称代数结构或代数系统, 是指定义有若干运算的集合. 例如, 整数集合, 在其上定义乘法和加法, 就成为一个代数系统. 用抽象方法研究各种代数系统性质的理论学科称为 "近世代数". 所谓抽象方法是指它并不关注组成代数系统的具体集合是什么, 也不关注集合上的运算如何定义, 而只假设这些运算遵循某些规则, 如结合律、交换律、分配律等, 来讨论和研究代数系统应有的性质, 所得的结论具有普遍意义.

本章将介绍代数系统的构成及其一般性质, 然后介绍几个重要的代数系统半群、群、环和域. 在介绍相关知识的同时, 介绍公钥密码系统 RSA, 编码与纠错理论中的线性码和循环码的编码与译码方案的应用.

7.1　二元运算及性质

7.1.1　二元运算的定义

利用映射的概念, 来定义代数运算这一概念.

定义 7.1　给定两个集合 A, B 和另一个集合 D, $A \times B$ 到 D 的映射称为 $A \times B$ 到 D 的**代数运算**.

按照定义, 一个代数运算只是一种特殊的映射. 为什么把这样的一个特殊映射称为代数运算? 假定有一个 $A \times B$ 到 D 的代数运算, 按照定义, 给了一个 A 的任意元 a 和一个 B 的任意元 b 就可以通过这个代数运算, 得到一个 D 的元 d. 也可以说, 所给代数运算能够对 a 和 b 进行运算, 而得到一个结果 d. 这正是普通的计算法的特征. 例如, 普通加法就是能够把任意两个数加起来, 而得到另一个数.

用一个特殊的运算符号 $\circ$ 来表示一个代数运算. 那么运算可以表示成

$$\circ: \quad (a, b) \to d = \circ(a, b)$$

为方便起见, 不写 $\circ(a, b)$ 而写 $a \circ b$. 这样, 描写代数运算的符号, 就变成

$$\circ: \quad (a, b) \to d = a \circ b$$

例 7.1　$A=$｛所有整数｝, $B=$｛所有不等于零的整数｝, $D=$｛所有有理数｝.

$$\circ(a, b) \to \frac{a}{b} = a \circ b$$

是一个 $A \times B$ 到 D 的代数运算, 也就是普通的除法.

例 7.2　设 Z 是整数集合, 一个 $Z \times Z$ 到 Z 的映射:

$$\circ: \quad (a, b) \to a(b+1)$$

是 Z 上的一个代数运算.

例 7.3　设 A 是一个非空的集合, $\mathscr{P}(A)$ 是集合 A 的幂集, 则集合的并与交是幂集 $\mathscr{P}(A)$ 上的两个代数运算.

在 A 和 B 都是有限集合的时候, 一个 $A \times B$ 到 D 的代数运算, 常用一个表 (运算表) 来说明. 假定 A 有 n 个元 $a_1, a_2, \cdots, a_n$, B 有 m 个元 $b_1, b_2, \cdots, b_m$, $D = \{d_{ij} \mid i = 1, 2, \cdots, n; j = 1, 2, \cdots, m\}$, 则 A, B 到 D 的代数运算

$$\circ : \quad (a_i, b_j) \to d_{ij}$$

可以表示为

	b_1	b_2	$\cdots$	b_m
a_1	d_{11}	d_{12}	$\cdots$	d_{1m}
$\vdots$	$\vdots$	$\vdots$		$\vdots$
a_n	d_{n1}	d_{n2}	$\cdots$	d_{nm}

当集合是有限集合的时候, 用运算表来说明一个代数运算, 常比用箭头或用等式的方法省事, 并且清楚.

$A \times B$ 到 D 的一般代数运算用到的时候比较少. 最常用的代数运算是 $A \times A$ 到 A 的代数运算. 在这样的一个代数运算之下, 可以对 A 的任意两个元加以运算, 而且所得结果还是在 A 里面. 所以有以下定义.

定义 7.2　假如 $\circ$ 是一个 $A \times A$ 到 A 的代数运算, 则称集合 A 对于代数运算 $\circ$ 来说是闭的, 也就是说, $\circ$ 是 A 的代数运算或**二元运算**.

例 7.4　设 F_2 是实数域上的二阶非奇异方阵组成的集合, $\circ$ 是矩阵的普通乘法, 由于两个非奇异的矩阵的乘积还是一个非奇异矩阵, 因此, $\circ$ 是 F_2 上的二元运算.

例 7.5　正整数集合上的两个数的普通除法不是代数运算. 因为两个正整数的除法结果可能不再是整数.

7.1.2　二元运算的性质

1. 结合律

给定集合 A, 一个 $A \times A$ 到 A 的代数运算 $\circ$. 在 A 里任意取出三个元 a, b, c 来, 符号 $a \circ b \circ c$ 在没有规定运算顺序的前提下是没有什么意义的, 因为代数运算只能对两个元进行运算. 但是可以先对 a 和 b 进行运算, 而得到 $a \circ b$, 因为 $\circ$ 是 $A \times A$ 到 A 的代数运算, $a \circ b \in A$. 所以又可以把这个元同 c 来进行运算, 而得到一个结果. 这样得来的结果, 用加括号的方法写出来, 就是 $(a \circ b) \circ c$. 另外一种用加括号的方法写出来是 $a \circ (b \circ c)$. 在一般情形之下, 由这两个不同的步骤所得的结果也未必相同.

例 7.6　设 R 是实数集, 对于 R 中的三个数 $a = 2, b = 2$ 和 $c = 2$, $\circ$ 就是普通的减法, 显然有

$$(a \circ b) \circ c \neq a \circ (b \circ c)$$

定义 7.3　设集合 A 和 A 上的代数运算 $\circ$, 假如对于 A 的任何三个元 a, b, c 都有

$$(a \circ b) \circ c = a \circ (b \circ c)$$

则称二元运算适合结合律.

例 7.7　设 Z 是整数集合, Z 上的普通加法和普通乘法都是适合结合律的代数运算.

例 7.8　设 A 是一个非空集合, $\circ$ 是 A 上的一个代数运算, 对于任意的 $a, b \in A$ 有 $a \circ b = b$, 证明 $\circ$ 满足结合律.

证明　对于任意三个元素 $a, b, c \in A$, 有

$$(a \circ b) \circ c = c$$
$$a \circ (b \circ c) = c$$

于是 $(a \circ b) \circ c = a \circ (b \circ c) = c$, 可知 $\circ$ 适合结合律.

例 7.9　判断有理数集合 Q 上的代数运算

$$\circ : \quad a \circ b = (a + b)^2$$

是否适合结合律?

解　设 $a = 1, b = 2, c = 3$, 有

$$(a \circ b) \circ c = [(1 + 2)^2 + 3]^2 = (9 + 3)^2 = 144$$
$$a \circ (b \circ c) = [1 + (2 + 3)^2]^2 = (1 + 25)^2 = 676$$

所以, 代数运算 $\circ$ 不适合结合律.

在 A 里任意取出 n 个元 $a_1, a_2, \cdots, a_n$ 来, 假如我们写下符号

$$a_1 \circ a_2 \circ \cdots \circ a_n$$

这个符号当然也没有意义. 但是假如我们用一个加括号的步骤, 这个表达式就有意义了. 设所有加括号的方法总共 N 个. 用

$$\pi_1(a_1 \circ a_2 \circ \cdots \circ a_n), \pi_2(a_1 \circ a_2 \circ \cdots \circ a_n), \cdots, \pi_N(a_1 \circ a_2 \circ \cdots \circ a_n)$$

来表示. 例如, 在上面的时候 $n = 3, N = 2$.

这样得来的 N 个 $\pi(a_1 \circ a_2 \circ \cdots \circ a_n)$ 当然未必相等, 但是它们也可能都相等.

定义 7.4　假如对于 A 的 $n(n \geqslant 2)$ 个固定的元 $a_1, a_2, \cdots, a_n$ 来说, 所有的 $\pi(a_1 \circ a_2 \circ \cdots \circ a_n)$ 都相等, 我们就把由这些步骤可以得到的唯一的结果用 $a_1 \circ a_2 \circ \cdots \circ a_n$ 来表示.

定理 7.1　假如一个集合 A 的代数运算 $\circ$ 适合结合律, 那么对于 A 的任意个元 a_1, $a_2, \cdots, a_n$ 来说, 所有的 $\pi(a_1 \circ a_2 \circ \cdots \circ a_n)$ 都相等; 因此符号 $a_1 \circ a_2 \circ \cdots \circ a_n$ 也就总有意义.

证明　用数学归纳法.

$n = 3$ 时, 定理是对的.

假定, 元的个数 $\leqslant n - 1$, 定理是对的. 那么, 对于一个任意的 $\pi(a_1 \circ a_2 \circ \cdots \circ a_n)$ 来说

$$\pi(a_1 \circ a_2 \circ \cdots \circ a_n) = a_1 \circ (a_2 \circ a_3 \circ \cdots \circ a_n) \tag{7.1}$$

这一步能够证明, 定理 7.1 也就证明了.

这一个 $\pi(a_1 \circ a_2 \circ \cdots \circ a_n)$ 是经过一种加括号的步骤所得来的结果, 这个步骤的最后一步总是对两个元进行运算:

$$\pi(a_1 \circ a_2 \circ \cdots \circ a_n) = b_1 \circ b_2$$

这里, b_1 是前面的若干个, 假定是 i 个元 $a_1, a_2, \cdots, a_i$ 经过一个加括号的步骤所得的结果, b_2 是其余的 $n-i$ 个元 $a_{i+1}, a_{i+2}, \cdots, a_n$ 经过一个加括号的步骤所得的结果. 因为 i 和 $n-i$ 都 $\leqslant n-1$, 由归纳法的假定,

$$b_1 = a_1 \circ a_2 \circ a_3 \circ \cdots \circ a_i, b_2 = a_{i+1} \circ a_{i+2} \circ \cdots \circ a_n$$

$$\pi(a_1 \circ a_2 \circ \cdots \circ a_n) = (a_1 \circ a_2 \circ \cdots \circ a_i) \circ (a_{i+1} \circ a_{i+2} \circ \cdots \circ a_n)$$

假如 $i=1$, 那么上式就是式 (7.1), 不用再证明什么. 假定 $i>1$, 那么

$$\begin{aligned} \pi(a_1 \circ a_2 \circ \cdots \circ a_n) &= [a_1 \circ (a_2 \circ \cdots \circ a_i)] \circ (a_{i+1} \circ a_{i+2} \circ \cdots \circ a_n) \\ &= a_1 \circ [(a_2 \circ \cdots \circ a_i)] \circ (a_{i+1} \circ a_{i+2} \circ a_n) \\ &= a_1 \circ (a_2 \circ a_3 \circ \cdots \circ a_i \circ a_{i+1} \circ a_{i+2} \circ a_n) \end{aligned}$$

即式 (7.1) 仍然成立. 证毕.

结合律成立时, 符号 $a_1, a_2 \cdots, a_n$ 就有了明确的意义.

2. 交换律

定义 7.5 一个 $A \times A$ 到 D 的代数运算 $\circ$ 适合**交换律**, 假如对于 A 的任何两个元 a, b 来说, 都有

$$a \circ b = b \circ a$$

例 7.10 实数集合上的普通加法运算、乘法运算都适合交换律, 除法不适合交换律.

例 7.11 设 Q 为有理数集合, 对于 Q 中的任意两个元素 a, b, 规定

$$\circ: \quad a \circ b = a + b + ab$$

则 $\circ$ 适合交换律.

证明 任取 $a, b \in Q$, 因为

$$a \circ b = a + b + ab = b + a + ba = b \circ a$$

所以 $\circ$ 适合交换律.

例 7.12 设 S 是所有二阶方阵构成的集合. $\circ$ 为定义在 S 上的矩阵的乘法, 则 $\circ$ 是 S 的一个二元运算, 令

$$A = \begin{pmatrix} 2 & 1 \\ 0 & -1 \end{pmatrix}, B = \begin{pmatrix} 0 & 0 \\ 1 & 1 \end{pmatrix}$$

则 $A \in S$ 且 $B \in S$, 但

$$A \circ B = \begin{pmatrix} 2 & 1 \\ 0 & -1 \end{pmatrix} \begin{pmatrix} 0 & 0 \\ 1 & 1 \end{pmatrix} = \begin{pmatrix} 1 & 1 \\ -1 & -1 \end{pmatrix}$$

$$B \circ A = \begin{pmatrix} 0 & 0 \\ 1 & 1 \end{pmatrix} \begin{pmatrix} 2 & 1 \\ 0 & -1 \end{pmatrix} = \begin{pmatrix} 0 & 0 \\ 2 & 0 \end{pmatrix}$$

可见 $A \circ B \neq B \circ A$.

定理 7.2　假如一个集合 A 的代数运算同时适合结合律与交换律, 那么在 $a_1 \circ a_2 \circ \cdots \circ a_n$ 里, 元的次序可以调换.

证明　用归纳法.

元的个数为一个或两个的时候, 定理是对的.

假定, 当元的个数 $= n-1$ 时, 定理成立. 在这个假定之下, 我们证明, 若是把 a_i 的次序任意颠倒一下, 而作成一个

$$a_{i_1} \circ a_{i_2} \circ \cdots \circ a_{i_n}$$

这里 $i_1, i_2, \cdots, i_n$ 还是 $1, 2, \cdots, n$ 这 n 个整数, 不过次序不同, 那么

$$a_{i_1} \circ a_{i_2} \circ \cdots \circ a_{i_n} = a_1 \circ a_2 \circ \cdots \circ a_n$$

$i_1, i_2, \cdots, i_n$ 中一定有一个等于 n, 假定是 i_k, 那么, 由于结合律、交换律以及归纳法假定

$$\begin{aligned}
& a_{i_1} \circ a_{i_2} \circ \cdots \circ a_{i_n} \\
&= (a_{i_1} \circ \cdots \circ a_{i_{k-1}}) \circ [a_n \circ (a_{i_{k+1}} \circ \cdots \circ a_{i_n})] \\
&= (a_{i_1} \circ \cdots \circ a_{i_{k-1}}) \circ [(a_{i_{k+1}} \circ \cdots \circ a_{i_n}) \circ a_n] \\
&= [(a_{i_1} \circ \cdots \circ a_{i_{k-1}}) \circ (a_{i_{k+1}} \circ \cdots \circ a_{i_n})] \circ a_n \\
&= (a_1 \circ a_2 \circ \cdots \circ a_{n-1}) \circ a_n \\
&= a_1 \circ a_2 \circ \cdots \circ a_n
\end{aligned}$$

证毕.

普通数的乘法和加法等代数运算, 都是适合交换律的. 但也有许多不适合交换律的代数运算, 如矩阵乘法及关系的复合运算等.

3. 分配律

结合律和交换律都只涉及一个代数运算. 下面将要介绍的分配律涉及两种代数运算.

定义 7.6　设有集合 A 和 B. $\odot$ 是一个 $B \times A$ 到 A 的代数运算, $\oplus$ 是一个 A 的代数运算. 代数运算 $\odot, \oplus$ 适合第一个**分配律**, 假如对于 B 的任何 b, A 的任何 a_1, a_2 来说, 都有

$$b \odot (a_1 \oplus a_2) = (b \odot a_1 \oplus (b \odot a_2))$$

例 7.13　假如 B 和 A 都是全体实数的集合, $\odot$ 和 $\oplus$ 就是普通的乘法和加法, 那么定义 7.6 中的表达式就变成

$$b(a_1 + a_2) = (ba_1) + (ba_2)$$

定理 7.3　假如 $\oplus$ 适合结合律, 而且 $\odot, \oplus$ 适合第一分配律, 那么对于 B 的任何 b, A 的任何 $a_1, a_2, \cdots, a_n$ 来说,

$$b \odot (a_1 \oplus \cdots \oplus a_n) = (b \odot a_1) \oplus \cdots \oplus (b \odot a_n)$$

证明 用归纳法. 当 $n = 1, 2$ 的时候, 定理是对的. 假定, 当 $a_1, a_2, \cdots$ 的个数只有 $n-1$ 个的时候, 定理是对的, 看有 n 个 a_i 时的情形. 这时

$$
\begin{aligned}
b \odot (a_1 \oplus \cdots \oplus a_n) &= b \odot [(a_1 \oplus \cdots \oplus a_{n-1}) \oplus a_n] \\
&= [b \odot (a_1 \oplus \cdots \oplus a_{n-1})] \oplus (b \odot a_n) \\
&= [(b \odot a_1) \oplus \cdots \oplus (b \odot a_{n-1})] \oplus (b \odot a_n) \\
&= (b \odot a_1) \oplus \cdots \oplus (b \odot a_n)
\end{aligned}
$$

证毕.

设 $\odot$ 是一个 $A \times B$ 到 A 的代数运算, $\oplus$ 是一个 A 的代数运算. 那么 $(a_1 \oplus a_2) \odot b$ 和 $(a_1 \odot b) \oplus (a_2 \odot b)$ 都有意义.

定义 7.7 代数运算 $\odot, \oplus$ 适合第二个分配律, 假如, 对于 B 的任何 b, A 的任何 a_1, a_2 来说, 都有

$$
(a_1 \oplus a_2) \odot b = (a_1 \odot b) \oplus (a_2 \odot b)
$$

定理 7.4 假如 $\oplus$ 适合结合律, 而且 $\odot, \oplus$ 适合第二分配律, 那么对于 B 的任何 b, A 的任何 $a_1, a_2, \cdots, a_n$ 来说,

$$
(a_1 \oplus \cdots \oplus a_n) \odot b = (a_1 \odot b) \oplus \cdots \oplus (a_n \odot b)
$$

证明 略.

7.2 代数系统概述

7.2.1 代数系统的定义与实例

前面学习了 $A \times B$ 到 D 的代数运算的定义, 当 A, B, D 都是同一个集合的时候, 这时二元运算就称为集合 A 上的二元运算. 例如, 实数集合上的加法就是一个二元运算. 当然, 一个集合上的二元运算可能不止一个, 像实数集合上还有减法和乘法等其他多种运算. 一般情况下, 这些运算涉及的元素个数是两个, 这样的运算称为双目运算符. 但在有些情况下, 一个集合上的某些运算涉及的变量个数也可能只有一个或者多于两个. 把这些一般因素都考虑到, 下面给出代数系统的一般定义.

定义 7.8 一个非空集合 A 连同若干个定义在该集合上的运算 $f_1, f_2, \cdots, f_k$ 所组成的系统就称为一个代数系统. 记作 $(A; f_1, f_2, \cdots, f_k)$. 在不引起混淆的情况下, 代数系统 $(A; f_1, f_2, \cdots, f_k)$ 有时也简单记作 A.

附带说明一下, 代数系统涉及一个集合和集合上的几个运算, 每一个运算的运算结果还在集合中, 这一点称为运算对集合的封闭性. 我们以后只讨论有一个运算符的代数系统或者有两个运算符的代数系统.

代数系统的一个子集, 对于代数系统中的每个运算有可能还是封闭的.

定义 7.9 代数系统 A 的一个子集 M 若还是代数系统, 则称 M 是 A 的子代数系统.

例 7.14 设 R 是实数集合. $+$ 和 $\times$ 是 R 上的普通加法和乘法, 那么 $(R, +, \times)$ 是代数系统.

例 7.15 设 A 为一非空集合, $\mathscr{P}(A)$ 是 A 的所有子集作成的集合. $\cap, \cup$ 和 $\sim$ 是集合通常的交, 并和求补运算. 那么 $(\mathscr{P}(A), \sim, \cap, \cup)$ 是代数系统.

例 7.16 设 Q 是有理数集合. $+$ 和 $\times$ 是 Q 上的普通加法和乘法, 那么 $(Q, +, \times)$ 是代数系统 $(R, +, \times)$ 的子代数系统.

一个代数系统未必非得是集合 A 及其上的全部运算构成. 集合 A 和 A 上的一个代数运算。就可以构成代数系统. 集合 A 上的任意多个运算和 A 也可以构成代数系统.

7.2.2 代数系统的同构与同态

同构和同态是代数系统中非常重要的概念. 下面将通过一个例子引入两个代数系统同态和同构的概念. 为了讨论问题方便, 这里假设所有的代数系统都只有一个二元运算.

1. 同构

设 $G = (R^+, \cdot)$, $S = (R, +)$, 这里 R^+ 是所有正实数的集合, R 是所有实数的集合, 运算 $\cdot$ 和 $+$ 分别是实数的加法和乘法, 容易验证 $G = (R^+, \cdot)$ 和 $S = (R, +)$ 是两个代数系统. 在 G 和 S 之间建立一个映射

$$f: \quad x \to \ln x, x \in R^+$$

即对于任何正实数 x, $f(x) = \ln x$. 由于当 $x_1 \neq x_2$ 时, $f(x_1) \neq f(x_2)$, 并且对于任何实数 y, 都存在正实数 x, 使得 $f(x) = \ln x = y$, 因此, f 是 G 到 S 上的一个一一映射, 另外, 对于任意的 $x_1, x_2 \in G$, 有

$$f(x_1 \cdot x_2) = \ln(x_1 x_2) = \ln x_1 + \ln x_2 = f(x_1) + f(x_2)$$

这个变换具有良好的性质: $(R^+, \cdot)$ 中任意二元素 x_1 和 x_2, 按运算. 所得的结果 $x_1 \cdot x_2$ 在 f 作用下的像 $\ln(x_1 \cdot x_2)$, 恰好是这两个元素的像 $\ln x_1$ 和 $\ln x_2$ 在 $(R, +)$ 中运算所得结果 $\ln x_1 + \ln x_2$.

再看另外一个例子.

例 7.17 设有两个集合 $A = \{1, 2, 3\}$ 和 $\overline{A} = \{4, 5, 6\}$. A 和 $\overline{A}$ 的运算符分别是 $\circ$ 和 $\bar{\circ}$, 运算规则如下.

$\circ$	1	2	3
1	3	3	3
2	3	3	3
3	3	3	3

$\bar{\circ}$	4	5	6
4	6	6	6
5	6	6	6
6	6	6	6

显然 $(A, \circ)$ 与 $(\overline{A}, \bar{\circ})$ 是两个代数系统. 这两个代数系统在这里简单记作 A 和 $\overline{A}$. 映射

$$f: \quad 1 \to 4, \ 2 \to 5, \ 3 \to 6$$

是一个 A 与 $\overline{A}$ 间的一一映射. 又因为对于任意的 $a, b \in A$, 都有

$$a \circ b = 3 \to 6 = \overline{a} \bar{\circ} \overline{b}$$

也就是 $f(a \circ b) = \overline{a} \bar{\circ} \overline{b}$, 所以 f 是 A 与 $\overline{A}$ 之间的同构映射.

在例 7.17 里, A 有三个元, 是 $1, 2, 3$. $\overline{A}$ 也有三个元, 是 $4, 5, 6$. 在把 A 和 $\overline{A}$ 的元素看成数的前提下, A 和 $\overline{A}$ 当然是有区别的. 假如仅仅关心两个集合中有多少个元素, 任意两个元素的运算结果, 也就是说, 现在不把 A 的 $1, 2, 3$ 和 $\overline{A}$ 的 $4, 5, 6$ 看成普通整数, 再来作一个比较, 那么 A 有三个元, 第一个称为 1, 第二个称为 2, 第三个称为 3. A 有一个代数运算, 称为 $\circ$. 应用这个运算于 A 的任意两个元所得结果幕是第三个元. $\overline{A}$ 也有三个元, 第一个称为 4, 第二个称为 5, 第三个称为 6. $\overline{A}$ 也有一个代数运算称为 $\bar{\circ}$. 应用这个运算于 $\overline{A}$ 的任意两个元所得结果也总是第三个元. 这样看起来, A 同 $\overline{A}$ 实在没有什么本质上的区别, 唯一的区别只是命名的不同而已. 基于这样的一种观点, 给出下面的定义.

定义 7.10 一个代数系统 $(A, \circ)$ 到另外一个代数系统 $(\overline{A}, \bar{\circ})$ 之间的一一映射 ϕ, 称为一个对于代数运算 $\circ$ 和 $\bar{\circ}$ 来说的, A 到 $\overline{A}$ 的**同构映射**, 假如, 在 ϕ 之下, 不管 a 和 b 是 A 的哪两个元, 只要

$$a \to \overline{a}, b \to \overline{b}$$

就有

$$a \circ b \to \overline{a} \bar{\circ} \overline{b}$$

两个代数系统同构, 可以简单地归纳为: "两个代数系统之间一一映射是同构映射, 当且仅当任意两个元素运算结果的像等于这两个元素像的运算结果". 有时也把两个同构的代数系统视为同一个. 另外需要注意, 把同构的代数系统看作相同的代数系统并没有说把代数系统中的集合看作相同的, 例如, $(R^+, \cdot)$ 与 $(R, +)$ 是两个同构的代数系统, R^+ 与 R 显然是两个不同的集合.

设 ϕ 是 A 与 $\overline{A}$ 间的同构映射, 那么 ϕ^{-1} 也是 $\overline{A}$ 与 A 间的同构映射. 因为, 在 ϕ^{-1} 之下, 只要

$$\overline{a} \to a, \overline{b} \to b$$

显然就有

$$\overline{a} \bar{\circ} \overline{b} \to a \circ b$$

所以同构映射与 A 和 $\overline{A}$ 的次序没有多大关系.

2. 同态

两个集合之间的映射不一定是一一映射, 只是一个普通的映射. 有以下定义.

定义 7.11 一个 A 到 $\overline{A}$ 的满映肘 ϕ, 称为一个对于代数运算 $\circ$ 和 $\bar{\circ}$ 来说的, A 到 $\overline{A}$ 的**同态映射**, 假如, 在 ϕ 之下, 不管 a 和 b 是 A 的哪两个元, 只要

$$a \to \overline{a}, b \to \overline{b}$$

就有

$$a \circ b \to \overline{a} \bar{\circ} \overline{b}$$

例 7.18 $A = \{$所有整数$\}$, A 的代数运算是普通加法, $\overline{A} = \{1, -1\}$, $\overline{A}$ 的代数运算是普通乘法, 对于任意的 $a \in A$

$$\phi_1: \quad a \to 1$$

是一个 A 到 $\overline{A}$ 的同态映射. ϕ_1 是一个 A 到 $\overline{A}$ 的映射, 显然. 对于 A 的任意两个整数 a 和 b, 有

$$a \to 1, \quad b \to 1$$

$$a + b \to 1 = 1 \times 1$$

例 7.19 $A = \{$所有整数$\}$, A 的代数运算是普通加法, $\overline{A} = \{1, -1\}$, $\overline{A}$ 的代数运算是普通乘法, 对于任意的 $a \in A$

$$\phi_2: a \to 1, \text{若 } a \text{ 是偶数}; a \to -1, \text{若 } a \text{ 是奇数}$$

ϕ_2 是一个 A 到 $\overline{A}$ 的满射的同态映射.

事实上, ϕ_2 是 A 到 $\overline{A}$ 的满射, 显然. 对于 A 的任意两个整数 a 和 b 来说: 若 a, b 都是偶数, 那么

$$a \to 1, \quad b \to 1$$

$$a + b \to 1 = 1 \times 1$$

若 a, b 都是奇数, 那么

$$a \to -1, \quad b \to -1$$

$$a + b \to 1 = (-1) \times (-1)$$

若 a 奇, b 偶, 那么

$$a \to -1, \quad b \to +1$$

$$a + b \to -1 = (-1) \times (+1)$$

a 偶, b 奇时, 情形一样.

例 7.20 $\phi_3: a \to -1$ (a 是 A 的任一元) 固然是一个 A 到 $\overline{A}$ 的映射, 但不是同态映射. 因为, 对于任意 A 的 a 和 b 来说,

$$a \to -1, \quad b \to -1$$

$$a + b \to -1 \neq (-1) \times (-1)$$

A 到 $\overline{A}$ 的满射的同态映射比较重要. 关于这种同态映射有以下定义.

定义 7.12 假如对于代数运算 $\circ$ 和 $\bar{\circ}$ 来说, 有一个 A 到 $\overline{A}$ 的满射的同态映射存在, 我们就说, 这个映射是一个**同态满射**, 并说, 对于代数运算 $\circ$ 和 $\bar{\circ}$ 来说, A 和 $\overline{A}$ 同态.

我们约定: 今后所提到的同态映射都是指同态满射.

定理 7.5 假定对于代数运算 $\circ$ 和 $\bar{\circ}$ 来说, A 与 $\overline{A}$ 同态. 那么,

(1) 若 $\circ$ 适合结合律, $\bar{\circ}$ 也适合结合律;

(2) 若 $\circ$ 适合交换律, $\bar{\circ}$ 也适合交换律.

证明 用 ϕ 来表示 A 到 $\overline{A}$ 的同态满射.

(1) 假定 $\bar{a}, \bar{b}, \bar{c}$ 是 $\overline{A}$ 的任意三个元. 那么, 在 A 里至少找得出三个元 a, b, c 来, 使得在 ϕ 之下,

$$a \to \bar{a}, b \to \bar{b}, c \to \bar{c}$$

于是, 由于 ϕ 是同态满射,

$$(a \circ b) \circ c \to \overline{(a \circ b) \circ c} = \overline{a \circ b} \overline{\circ} \, \overline{c} = (\overline{a} \overline{\circ} \overline{b}) \overline{\circ} \overline{c}$$

$$a \circ (b \circ c) \to \overline{a \circ (b \circ c)} = \overline{a} \overline{\circ} \overline{b \circ c} = \overline{a} \overline{\circ} (\overline{b} \overline{\circ} \overline{c})$$

但由题设,

$$a \circ (b \circ c) = (a \circ b) \circ c$$

这样, 和 $\overline{a} \overline{\circ} (\overline{b} \overline{\circ} \overline{c}) \overline{a} \overline{\circ} (\overline{b} \overline{\circ} \overline{c})$ 是 A 里同一元的像, 因而

$$\overline{a} \overline{\circ} (\overline{b} \overline{\circ} \overline{c}) = (\overline{a} \overline{\circ} \overline{b}) \overline{\circ} \overline{c}$$

(2) 由 $\overline{A}$ 的任意两个元 $\overline{a}, \overline{b}$, 并且假定, 在 ϕ 之下,

$$a \to \overline{a}, b \to \overline{b} (a, b \in)$$

那么,$a \circ b \to \overline{a \circ b}$, $b \circ a \to \overline{b \circ a}$, 但 $a \circ b = b \circ a$ 所以, $\overline{a} \overline{\circ} \overline{b} = \overline{b} \overline{\circ} \overline{a}$, 证毕.

定理 7.6 假定, $\odot, \oplus$ 都是集合 A 的代数运算, $\overline{\odot}, \overline{\oplus}$ 都是集合 $\overline{A}$ 的代数运算, 并且存在一个 A 到 $\overline{A}$ 的满射 ϕ, 使得 A 与 $\overline{A}$ 对于代数运算 $\odot, \overline{\odot}$ 来说同态, 对于代数运算 $\oplus, \overline{\oplus}$ 来说也同态. 那么, (1) 若 $\odot, \oplus$ 适合第一分配律, 则 $\overline{\odot}, \overline{\oplus}$ 也适合第一分配律; (2) 若 $\odot, \oplus$ 适合第二分配律, 则 $\overline{\odot}, \overline{\oplus}$ 也适合第二分配律.

证明 我们只证明 (1),(2) 可以完全类似地征明. 由 $\overline{A}$ 的任意三个元 $\overline{a}, \overline{b}, \overline{c}$, 并且假定

$$a \to \overline{a}, \quad b \to \overline{b}, \quad c \to \overline{c} \quad (a, b, c \in A)$$

那么

$$a \odot (b \oplus c) \to \overline{a} \overline{\odot} (\overline{b \oplus c}) = \overline{a} \overline{\odot} (\overline{b} \overline{\oplus} \overline{c})$$

$$(a \odot b) \oplus (a \odot c) \to \overline{(a \odot b)} \overline{\oplus} \overline{(a \odot c)} = (\overline{a} \overline{\odot} \overline{b}) \overline{\oplus} (\overline{a} \overline{\odot} \overline{c})$$

但

$$a \odot (b \oplus c) = (a \odot b) \oplus (a \odot c)$$

所以

$$\overline{a} \overline{\odot} (\overline{b} \overline{\oplus} \overline{c}) = (\overline{a} \overline{\odot} \overline{b}) \overline{\oplus} (\overline{a} \overline{\odot} \overline{c}).$$

证毕.

最后还要规定一个名词. 一个集合 A 同 A 自己之间当然也可以有同构映射存在. 假定 $\circ$ 是一个 A 的代数运算,

定义 7.13 对于 $\circ$ 与 $\circ$ 来说的一个 A 与 A 间的同构映射称为一个对于 $\circ$ 来说的 A 的**自同构**.

自同构映射也是一个极重要的概念.

例 7.21 $A = \{1, 2, 3\}$. 代数运算 $\circ$ 由下表给定:

	1	2	3
1	3	3	3
2	3	3	3
3	3	3	3

那么

$$\phi: \quad 1 \to 2, 2 \to 1, 3 \to 3$$

是一个对于 ∘ 来说的 A 的自同构.

7.3 半　　群

7.3.1 半群的定义

半群是最简单的代数系统.

定义 7.14 设 $(S, \circ)$ 是一个代数系统, 其中 S 为非空集合, ∘ 是其二元运算, 如果运算 ∘ 是可结合的, 即对任意的 $a, b, c \in S$ 有

$$(a \circ b) \circ c = a \circ (b \circ c)$$

则称 $(S, \circ)$ 为**半群**.

定义 7.15 若半群 $(S, \circ)$ 中的 ∘ 是可交换的, 则称半群 $(S, \circ)$ 为**可换半群**.

例 7.22 设集合 $S_k = \{x \mid x$是整数且 $x \geqslant k\}$, $k \geqslant 0$, 那么 S_k 关于普通的加法是一个半群.

解 因为 + 在 S_k 上是封闭的, 故 $(S_k, +)$ 是一个代数系统, 又因为普通加法运算是可结合的, 所以 $(S_k, +)$ 是一个半群. 附带说明一下, $k \geqslant 0$ 这个条件是重要的. 否则, 若 $k < 0$, 则运算 + 在 S_k 上将不是封闭的.

例 7.23 设 $S = \mathscr{P}(A)$, A 非空, 则 $(S, \cap)$ 与 $(S, \cup)$ 为两个半群, 且都是可换半群.

事实上, 对于任意的 $A_1, A_2, A_3 \in S$, 有

$$(A_1 \cap A_2) \cap A_3 = A_1 \cap (A_2 \cap A_3),$$

$$(A_1 \cup A_2) \cup A_3 = A_1 \cup (A_2 \cup A_3),$$

且

$$A_1 \cap A_2 = A_2 \cap A_1,$$

$$A_1 \cup A_2 = A_2 \cup A_1$$

但是 $(S, -)$ 不是半群, 这里运算 $-$ 表示集合的减法. 设 $A_1 = \{a, b\}$, $A_2 = \{c\}$, $A_3 = \{b, c\}$, 则

$$(A_1 - A_2) - A_3 = \{a, b\} - \{b, c\} = \{a\},$$

$$A_1 - (A_2 - A_3) = \{a, b\} - \varnothing = \{a, b\},$$

因而 $(A_1 - A_2) - A_3 \neq A_1 - (A_2 - A_3)$.

例 7.24 设 S 是全体实数集合上所有二阶方阵的集合. 则 $(S, \times)$ 与 $(S, +)$ 是两个半群. 这里 $\times$ 与 $+$ 是矩阵的乘法与加法. $(S, +)$ 是可换半群, 而 $(S, \times)$ 不是可换半群.

解 因为两个二阶方阵的和以及乘积还是二阶方阵, 并且矩阵的加法和乘法满足结合律, 且加法可交换, 于是 $(S, \times)$ 与 $(S, +)$ 是两个半群, $(S, +)$ 还是交换半群.

定义 7.16 如果半群 $(S, \circ)$ 的子代数 $(M, \circ)$ 仍是半群, 则说 $(M, \circ)$ 是半群 $(S, \circ)$ 的子半群.

定理 7.7 半群 $(S, \circ)$ 的非空子集 M 是半群的充要条件是 M 关于 $\circ$ 封闭.

证明 根据子半群的定义, 该结论是显然的.

例 7.25 设 S 是元素为实数的所有二阶方阵的集合, 运算 $\times$ 为矩阵乘法. 不难知道, $(S, \times)$ 是半群. 若 M 是元素为实数的所有二阶非奇异矩阵的集合, 则 $(M, \times)$ 是半群 $(S, \times)$ 的子半群.

证明 显然有 M 是 S 的子集. 任取 $A, B, C \in M$, 那么 $|A| \neq 0$, $|B| \neq 0$, 根据矩阵的乘法可知, $|AB| = |A||B| \neq 0$, 即 M 关于 $\times$ 封闭. 另外, $(AB)C = A(BC)$, 故 $(M, \times)$ 是 $(S, \times)$ 的子半群.

另外, 对于矩阵的加法是可交换的, 所以 $(S, +)$ 是可换半群, 但 $(M, +)$ 却不是 $(S, +)$ 的子半群, 自然不是可换的子半群. 事实上, 取

$$A_1 = \begin{pmatrix} 1 & 0 \\ 0 & 1 \end{pmatrix}, A_2 = \begin{pmatrix} -1 & 0 \\ 0 & -1 \end{pmatrix},$$

则 $A_1, A_2 \in M$, 但 $A_1 + A_2 \notin M$($A_1 + A_2$ 是奇异矩阵), 即 M 对于运算 $+$ 不是封闭的. 因此 $(M, +)$ 不是 $(S, +)$ 的子半群.

7.3.2 单位元和逆元

定义 7.17 设 $(S, \circ)$ 是一个半群.

(1) 若存在元素 $e \in S$, 对任意的 $a \in S$ 有 $e \circ a = a$, 则说 e 是半群 $(S, \circ)$ 的一个**左单位元**;

(2) 若存在元素 $f \in S$, 对任意的 $a \in S$ 有 $a \circ f = a$, 则说 f 是半群 $(S, \circ)$ 的一个**右单位元**;

(3) 若半群 $(S, \circ)$ 的一个元素 e 既是左单位元, 又是右单位元, 则称该元素为半群 $(S, \circ)$ 的**单位元**.

一个半群, 可以有左单位元, 也可以有右单位元, 见例 7.26.

例 7.26 设 A 是所有正整数组成的集合, $\circ$ 是普通乘法运算, 则 $(A, \circ)$ 是代数系统. 1 是左单位元, 也是右单位元.

一个半群, 既可以没有左单位元, 也可以没有右单位元. 见例 7.27.

例 7.27 设 A 是所有偶数组成的集合, $\circ$ 是普通乘法运算, 则 $(A, \circ)$, 是代数系统. $(A, \circ)$ 没有左单位元, 也没有右单位元.

一个半群可以有左单位元, 但没有右单位元, 见例 7.28.

例 7.28 设 S 是一个集合, $|S| \geqslant 2$, 对于任意的 $a, b \in S$, 规定:

$$a \circ b = b$$

则 S 是一个有左单位元, 但没有右单位元的半群.

证明 由于任意的 $a, b \in S$, 都有 $a \circ b = b \in S$, 于是运算是封闭的, $(S, \circ)$ 是代数系统. 对于任意的 $a, b, c \in S$, 有

$$c = (a \circ b) \circ c = a \circ (b \circ c)$$

运算 ∘ 满足集合律, 所以 $(S, \circ)$ 是代数系统. 按照定义, 代数系统的每个元素都是左单位元. S 中的元素个数至少为 2, 故对于任意的 $b \in S$, 存在 $a \in S$, 使得 $a \neq b$, 因为 $a \circ b = b \neq a$, 所以 b 不可能是 $(S, \circ)$ 的右单位元, 由 b 的任意性, 可知 $(S, \circ)$ 没有右单位元.

一个半群可以有右单位元, 但没有左单位元, 见例 7.29.

例 7.29 设 S 是一个集合, $|S| \geqslant 2$, 对于任意的 $a, b \in S$, 规定:

$$a \circ b = a$$

则 S 是一个有右单位元, 但没有左单位元的半群.

证明 由于任意的 $a, b \in S$, 都有 $a \circ b = a \in S$, 于是运算是封闭的, $(S, \circ)$ 是代数系统. 对于任意的 $a, b, c \in S$, 有

$$a = (a \circ b) \circ c = a \circ (b \circ c)$$

运算 ∘ 满足集合律, 所以 $(S, \circ)$ 是代数系统. 按照定义, 代数系统的每个元素都是右单位元. S 中的元素个数至少为 2, 故对于任意的 $a \in S$, 存在 $b \in S$, 使得 $a \neq b$, 因为 $a \circ b = a \neq b$, 所以 a 不可能是 $(S, \circ)$ 的左单位元, 由 a 的任意性可知, $(S, \circ)$ 没有左单位元.

综上所述, 一个半群, 可以既没有左单位元素, 也没有右单位元素; 也可以有左单位元素而没有右单位元素; 也可以有右单位元素而没有左单位元素. 但是, 若半群既有左单位元素, 又有右单位元素, 则必有单位元素, 而且只能有一个单位元素. 因此有下述定理.

定理 7.8 设半群 $(S, \circ)$ 既有左单位元素 e, 又有右单位元素 f, 则 $e = f$ 是 $(S, \circ)$ 的唯一的单位元素.

证明 因 e 是左单位元素, 故 $e \circ f = f$. 又 f 是右单位元素, 故 $e \circ f = e$, 因为两式左端相等, 则 $e = f$ 是 $(S, \circ)$ 的单位元素.

假若 $(S, \circ)$ 有两个单位元素 e_1 和 e_2, 则 $e_1 \circ e_2 = e_1 = e_2$, 故 $(S, \circ)$ 只能有一个单位元素, 证毕. 一个有单位元的半群, 其子半群可能没有单位元, 见例 7.30.

例 7.30 设 Z 是整数集合, Z^+ 是正整数集合. $(Z, +)$ 与 $(Z^+, +)$ 均是半群, 代数运算 + 为数的加法. $(Z^+, +)$ 是 $(Z, +)$ 的子半群, 半群 $(Z, +)$ 有单位元素 0, 而其子半群 $(Z^+, +)$ 却没有单位元素.

一个有单位元的半群 S, 子半群的单位元未必与 S 的单位元相等, 见例 7.31.

例 7.31 设 $A = \{a, b, c\}$, S 是 A 的幂集 $\mathscr{P}(A)$, 则 $(S, \cap)$ 是有单位元 A 的半群. 取 S 的子集 $M = \{\{a\}, \{b\}, \{a, b\}, \phi\}$, 易证 $(M, \cap)$ 是子半群, $(M, \cap)$ 的单位元素是 $\{a, b\}$, 和 $(S, \cap)$ 的单位元 A 不相等.

综上所述, 一个有单位元 e 的半群 $(S, \circ)$, 其子半群未必有单位元素; 即使有, 也未必等于 e.

对于有单位元素的半群, 可以讨论关于逆元的问题.

定义 7.18 设 $(S, \circ)$ 是有单位元素 e 的半群, $a \in S$.

(1) 若存在 $a' \in S$, 使 $a \circ a' = e$, 则称元素 a 是右可逆的, a' 称为 a 的一个右逆元;

(2) 若存在 $a'' \in S$, 使 $a'' \circ a = e$, 则称元素 a 为左可逆的, a'' 称为 a 的一个左逆元;

(3) 若存在 $b \in S$, 使得 $ba = ab = e$, 则称元素 a 为可逆元, b 是 a 的一个逆元.

由定义可知, 可逆元一定既是左可逆元, 又是右可逆元. 而且可逆元 a 的逆元, 既是 a 的左逆元, 又是 a 的右逆元. 又若 S 是交换群, 则左 (右) 可逆元一定是右 (左) 可逆元, 而且也是可逆元.

例 7.32　全体正整数的集合 A 是关于数的乘法是一个交换半群, 1 是可逆的并且 1 的逆元是 1, 对于其他任何一个正整数 a, 显然不存在整数 b, 使得 $ab = 1$, 于是 A 中只有 1 是可逆的.

例 7.33　设 $A = \{a, b, c\}$, S 是 A 的幂集 $\mathscr{P}(A)$, 则 $(S, \cap)$ 是有单位元 A 的交换半群. 对于 S 中元素 A, 因为 $A \cap A = A$, 所以 A 是可逆的, A 的逆元为自身. 对于 S 中其他的任何元素, M, $M \neq A$, 由于对任何元素 $N \in S$, $M \cap N \neq A$, 于是 M 不是可逆的.

定理 7.9　设 $(S, \circ)$ 是有单位元素 e 的半群, $a \in S$, 若 a 既是右可逆的又是左可逆的, a' 是 a 的一个右逆元, a'' 是 a 的一个左逆元, 则 $a' = a''$. 即一个元既是右可逆的又是左可逆的时, 它一定是可逆元.

证明　因 $a \circ a' = e$, $a'' \circ a = e$, 故有 $a' = e \circ a' = (a'' \circ a) \circ a' = a'' \circ (a \circ a') = a'' \circ e = a''$, 证毕.

定理 7.10　设 $(S, \circ)$ 是有单位元素 e 的半群, 若 $a \in S$ 是可逆的, 则 a 的逆元素唯一. 若用 a^{-1} 表示这个唯一的逆元, 还有 $(a^{-1})^{-1} = a$ 和 $(a \circ b)^{-1} = b^{-1} \circ a^{-1}$.

证明　假定 a 有两个逆元素 b, c, 则 $b = b \circ e = b \circ (a \circ c) = (b \circ a) \circ c = e \circ c = c$ 故可逆元素 a 有唯一的逆元素, 若用符号 a^{-1} 来表示 a 的唯一逆元, 那么

$$a^{-1} \circ a = a \circ a^{-1} = e.$$

又由

$$a^{-1} \circ (a^{-1})^{-1} = (a^{-1})^{-1} \circ a^{-1} = e$$

可知

$$(a^{-1})^{-1} = a$$

由

$$(a \circ b) \circ (b^{-1} \circ a^{-1}) = a \circ (b \circ b^{-1}) \circ a^{-1} = a \circ e \circ a^{-1} = a \circ a^{-1} = e$$

及

$$(b^{-1} \circ a^{-1}) \circ (a \circ b) = b^{-1} \circ (a^{-1} \circ a) \circ b = b^{-1} \circ e \circ b = b^{-1} \circ b = e$$

可知

$$(a \circ b)^{-1} = b^{-1} \circ a^{-1}$$

证毕.

例 7.34　设 S 是所有元素为实数的二阶方阵的集合, $(S, \times)$ 是一个以二阶单位矩阵 E 为单位元素的半群. 对于 $A \in S$, 若它是奇异阵, 则 A 不是可逆元素, 即它没有逆元素; 对于 $B \in S$, 若它是非奇异矩阵, 则 B 是可逆元素, 且 $BB^{-1} = B^{-1}B = E$, 这里

$$E = \begin{pmatrix} 1 & 0 \\ 0 & 1 \end{pmatrix}$$

在一个半群里结合律是成立的, 所以

$$a_1 \circ a_2 \circ \cdots \circ a_n$$

有意义, 是半群的某一个元. 当这 n 个元都相等为 a 的时候. 这样得来的一个元用普通符号 a^n 表示:

$$a^n = \overbrace{aa \cdots a}^{n} \quad (n\text{是正整数})$$

并且也把它称为 a 的 n 次乘方 (简称 n 次方).

设 S 是有单位元 e 的半群, $a \in S$ 是可逆的, n 为正整数, 把 $(a^{-1})^n$ 记作 a^{-n}, 并且规定 $a^0 = e$, 这样不难验证, 对于任何的整数 m, n, 都有

$$a^m \circ a^n = a^{m+n}, \qquad (a^m)^n = a^{mn}$$

S 是所有整数的集合. S 对于普通加法来说作成一个有单位元 0 的半群. 我们说, 这个半群的任何一个元素就都是 1 的乘方. 这一点假如把 G 的代数运算不用 + 而用 ∘ 来表示就很容易看出. 因为 1 的逆元是 -1. 假定 m 是任意正整数那么

$$m = \overbrace{1+1+\cdots+1}^{m} = \overbrace{1 \circ 1 \circ \cdots \circ 1}^{m} = 1^m$$

$$-m = \overbrace{(-1)+(-1)+\cdots+(-1)}^{m} = \overbrace{(-1) \circ (-1) \circ \cdots \circ (-1)}^{m} = 1^{-m}$$

这样, G 的不等于零的元都是 1 的乘方. 但是 0 是 G 的单位元, 照定义

$$0 = 1^0$$

这样 G 的所有元都是 1 的乘方 (注意这里的乘方不是通常意义下的概念). 对于像这种性质的半群给出以下定义.

定义 7.19 若一个半群 S 的每一个都是 S 的某一个固定元 a 的乘方, 就把 S 叫作**循环半群**. 也说 S 是由元 a 所生成的并且用符号

$$S = (a)$$

来表示. a 称为 S 的一个**生成元**.

7.4 群

7.3 节介绍了半群的有关知识, 现在讨论群这个代数系统. 群也只有一种代数运算.

当一个代数系统只有一个运算的时候, 这个代数运算用什么符号来表示, 是可以由我们自由决定的, 有时可以用 ∘, 有时可以用 ō. 为书写方便起见, 有时不用 ∘ 来表示, 而用普通乘法的符号来表示, 就是不写成 $a \circ b$, 而写成 ab, 也用 a 乘以 b 这种读法. 当然一个群的乘法一般不是普通的乘法.

7.4.1 群的定义

定义 7.20 一个代数系统 G 称为一个群, 如果满足下列条件:

(1) 结合律成立, 即对任意的 $a, b, c \in G$ 有 $(ab)c = a(bc)$;

(2) 存在单位元素 e, 即对任意的 $a \in G$, 有 $ea = ae = a$;

(3) 对 G 中任意元素 a, 存在 $a^{-1} \in G$, 使 $aa^{-1} = a^{-1}a = e$, 元素 a 称为可逆的, a^{-1} 称为 a 的一个可逆元.

一个是群的代数系统自然是一个半群, 因此, 我们在半群内得出一些结论, 如单位元唯一, 一个可逆元的逆元唯一等, 就是自然成立的事了, 以后不再单独说明了.

定义 7.21 若群 G 满足交换律, 则称 G 为交换群, 或 Abel 群.

例 7.35 设 Z, Q, R, C 分别是整数集合, 有理数集合, 实数集合和复数集合, 则它们数的加法来说是一个群. 单位元素是 0, 每个元素 a 的逆元素为 $-a$. 都是交换群.

例 7.36 设 Q^*, R^*, C^* 分别是非零有理数集合, 非零实数集合和非零复数集合, 则它们对数的乘法来说是一个群. 单位元素是 1, 每个元素 a 的逆元素为 $\dfrac{1}{a}$. 都是交换群.

例 7.37 设 S 是所有 n 阶非奇异矩阵的集合, $\times$ 是矩阵的乘法, 则 $(S, \times)$ 是一个群. 因矩阵的乘法满足结合律, n 阶单位阵 E, 即为群 $(S, \times)$ 的单位元素, 每个元素 A 的逆元素 A^{-1} 为 A 的逆阵. 因为矩阵的乘法不适合交换, S 不是交换群.

例 7.38 设 G 是有理数集中去掉 -1 后的集合即 $G = Q - \{-1\}$. 对于任意的 $a, b \in G$, 定义

$$\circ: \quad a \circ b = a + b + ab$$

则 G 关于运算 $\circ$ 称为一个群.

证明 先说明 $(G, \circ)$ 是一个代数系统. 事实上, 任意的 $a, b \in G$, $a \circ b = a + b + ab \in Q$, 若 $a + b + ab = -1$, 可知 $(a+1)(b+1) = 0$, 也就是 $a = -1$, 或者 $b = -1$, 这与 $a, b \in G$ 不符合. 故 $a \circ b \in G$, 于是 $(G, \circ)$ 是代数系统. 下面再来验证群定义的三个满足条件.

(1) 任取 $a, b, c \in G$. 因为

$$(a \circ b) \circ c = (a + b + ab) + c + (a + b + ab)c = a + b + c + ab + ac + bc + abc$$

$$a \circ (b \circ c) = a + (b + c + bc) + a(b + c + bc) = a + b + c + ab + ac + bc + abc$$

(2) $0 \in G$, 对于任意的 $a \in G$, 有

$$0 \circ a = a \circ 0 = a$$

所以 0 是 G 的单位元.

(3) 设 $a \in G$, 那么 $\dfrac{-a}{a+1} \neq -1$, 于是 $\dfrac{-a}{a+1} \in G$, 因为

$$a \circ \frac{-a}{a+1} = \frac{-a}{a+1} \circ a = \frac{-a}{a+1} + a + \frac{-a}{a+1}a = 0$$

G 的每个元素都有逆元.

定理 7.11 若代数系统 $(G, \circ)$ 中存在左单位元 e, 并且每个元素关于 e 都是左可逆的, 则 $(G, \circ)$ 是群.

证明 我们只需证明左单位元 e 也是右单位元, 每个元素 a 关于 e 也是右可逆的即可.

先证每个元素 a 也是右可逆的. 事实上, 因为 a 是左可逆的, 存在 $a' \in G$, 使得 $a'a = e$, 但 a' 也是左可逆的, 所以存在 $a'' \in G$, 使得 $a''a' = e$, 这样

$$aa' = e(aa') = (a''a')(aa') = a''(a'a)a' = a''a' = e$$

所以 a 是右可逆的.

再证, e 也是右单位元, 即对任意的 $a \in G$, 都有 $ae = a$ 即可. 事实上, 已证明元素 a 既是右可逆的又是左可逆的, 可设 a' 是 a 的右逆元和左逆元. 即 $aa' = a'a = e$. 这样

$$ae = a(a'a) = (aa')a = ea = a$$

所以 e 是右单位元, 定理得证.

下面的定理 7.12 和定理 7.11 的结论类似, 就不再证明了.

定理 7.12 若代数系统 $(G, \circ)$ 中存在右单位元 e, 并且每个元素关于 e 都是右可逆的, 则 $(G, \circ)$ 是群.

根据定理 7.11 和定理 7.12, 下面是群的两个等价定义.

定义 7.22 一个代数系统 G 称为一个群, 如果满足下列条件:

(1) 结合律成立, 即对任意的 $a, b, c \in G$ 有 $(ab)c = a(bc)$;

(2) 存在左单位元素 e, 即对任意的 $a \in G$, 有 $ea = a$;

(3) 对 G 中任意元素 a 都是左可逆的, 即存在左逆元 $a' \in G$, 使 $a'a = e$.

定义 7.23 一个代数系统 G 称为一个群, 如果满足下列条件:

(1) 结合律成立, 即对任意的 $a, b, c \in G$ 有 $(ab)c = a(bc)$;

(2) 存在右单位元素 e, 即对任意的 $a \in G$, 有 $ae = a$;

(3) 对 G 中任意元素 a 都是右可逆的, 即存在左逆元 $a' \in G$, 使 $aa' = e$.

当验证一个代数系统是群的时候, 利用这两个定义, 稍微要简单一点.

下面是经常用到的几个名词和符号.

一个群 G 的元素的个数可以有限也可以无限.

定义 7.24 一个群称为**有限群**, 假如这个群的元的个数是一个有限整数. 否则这个群称为**无限群**. 一个有限群的元的个数称为这个**群的阶**.

下面是元素阶的概念.

定义 7.25 群 G 的一个元 a 能够使得

$$a^m = e$$

的最小的正整数 m 称为 a 的**阶**, 记作 $\circ(a) = m$. 若是这样的一个 m 不存在, 则称 a 是无限阶的, 并记作 $\circ(a) = \infty$.

例 7.39 G 刚好包含 $x^3 = 1$ 的三个根:

$$1, \varepsilon_1 = \frac{-1 + \sqrt{-3}}{2}, \varepsilon_2 = \frac{-1 - \sqrt{-3}}{2}$$

对于普通乘法来说这个 G 作成一个群.

事实上, 群定义中的

(1) 结合律显然成立;

(2) 1 是 G 的单位元;

(3) 1 的逆元 1, ε_1 的逆元是 ε_2, ε_2 的逆元是 ε_1.

在这个群里 1 的阶是 1, ε_1 的阶是 3, ε_2 的阶是 3.

例 7.40 全体整数对于普通加法作成一个交换群, 0 的阶是 1, 其他非零整数的阶是无穷大.

元素的阶具有下列重要的性质.

定理 7.13 设群 G 的元素 a 的阶为某一正整数 m, 即 $\circ(a) = m$. 则

(1) $a^n = e \Leftrightarrow m|n$;

(2) $a^h = a^k \Leftrightarrow m|h - k$;

(3) $e = a^0, a, a^2, \cdots, a^{m-1}$ 两两不同;

(4) 对于整数 r, $\circ(a^r) = \dfrac{m}{(m, r)}$. 其中 (m, r) 表示 m 与 r 的最大公因子.

证明 (1) 设 $m|n$, 则 $n = mq$, 于是 $a^n = a^{mq} = (a^m)^q = e^q = e$. 反之, 设 $a^n = e$, 且 $n = mq + r$, $0 \leqslant r < m$, 则 $e = a^n = (a^m)^q a^r = a^r$. 因为 $\circ(a) = m$, 由 m 的最小性, 可知 $r = 0$, 由此, $m|n$.

(2) $a^h = a^k \Leftrightarrow a^{h-k} = e \Leftrightarrow m|h - k$.

(3) 若存在 i, j, $0 \leqslant i \leqslant j \leqslant m - 1$, 使得 $a^i = a^j$, 则 $0 < j - i \leqslant m - 1$, 且 $m|j - i$, 这是一个矛盾.

(4) 首先

$$(a^r)^{\frac{m}{(m,r)}} = (a^m)^{\frac{r}{(m,r)}} = e^{\frac{r}{(m,r)}} = e$$

所以 $\circ(a^r)$ 是有限的. 现设 $\circ(a^r) = n$, 则 $n \left| \dfrac{m}{(m, r)} \right.$, 而且 $(a^r)^n = a^{rn} = e$, 于是 $m|rn$, 从而 $\dfrac{m}{(m, r)} \left| \dfrac{r}{(m, r)} n \right.$, 然而, $\left(\dfrac{m}{(m, r)}, \dfrac{r}{(m, r)} \right) = 1$, 所以, $\dfrac{m}{(m, r)} \left| n \right.$, 因此, $n = \dfrac{m}{(m, r)}$.

推论 设 $\circ(a) = m$.

(1) 对于任意的整数 r, $a^r = m \Leftrightarrow (m, r) = 1$;

(2) 若 $m = st$, t 是正整数, 则 $\circ(a^s) = t$.

定理 7.14 设 $\circ(a) = \infty$.

(1) $a^n = e \Leftrightarrow n = 0$;

(2) $a^h = a^k \Leftrightarrow h = k$;

(3) $\cdots, a^{-2}, a^{-1}, a^0, a^1, a^2, \cdots$, 两两不等;

(4) 对于任意的非零整 r, $\circ(a^r) = \infty$.

证明 (1) 由定义便知;

(2) $a^h = a^k \Leftrightarrow a^{h-k} = e \Leftrightarrow h - k = 0 \Leftrightarrow h = k$;

(3) 若 $a^i = a^j$, 则由 (2) 可知, $i = j$;

(4) 若 $\circ(a^r)$ 是有限的, 设 $\circ(a^r)^n = e$, 也就是 $a^{rn} = e$, 所以 $\circ(a) \leqslant rn$, 这与 $\circ(a) = \infty$ 矛盾.

定理 7.15 设 G 为有限群, 则 G 的任何元素的阶都是有限数.

证明 对于 G 的任何元素 $a, a, a^2, \cdots$ 不可能两两不同, 存在两个不同的正整数 i, j, 使得 $a^i = a^j$, 不妨设 $i < j$, 于是 $a^{j-i} = e$, 所以 $\circ(a) \leqslant j - i$. 证毕.

注意 定理 7.15的逆命题不成立. 因为存在每一个元素的阶都是有限数的无限群. 例如, 全体单位根组成的集合 U, 这里

$$U = \bigcup_{m \in N} U_m = \{\varepsilon \mid \varepsilon \in C, \varepsilon^m = 1, m \in N\}$$

其中, N 是正整数集合.

7.4.2 群的同态

现在讨论同态这一个概念在群上的应用, 以便以后可以随时把一个集合来同一个群比较, 或把两个群来比较.

设 G 是一个群, $\overline{G}$ 是一个不空集合, 并有一个代数运算. 这个代数运算也称为乘法, 也用普通表示乘法的符号来表示. $\overline{G}$ 的乘法当然同 G 的乘法一般是完全不同的法则. 在 $\overline{G}$ 同 G 的元的表示方法是有区别的前提下, 这两个乘法是不会搞混的.

现在我们证明以下定理.

定理 7.16 设 G 是一个群, $\overline{G}$ 是一个代数系统, 假定 G 与 $\overline{G}$ 对于它们的乘法来说同态, 那么 $\overline{G}$ 也是一个群.

证明 G 的乘法适合结合律, 而 G 与 $\overline{G}$ 同态, 由定理 7.5, $\overline{G}$ 的乘法也适合结合律, 所以 $\overline{G}$ 适合群定义的条件 (1). 下面证明 $\overline{G}$ 也适合 (2), (3) 两条.

(2) G 有单位元 e. 在所给同态满射之下, e 有像 $\bar{e}$:

$$e \to \bar{e}$$

事实上, $\bar{e}$ 就是 $\overline{G}$ 的一个左单位元. 假定 $\bar{a}$ 是 $\overline{G}$ 的任意元, 而 a 是 $\bar{a}$ 的一个逆像:

$$a \to \bar{a}$$

那么

$$ea \to \overline{ea} = \bar{a}\bar{e}$$

但

$$ea = a$$

所以

$$\bar{e}\bar{a} = \bar{a}$$

(3) 假定 $\bar{a}$ 是 $\overline{G}$ 的任意元, a 是 $\bar{a}$ 的一个逆像:

$$a \to \bar{a}$$

a 是群 G 的元, a 有逆元 a^{-1}. a^{-1} 的像为 $\overline{a^{-1}}$:

$$a^{-1} \to \overline{a^{-1}}$$

那么
$$a^{-1}a \to \overline{a^{-1}\bar{a}}$$

但
$$a^{-1}a = e \to \bar{e}$$

所以
$$\overline{a^{-1}\bar{a}} = \bar{e}$$

这就是说, $\overline{a^{-1}}$ 是 $\bar{a}$ 的左逆元, 也就是 $\bar{a}$ 的逆元. 证毕.

下面是一个同态应用的例子.

例 7.41 A 包含 a, b, c 三个元. A 的乘法由下表规定:

	a	b	c
a	a	b	c
b	b	c	a
c	c	a	b

验证 A 作成一个群.

解 全体整数对于普通加法来说作成一个群 G. 在 G 与 A 之间作一个映射 ϕ:

$$x \to a, 假如 x \equiv 0 (\mathrm{mod}\ 3)$$
$$x \to b, 假如 x \equiv 1 (\mathrm{mod}\ 3)$$
$$x \to c, 假如 x \equiv 2 (\mathrm{mod}\ 3)$$

ϕ 显然是一个满射. 需要证明 ϕ 是一个同态满射. 注意 G 和 A 的代数运算都是适合交换律的, 所以只要 $x+y \to \overline{xy}$, 那么 $y+x \to \overline{yx}$. 测验了 $x+y$ 的情形, 就不必再测验 $y+x$ 的情形. 下面分六个情形来测验.

(1) $\qquad x \equiv 0(3), y \equiv 0(3)$

那么
$$x+y \equiv 0(3)$$

这样
$$x \to a, y \to a$$
$$x+y \to a = aa$$

(2) $\qquad x \equiv 0(3), y \equiv 1(3)$

那么
$$x+y \equiv 1(3)$$

这样
$$x \to a, y \to b$$
$$x+y \to b = ab$$

(3) $$x \equiv 0(3), y \equiv 2(3)$$

那么

$$x + y \equiv 2(3)$$

这样

$$x \to a, y \to c$$

$$x + y \to c = ac$$

(4) $$x \equiv 1(3), y \equiv 1(3)$$

那么

$$x + y \equiv 2(3)$$

这样

$$x \to b, y \to b$$

$$x + y \to c = bb$$

(5) $$x \equiv 1(3), y \equiv 2(3)$$

那么

$$x + y \equiv 0(3)$$

这样

$$x \to b, y \to c$$

$$x + y \to a = bc$$

(6) $$x \equiv 2(3), y \equiv 2(3)$$

那么

$$x + y \equiv 1(3)$$

这样

$$x \to c, y \to c$$

$$x + y \to b = cc$$

这样 G 与 A 同态, A 是一个群. 直接利用群的定义验证 A 是一个群还是比较烦琐的.

由定理 7.16 的证明直接可以得出以下定理.

定理 7.17   假定 G 和 $\overline{G}$ 是两个群. 在 G 到 $\overline{G}$ 的一个同态满射之下, G 的单位元 e 的像是 $\overline{G}$ 的单位元, G 的元 a 的逆元 a^{-1} 的像是 a 的像的逆元.

在 G 与 $\overline{G}$ 间的一个同构映射之下, 两个单位元互相对应, 互相对应的元的逆元互相对应.

7.4.3 循环群

我们曾经给出循环半群的概念. 本节将要介绍循环群的知识. 在群的理论研究中, 循环群是一类结构非常清楚的群. 首先给出循环群的定义, 然后说明在同构的意义下, 循环群只有两类.

定义 7.26　若一个群 G 的每一个都是 G 的某一个固定元 a 的乘方, 则 G 称为**循环群**. 即 G 是由元 a 所生成的并且用符号

$$G = (a)$$

来表示. a 称为 G 的一个**生成元**.

例 7.42　G 是所有整数的集合. G 的运算 $\circ$ 是普通加法. 可以验证这是一个交换群, 而且这个群的全体的元就都是 1 的乘方. 事实上, 对于任意的正整数 m, 有

$$m = \overbrace{1 + 1 + \cdots + 1}^{m} = \overbrace{1 \circ 1 \circ \cdots \circ 1}^{m} = 1^{m}$$

$$-m = \overbrace{(-1) + (-1) + \cdots + (-1)}^{m} = \overbrace{(-1) \circ (-1) \circ \cdots \circ (-1)}^{m} = 1^{-m}$$

这样, G 的不等于零的元都是 1 的乘方. 但是 0 是 G 的单位元, 照定义

$$0 = 1^0$$

于是, G 的所有元都是 1 的乘方 (注意这里的乘方不是通常意义下的概念), 这个群也称为整数加群.

例 7.43　G 是包含模 n 的所有剩余类的集合. $G = \{[0], [1], [2], \cdots, [n-1]\}$. 按照剩余类的定义, 任何整数 m 一定属于 n 个类中的某一个, 即存在 $k, 0 \leqslant k \leqslant n-1$, 使得 $[m] = [k]$. 下面规定一个 G 上的代数运算并用普通表示加法的符号 $+$ 表示. 对于任意的 $[a], [b] \in G$, 定义

$$[a] + [b] = [a + b]$$

注意　等号左边的 $+$ 是定义的运算符号, 等号右边的 $+$ 是普通数的加法. 规定的这个运算首先应该是合理的, 也就是说当 $[a'] = [a], [b'] = [b]$ 的时候, 必须有 $[a+b] = [a'+b']$, 这一点也称剩余类的运算与代表元无关. 事实上, $[a'] = [a], [b'] = [b]$ 时, 就是说

$$a' \equiv a (\bmod\ n), \qquad b' \equiv b (\bmod\ n)$$

也就是说

$$n | a' - a, \quad n | b' - b$$

因此

$$n | (a' - a) + (b' - b)$$

$$n | (a' + b') - (a + b)$$

于是

$$[a' + b'] = [a + b]$$

这样规定的 + 是一个 G 的代数运算, 该运算显然是封闭的, $(G, +)$ 是一个代数系统. 下面分别验证群的三个满足条件.

$$[a] + ([b] + [c]) = [a] + [b + c] = [a + (b + c)] = [a + b + c]$$

$$([a] + [b]) + [c] = [a + b] + [c] = [(a + b) + c] = [a + b + c]$$

这就是说

$$[a] + ([b] + [c]) = ([a] + [b]) + [c]$$

并且

$$[0] + [a] = [0 + a] = [a]$$

$$[-a] + [a] = [-a + a] = [0]$$

所以对于这个加法来说, G 作成一个群. 这个群称为模 n 的剩余类加群.

模 n 的剩余类加群的运算表如下.

+	[0]	[1]	$\cdots$	[n-2]	[n-1]
[0]	[0]	[1]	$\cdots$	[n-2]	[n-1]
[1]	[1]	[2]	$\cdots$	[n-1]	[0]
$\vdots$	$\vdots$	$\vdots$		$\vdots$	$\vdots$
[n-1]	[n-1]	[0]	$\cdots$	[n-3]	[n-2]

由于 G 的每一个元也可以写成 $[i](1 \leqslant i \leqslant n)$, 并且

$$[i] = \overbrace{[1] + [1] + \cdots + [1]}^{i}$$

这样得到的剩余类加群的任何一个元素也都是某个固定元素的乘方.

例 7.42和例 7.43都是循环群. 若把同构的群看作一样的, 可以认为循环群只有这两种, 这一点由下面的定理 7.18来保证.

定理 7.18　假定 G 是一个由元 a 所生成的循环群. 那么 G 的构造完全可以由 a 的阶来决定:

a 的阶若是无限的那么 G 与整数加群同构;

a 的阶若是一个有限整数 n, 那么 G 与模 n 的剩余类加群同构.

证明　第一个情形: a 的阶无限. 这时

$$a^h = a^k, \text{当且仅当 } h = k \text{ 的时候.}$$

由 $h = k$, 可得 $a^h = a^k$ 显然. 假如 $a^h = a^k$ 而 $h \neq k$, 可以假定 $h > k$ 而得到 $a^{h-k} = e$ 与 a 的阶是无限的假定不合. 这样

$$a^k \to k$$

是 G 与整数加群 $\overline{G}$ 间的一一映射. 但

$$a^h a^k = a^{h+k} \to h + k$$

所以
$$G \cong \overline{G}$$

第二种情形: a 的阶是 n, $a^n = e$. 这时

$$a^h = a^k \text{当且仅当 } n|h-k \text{ 的时候}.$$

假如 $n|h-k$, 那么 $h-k = nq, h = k+nq$

$$a^h = a^{k+nq} = a^k a^{nq} = a^k(a^n)^q = a^k e^q = a^k$$

假如 $a^h = a^k$, $h-k = nq+r, 0 \leqslant r \leqslant n-1$, 那么

$$e = a^{h-k} = a^{nq+r} = a^{nq}a^r = ea^r = a^r$$

由阶的定义 $r = 0$, 也就是说 $n|h-k$. 这样

$$a^k \to [k]$$

是 G 与剩余类加群 $\overline{G}$ 间的一一映射, 但

$$a^h a^k = a^{h+k} \to [h+k] = [h] + [k]$$

所以
$$G \cong \overline{G}$$

证毕.

若 G 是一个循环群, $G = (a)$. 当 a 的阶是无限大时, G 的元是

$$\cdots, a^{-2}, a^{-1}, a^0, a^1, a^2 \cdots$$

G 的乘法是

$$a^h a^k = a^{h+k}$$

当 a 的阶是 n 时, 那么 G 的元可以写成

$$a^0, a^1, a^2, \cdots, a^{n-1}$$

G 的乘法是

$$a^i a^k = a^{r_{ik}}$$

这里 $i+k = nq + r_{ik}, 0 \leqslant r_{ik} \leqslant n-1$.

下面的定理 7.19讨论了循环群中生成元的数量.

定理 7.19 设 $G = (a)$ 是一个循环群.

(1) 若 $\circ(a) = m > 2$, 则 G 有 $\varphi(m)$ 个生成元, 这里 $\varphi(m)$ 表示 $1, 2, \cdots, m-1$ 中与 m 互素的元素个数, 若 $(r, m) = 1$, 那么 a^r 为生成元.

(2) 若 $\circ(a) = \infty$, 则 G 只有两个生成元, a 和 a^{-1}.

证明 (1) 注意到循环群 G 中任意一个阶为 m 的元素都是生成元这一事实. 由于 $\circ(a) = m$, $G = \{a^0, a^1, a^2, \cdots, a^{m-1}\}$, 因为元素 a^i 的阶是 $\dfrac{m}{(i, m)}$, 所以 $\circ(a^i) = m$ 当且仅当 $(i, m) = 1$, 这里 $1 \leqslant i \leqslant m - 1$. (1) 得证.

(2) 因为 a 是生成元, 所以对任何的 $b \in G$, 存在整数 k, 使得 $b = a^k$, 这样 $b = (a^{-1})^{-k}$, 这就是说 b 也可以写成 a^{-1} 乘方的形式, 于是 a^{-1} 也是一个生成元, 显然有 $a \neq a^{-1}$, 否则与 a 的阶无限相矛盾. 其他的任何一个元素 $c = a^t$ 都不会再是生成元了, 这里 $|t| \geqslant 2$. 否则, 若 c 是生成元, 那么 a 可以写成 c 的乘方, 故存在整数 s, 于是 $a = c^s = (a^t)^s$, $a^{|st-1|} = e$, 可知 $\circ(a) \leqslant |st - 1|$, 这与 a 的阶是无穷大相矛盾. (2) 得证.

例 7.44 求出模 12 剩余类加群 Z_{12} 每一个元素的阶与所有的生成元.

解 模 12 剩余类加群 $Z_{12} = \{[0], [1], [2], [3], [4], [5], [6], [7], [8], [9], [10], [11]\}$. 单位 $[0]$ 的阶是 1, 生成元 $[1]$ 的阶是 12, 可以这样求元素 $[2]$ 的阶, 由于 $[2] = [1] + [1] = [1]^2$, 所以 $\circ([2]) = \dfrac{12}{(2, 12)} = 6$, 按照这个方法, 可以求出其他元素的阶是 $\circ([3]) = 4$, $\circ([4]) = 3$, $\circ([5]) = 12$, $\circ([6]) = 2$, $\circ([7]) = 12$, $\circ([8]) = 6$, $\circ([9]) = 4$, $\circ([10]) = 6$, $\circ([11]) = 12$.

Z_{12} 所有 12 阶的元素都是生成元, 它们是 $[1]$, $[5]$, $[7]$, $[11]$.

对于一个素数 p, 由于 $1, 2, 3, \cdots, p - 1$ 每一个都与 p 互素, 从而模 p 的剩余类加群 Z_p 除了单位元 $[0]$ 的阶是 1, 其他每个元素的阶都是 p. 从而有下面的结论.

定理 7.20 对于一个素数 p, 模 p 的剩余类加群 Z_p 有 $p - 1$ 个生成元.

7.4.4 变换群

我们在第 4 章函数一节里分别给出了映射、单射、满射和一一映射的概念. 本节讨论一个集合到自身的映射特别是一一映射的问题. 下面先对这种特殊的映射给出一个特殊的名字.

定义 7.27 一个集合到自身之间的一一映射称为变换.

相应地有单射变换、满射变换和一一变换的概念, 这里就不再一一赘述了.

一个集合 A 在一般情形之下可以有若干个不同的变换, 下面是一个简单的例子.

例 7.45 $A = \{1, 2\}$.

$$\begin{aligned}
\tau_1: & \quad 1 \to 1, \quad 2 \to 1 \\
\tau_2: & \quad 1 \to 2, \quad 2 \to 2 \\
\tau_3: & \quad 1 \to 1, \quad 2 \to 2 \\
\tau_4: & \quad 1 \to 2, \quad 2 \to 1
\end{aligned}$$

是 A 的所有变换, 其中 τ_3, τ_4 是一一变换.

把给定是一个集合 A 的全体变换放在一起, 作成一个集合

$$S = \{\tau, \lambda, \mu, \cdots\}$$

规定 S 上的代数运算, 这个代数运算称为乘法. 给定 S 的两个元 τ 和 λ, 规定 τ 与 λ 的乘积 $\tau\lambda$ 是先作变换 λ 后作变换 τ 复合而得的变换. 由于 S 中的任意两个变换的复合变换还是一个变换, 所以这样定义的运算是封闭的.

例 7.46 对于例 7.45中的集合 A, A 的所有变换作成的集合 $S = \{\tau_1, \tau_2, \tau_3, \tau_4\}$, 取 $\tau_1 \in S, \tau_2 \in S$, 那么, $\tau_1\tau_2(1) = \tau_1(\tau_2(1)) = \tau_1(2) = 1$, $\tau_1\tau_2(2) = \tau_1(\tau_2(2)) = \tau_1(2) = 1$, 所以

$$\tau_1\tau_2 = \tau_1$$

同样可以验证

$$\tau_3\tau_4 = \tau_4$$

例 7.47 设 A 是任何一个非空集合, S 是 A 上的所有变换组成的集合, 那么 S 上的变换关于变换的复合运算满足结合律.

证明 对于任意的 τ, λ, μ, 因为对于任何的 $a \in A$

$$(\tau\lambda)\mu(a) = \tau\lambda(\mu(a)) = \tau(\lambda(\mu(a)))$$

另外

$$\tau(\lambda\mu)(a) = \tau(\lambda\mu(a)) = \tau(\lambda(\mu(a)))$$

所以 $(\tau\lambda)\mu = \tau(\lambda\mu)$, 即 S 的运算满足结合律.

我们已经验证 S 上的运算满足封闭性、结合律. 若 S 关于这个运算是群, 那么 S 中的单位元一定是 A 上的恒等变换. 事实上, 用 ε 表示 A 上的恒等变换, 即对任意的 $a \in A$, 都有 $\varepsilon(a) = a$, 并且设 e 是 S 的单位元, 由复合变换和单位元的定义有

$$\varepsilon = e\varepsilon = e$$

即恒等变换是 S 的单位元. 在恒等变换是单位元的前提下, S 中的某些元素不一定有逆元, 因而, 一般情况下, S 不是群. 参考例 7.48.

例 7.48 对于例 7.45中的集合 A. $S = \{\tau_1, \tau_2, \tau_3, \tau_4\}$, 取 $\tau_1 \in S$, 因为对任意的 $\tau \in S$, 都有 $\tau_1\tau = \tau_1 \neq \varepsilon$, 这样 S 不是群.

S 不是群, S 的一个子集有可能作成群.

例 7.49 对于例 7.45中的集合 A. $S = \{\tau_1, \tau_2, \tau_3, \tau_4\}$, 取 $G = \{\tau_1\}$, 因为 $\tau_1\tau_1 = \tau_1$, 所以集合 G 关于变换的乘法是封闭的, G 关于变换的乘法适合结合律, 显然单位元是 τ_1, 元素 τ_1 的逆元素为自身, 根据群的定义, G 是一个群.

例 7.50 设 A 是一个非空集合. G 是 A 上的所有一一变换作成的集合. 则 G 关于变换的复合运算作成一个群.

证明 取 G 任意的两个一一变换 τ 和 λ, 证明 $\tau\lambda$ 也是一一变换, 也就是说集合 G 关于变换的乘法是封闭的. 事实上, 对于任意的 $a \in A$, 因为 τ 是一一变换, 所以存在 $b \in A$, 使得 $\tau(b) = a$, 对于 $b \in A$, 因为 λ 是一一变换, 所以存在 $c \in A$, 使得 $\lambda(c) = b$, 这样

$$a = \tau(b) = \tau(\lambda(c)) = \tau\lambda(c)$$

这说明变换 $\tau\lambda$ 是满射. 再设 $a, b \in A$, $a \neq b$, 由于 λ 是一一变换, 所以 $\lambda(a) \neq \lambda(b)$, 又因为 τ 是一一变换, 所以 $\tau(\lambda(a)) \neq \tau(\lambda(b))$, 也就是

$$\tau\lambda(a) \neq \tau\lambda(b)$$

这说明 $\tau\lambda$ 是单射. 因此 $\tau\lambda$ 是一一变换.

下面分别验证 G 满足群定义的三个条件.

首先, 因为变换满足结合律, 一一变换也满足结合律. 其次, A 上的恒等变换 ε 是一一变换, 所以 $\varepsilon \in G$, 对于任意的 $\tau \in G$, 由于

$$\varepsilon\tau = \tau\varepsilon = \tau$$

其中, ε 是 G 的单位元. 最后, 对于 G 中的任何变换 τ 的逆变换 τ^{-1}, 因为 τ^{-1} 也是一一变换, 并且

$$\tau\tau^{-1} = \tau^{-1}\tau = \varepsilon$$

综上所述, G 是群.

由例 7.49 和例 7.50 可知, 一个集合 A 上的所有变换作成的集合 S 的一个子集关于变换的复合运算可以作成一个群. 而且这些群可以有不相同的单位元. 今后, 我们主要关注那些单位元是恒等变换的群. 对于这种单位元是恒等变换的群, 有以下结论.

定理 7.21　假定 G 是集合 A 的若干个变换所作成的集合, 并且 G 包含恒等变换 ε. 若对于上述乘法来说 G 作成一个群, 那么

(1) G 只包含 A 的一一变换;

(2) G 中每个元素 τ 的逆元 τ^{-1} 就是变换 τ 的逆变换.

证明　因为 A 上的恒等变换 $\varepsilon \in G$, 所以 ε 是 G 的单位元. 对于任何 $\tau \in G$, 首先证明 τ 是一一变换. 事实上, 设 τ^{-1} 是元素 τ 在群 G 中的逆元. 对于任何的 $a \in A$, 因为 $\tau\tau^{-1} = \varepsilon$, 所以

$$\tau\tau^{-1}(a) = \tau(\tau^{-1}(a)) = \varepsilon(a) = a$$

这就是说, $\tau^{-1}(a)$ 是 a 的原像, 于是 τ 是 A 到 A 的满射变换. 再设 $a, b \in A$, $a \neq b$. 因为

$$a = \tau^{-1}\tau(a) = \tau^{-1}(\tau(a)) \neq \tau^{-1}(\tau(b)) = \tau^{-1}\tau(b) = b$$

而 τ^{-1} 是一一变换, 所以 $\tau(a) \neq \tau(b)$. 这就证明了 τ 是一一变换.

其次, 对于任何的 $\tau \in G$, 设 τ^{-1} 是 τ 在 G 中的逆元, 那么 τ^{-1} 是一一变换, 且因为对于任何的 $a \in G$, 设 $\tau(a) = b$, 则 $a = \tau^{-1}\tau(a) = \tau^{-1}(b)$, 由逆变换的定义, τ^{-1} 是 τ 的逆变换, 证毕.

定义 7.28　一个集合 A 的若干个一一变换对于变换的复合运算作成的群称为 A 的一个变换群.

7.4.5　置换群

本节讨论一个有限集合 A 的变换群的有关问题.

定义 7.29　一个有限集合的一一变换称为**置换**, 一个有限集合的若干个置换作成的群称为**置换群**.

设 $A = \{a_1, a_2, \cdots, a_n\}$ 是一个有限集合. π 是 A 的一个置换, 并且 $\pi(a_i) = a_{k_i}$, $i = 1, 2, \cdots, n$. 这里 $a_{k_1}, a_{k_2}, \cdots, a_{k_n}$ 是 $a_1, a_2, \cdots, a_n$ 的一个排列. 这个置换 π 用

$$\begin{pmatrix} a_1 & a_2 & \cdots & a_n \\ a_{k_1} & a_{k_2} & \cdots & a_{k_n} \end{pmatrix}$$

来表示. 由于我们主要关心集合 A 有几个元素, 以及集合 A 的元素之间的对应关系, 为了方便起见, 集合 A 的 n 个元素就用 $1, 2, \cdots, n$ 来表示, 这时置换 π 就变成

$$\begin{pmatrix} 1 & 2 & \cdots & n \\ k_1 & k_2 & \cdots & k_n \end{pmatrix}$$

这里 $k_1, k_2, \cdots, k_n$ 是 $1, 2, \cdots, n$ 的一个排列. 在这种表示方法里第一行的 n 个数字的次序显然没有什么关系, 也可用

$$\begin{pmatrix} 2 & 1 & 3 & \cdots & n \\ k_2 & k_1 & k_3 & \cdots & k_n \end{pmatrix}$$

来表示 π. 最经常用到的还是 $1, 2, \cdots, n$ 这个次序.

当集合 A 的元素个数为 n 时, 不难计算出集合 A 的一一置换的个数是 $n!$. 由例 7.50, 可知这些置换作成一个置换群.

定理 7.22 n 个元素集合的所有一一置换作成一个置换群, 这个群用 S_n 来表示并称为 n 次对称群, S_n 的阶为 $n!$.

例 7.51 二次对称群 S_2 的阶为 2, 两个元素分别是

$$\begin{pmatrix} 1 & 2 \\ 1 & 2 \end{pmatrix} \quad , \quad \begin{pmatrix} 1 & 2 \\ 2 & 1 \end{pmatrix}$$

由于

$$\begin{pmatrix} 1 & 2 \\ 2 & 1 \end{pmatrix} \begin{pmatrix} 1 & 2 \\ 2 & 1 \end{pmatrix} = \begin{pmatrix} 1 & 2 \\ 1 & 2 \end{pmatrix}$$

因此 S_2 的每个元素都可以用 $\begin{pmatrix} 1 & 2 \\ 2 & 1 \end{pmatrix}$ 来表示, 所以 S_2 是一个二阶循环群.

例 7.52 三次对称群 S_3 有 6 个元. 这 6 个元分别是

$$\begin{pmatrix} 1 & 2 & 3 \\ 1 & 2 & 3 \end{pmatrix}, \begin{pmatrix} 1 & 2 & 3 \\ 1 & 3 & 2 \end{pmatrix}, \begin{pmatrix} 1 & 2 & 3 \\ 2 & 1 & 3 \end{pmatrix},$$

$$\begin{pmatrix} 1 & 2 & 3 \\ 2 & 3 & 1 \end{pmatrix}, \begin{pmatrix} 1 & 2 & 3 \\ 3 & 1 & 2 \end{pmatrix}, \begin{pmatrix} 1 & 2 & 3 \\ 3 & 2 & 1 \end{pmatrix}$$

并且有

$$\begin{pmatrix} 1 & 2 & 3 \\ 1 & 3 & 2 \end{pmatrix} \begin{pmatrix} 1 & 2 & 3 \\ 2 & 1 & 3 \end{pmatrix} = \begin{pmatrix} 1 & 2 & 3 \\ 3 & 1 & 2 \end{pmatrix}$$

$$\begin{pmatrix} 1 & 2 & 3 \\ 2 & 1 & 3 \end{pmatrix} \begin{pmatrix} 1 & 2 & 3 \\ 1 & 3 & 2 \end{pmatrix} = \begin{pmatrix} 1 & 2 & 3 \\ 2 & 3 & 1 \end{pmatrix}$$

所以 S_3 不是交换群.

定义 7.30 设有非空集合 A, G 是 A 的一个置换群. 定义 A 上的二元关系 $\sim$,

$$\sim:\quad a,b \in A, a \sim b \Leftrightarrow 存在 \pi \in G, 使得 \pi(a) = b$$

A 上的二元关系 $\sim$ 称为由置换群 G 所诱导的关系.

定理 7.23 设 G 是非空集合 A 上的置换群. 则 A 上的 G 的诱导关系

$$\sim:\quad a,b \in A, a \sim b \Leftrightarrow 存在 \pi \in G, 使得 \pi(a) = b$$

是一个等价关系.

证明 首先, 对于任何的元素 $a \in A$, 因为恒等置换 ε 是置换群 G 的单位元并且有 $\varepsilon(a) = a$, 于是 $a \sim a$, 这样关系 $\sim$ 是自反的. 其次, 设 $a,b \in A, a \sim b$, 也就是说存在 π, 使得 $\pi(a) = b$. 设 π^{-1} 是置换 π 的逆变换, 于是 $\pi^{-1}(b) = a$, 由于 π^{-1} 是 π 在群 G 的逆元, 所以 $b \sim a$, 这样 $\sim$ 是对称关系. 最后, 对于 $a,b,c \in G$, 若 $a \sim b, b \sim c$, 即存在 $\pi, \sigma \in G$, 使得 $\sigma(a) = b, \pi(b) = c$. 这样 $\pi\sigma(a) = \pi(\sigma(a)) = c$, 因为 $\pi\sigma \in G$, 所以 $a \sim c$, 这样关系是传递的. 综合以上三个方面, 关系 $\sim$ 是等价关系.

给定一个集合 A 和集合 A 上的一个置换群, 由 G 诱导的 A 上的等价关系必将产生 A 的一个划分. 这个划分中的每一块都是一个等价类, 我们常常要计算划分中等价类的数目. 为此, 先介绍有关置换作用下不变元的概念.

定义 7.31 设 A 是一个非空有限集合, π 是 A 的一个置换, 若对于 $a \in A$, 有 $\pi(a) = a$, 则称 a 是置换 π 的一个不变元. π 的所有不变元的个数记作 $\psi(\pi)$.

例 7.53 设集合 $A = \{1,2,3,4\}$, 那么

$$\varepsilon = \begin{pmatrix} 1 & 2 & 3 & 4 \\ 1 & 2 & 3 & 4 \end{pmatrix}, \quad \tau = \begin{pmatrix} 1 & 2 & 3 & 4 \\ 1 & 2 & 4 & 3 \end{pmatrix}, \quad \sigma = \begin{pmatrix} 1 & 2 & 3 & 4 \\ 4 & 3 & 2 & 1 \end{pmatrix}$$

是 A 的三个置换, 按照定义 $\psi(\varepsilon) = 4$, $\psi(\tau) = 2$ 和 $\psi(\sigma) = 0$.

定理 7.24 设非空有限集合 A, G 是 A 的一个置换群. 则由 G 诱导的等价关系将 A 划分所得的等价类的数目等于

$$\frac{1}{|G|} \sum_{g \in G} \psi(g)$$

证明 首先, 对于任何 $a \in A$, 设 $\eta(a)$ 表示 G 中使 a 不变的置换的个数. 由于 $\sum_{g \in G} \psi(g)$ 和 $\sum_{a \in A} \eta(a)$ 都是 G 中置换作用下的不变元的总数, 因此

$$\sum_{g \in G} \psi(g) = \sum_{a \in A} \eta(a)$$

其次, 设 a,b 是同一个等价类中的两个元素, 则可以证明在 G 中恰好存在 $\eta(a)$ 个将 a 映射到 b 的置换. 为此, 设

$$X_a = \{g_x \mid g_x(a) = a 且 g_x \in G\}$$

由于 X_a 的元素就是 G 中的所有将 a 映射到 a 的置换, 因此 $|X_a| = \eta(a)$. 因为 a,b 在同一个等价类中, 于是存在一个置换 $g \in G$, 使得 $g(a) = b$. 构造集合

$$X = \{gg_x \mid g_x \in X_a\}$$

那么 X 中的每个置换都将 a 映射为 b, 并且若 $g_{x_1}, g_{x_2} \in X_a$, $g_{x_1} \neq g_{x_2}$, 显然有 $gg_{x_1} \neq gg_{x_2}$, 所以 X 中的每个元素都不相同, 故有 $|X| = |X_a| = \eta(a)$. 进一步可以证明, 除了 X 中的置换外, G 中不可能再有别的将 a 映射到 b 的置换了. 否则, 设 $\sigma \in G$, $\sigma \notin X$, $\sigma(a) = b$. 因为 $g(a) = b$, 所以

$$g^{-1}(b) = g^{-1}(\sigma(a)) = g^{-1}\sigma(a) = a$$

这样, $g^{-1}\sigma \in X_a$, 从而 $g(g^{-1}\sigma) = \sigma \in X$, 这是一个矛盾. 因此在 G 中恰好有 $\eta(a)$ 个置换将 a 映射到 b.

最后, 设 $a, b, c, \cdots, h$ 是 A 中属于同一个等价类的元素. 于是, G 的任何一个置换只能将 a 映射到其所属等价类中的某一个元素. 于是 G 的所有置换分成以下各类: 将 a 映射成 a 的类, 将 a 映射成 b 的类, 将 a 映射成 c 的类, $\cdots$, 将 a 映射成 h 的类. 所以, 有

$$\eta(a) = \frac{|G|}{\text{包含 } a \text{ 的等价类中的元素个数}}$$

同理可知

$$\eta(b) = \eta(c) = \cdots = \eta(h) = \frac{|G|}{\text{包含 } a \text{ 的等价类中的元素个数}}$$

因此, 对于 A 的任何一个等价类, 有

$$\sum_{a \in \text{该等价类}} \eta(a) = |G|$$

由此可知

$$\sum_{a \in A} \eta(a) = \text{划分 } A \text{ 所得的等价类的数目} \times |G|$$

因此, 划分 A 所得的等价类的数目是

$$\frac{1}{|G|} \sum_{a \in A} \eta(a) = \frac{1}{|G|} \sum_{g \in G} \psi(g)$$

下面通过一个例子来验证定理 7.24.

例 7.54 集合 $A = \{1, 2, 3\}$ 上的三次对称群 S_3 有 6 个元. 这 6 个元分别是

$$g_1 = \begin{pmatrix} 1 & 2 & 3 \\ 1 & 2 & 3 \end{pmatrix}, g_2 = \begin{pmatrix} 1 & 2 & 3 \\ 1 & 3 & 2 \end{pmatrix}, g_3 = \begin{pmatrix} 1 & 2 & 3 \\ 2 & 1 & 3 \end{pmatrix},$$

$$g_4 = \begin{pmatrix} 1 & 2 & 3 \\ 2 & 3 & 1 \end{pmatrix}, g_5 = \begin{pmatrix} 1 & 2 & 3 \\ 3 & 1 & 2 \end{pmatrix}, g_6 = \begin{pmatrix} 1 & 2 & 3 \\ 3 & 2 & 1 \end{pmatrix}$$

取 $G_1 = \{g_1, g_2\}$, $G_2 = \{g_1, g_5, g_6\}$ 是 S_3 的两个子群, 因而是 A 上的两个置换群. 由 G_1 所诱导的等价关系将集合 $A = \{1, 2, 3\}$ 进行了划分, 方式为 $A = A_1 + A_2$, 这里 $A_1 = \{1\}$, $A_2 = \{2, 3\}$, 等价类的数目是 2, 与

$$\frac{1}{|G|} \sum_{g \in G_1} \psi(g) = \frac{1}{2}(3 + 1) = 2$$

相吻合.

由 G_2 所诱导的等价关系将集合 $A = \{1, 2, 3\}$ 进行了划分, 方式为 $A = A$, 等价类的数目是 1, 与

$$\frac{1}{|G|} \sum_{g \in G_1} \psi(g) = \frac{1}{3}(3 + 0 + 0) = 1$$

相吻合.

引理 7.1   设 G 是一个有限群, H 是 G 的子群, 对于 G 的元素 $a \in G$, 定义 G 到 G 的映射

$$\tau_a : \qquad \tau_a(x) = ax, \ x \in G$$

则

(1) τ_a 是 G 的一个置换;

(2) $K = \{\tau_h \mid h \in H\}$ 关于置换的复合运算是 G 的一个置换群, 且 K 与 H 的元素个数相同.

证明   (1) 因为 $a \in G$, G 是群, 所以对于任意的 $x \in G$, 都有 $ax \in G$, 于是 τ_a 是一个 G 到 G 的映射. 下面只要证明 τ_a 是满射和单射就可以了. 因为对于任意的 $y \in G$, 存在 $a^{-1}y \in G$, 使得

$$\tau_a(a^{-1}y) = a(a^{-1}y) = y$$

当 $x_1, x_2 \in G$, $x_1 \neq x_2$ 时

$$\tau_a(x_1) = ax_1 \neq ax_2 = \tau_a(x_2)$$

于是 τ_a 是 G 的满射和单射, 这样 τ_a 是 G 的一个置换.

(2) 因为 H 是一个群, 对于 H 中的单位元 $e \in H$, 由定义 $\tau_e \in K$, 所以 K 是一个非空集合. 设 $\tau_a, \tau_b \in K$, 因为 $a, b \in H$, 且 $\tau_a\tau_b = \tau_{ab}$, 于是 $\tau_a\tau_b \in K$, 这表明 K 关于变换的复合运算是封闭的. 不难知道 τ_e 是 K 的单位元, K 的元素 τ_a 的逆元素是 $\tau_{a^{-1}}$, 这样 K 是 G 的一个置换群. 最后, 因为 H 中的元素 h 和 K 中的元素 τ_h 之间的对应关系是一个一一对应关系, 便知道 H 和 K 的元素个数相同.

称 K 是由 H 导出的 G 的置换群.

7.4.6 子群

利用群的一个子集来推测整个群的性质, 这种方法是比较常见和有效的.

从群 G 里取出一个子集 H, 利用 G 的乘法可以把 H 的两个元相乘. 对于这个乘法来说 H 很可能也作成一个群.

整数加群 Z 可以看作实数加群的一个子群, 有理数群 Q 可以看成整数加群的一个子群, 也可以看成实数加群的一个子群.

定义 7.32   群 G 的一个非空子集 H 称为 G 的一个子群, 假如 H 对于 G 的乘法来说作成一个群.

任意群 G 至少有两个子群, 它们是单位元组成的一个元素的群和 G 自身. 这两个子群一般称为群的平凡子群.

给定群的一个非空子集, 如何验证该子集是一个子群, 下面给出一个充要条件.

定理 7.25 一个群 G 的一个不空子集 H 作成 G 的一个子群的充分而且必要条件是:

(i) $a, b \in H \Rightarrow ab \in H$

(ii) $a \in H \Rightarrow a^{-1} \in H$

证明 充分性. 即 (i), (ii) 成立 $\Longrightarrow H$ 作成一个群.

下面验证群定义的三个满足条件.

(1) 由于 (i), H 是代数系统, 结合律在 G 中成立在 H 中自然成立.

(2) 因为 H 至少有一个元 a, 由 (ii), H 也有元 a^{-1}, 所以由 (i) 可知

$$a^{-1}a = e \in H$$

(3) 由 (ii) 对于 H 的任意元 a 来说 H 有元 a^{-1} 使得

$$a^{-1}a = e$$

必要性. 即 H 作成一个群 $\Longrightarrow$ (i), (ii) 成立.

H 是一个子群是封闭的, (i) 显然成立. H 既然是一个群, H 一定有一个单位元 e'. 在子群 H 内有 $e'e' = e'$, 在 G 内 $e'e' = e'$ 自然也成立. 设 e 是 G 的单位元, 在 G 内有 $ee' = e'$, 因此

$$e'e' = ee'$$

记 e' 在 G 内的逆元素是 $(e')^{-1}$, 那么

$$e' = e'(e'(e')^{-1}) = (e'e')(e')^{-1} = (ee')(e')^{-1} = e(e'(e')^{-1}) = e$$

对于任意的 $a \in H$, 令 a' 是 a 在 H 中的逆元素, 那么 $a'a = e$, 此等式在 G 内也当然成立, 这表明 a' 是 a 在 G 中的逆元素, 故 $a^{-1} = a' \in H$, 证毕.

推论 假定 H 是群 G 的一个子群. 那么 H 的单位元就是 G 的单位元, H 的任意元 a 在 H 里的逆元就是 a 在 G 里的逆元.

定理 7.25 中的 (i), (ii) 两个条件也可以用一个条件来代替.

定理 7.26 一个群 G 的一个不空子集 H 作成 G 的一个子群的充分而且必要条件是

$$a, b \in H \Rightarrow ab^{-1} \in H$$

证明 充分性. $a, b \in H \Rightarrow ab^{-1} \in H \Longrightarrow H$ 作成 G 的子群.

事实上, 不空子集 H 内有元素 a, 因此 $e = aa^{-1} \in H$, 可知 H 内有单位元. 任取 $a \in H$, 可知 $ea^{-1} = a^{-1}$ 可知 H 中的每个元素有逆元素. 再设 $a, b \in H$, 那么 $ab = a(b^{-1})^{-1} \in H$, 故 H 是封闭的. $H \subseteq G$, 元素当然是可结合的.

必要性显然成立.

当判断群的一个有限子集是否为子群时, 还有更简单的判别方法.

定理 7.27 一个群 G 的不空有限子集 H 作成 G 的一个子群的充分而且必要条件是

$$a, b \in H \Rightarrow ab \in H$$

证明 充分性. 设 $G = \{a_1, a_2, \cdots, a_n\}$, 要证 G 是群, 我们将验证 G 满足群定义的三个条件. 条件 (1) 即封闭性, 由已知条件直接可以得到.

(2) 存在左单位元. 用 a_1 从右边乘以 G 的每一个元素, 得到集合 $G' = \{a_1a_1, a_2a_1, \cdots, a_na_1\}$, 由消去律可知, G' 中的元素两两不同, 由于 $G' \subseteq G$, 因此 $G = G'$, 所以存在 a_k 使得

$$a_ka_1 = a_1$$

下面证明 a_k 就是 G 的左单位元. 事实上用 a_1 从左边乘以 G 的每一个元素, 得到集合 $G'' = \{a_1a_1, a_1a_2, \cdots, a_1a_n\}$, 由消去律可知, $G'' = G$. 于是对 G 的任何元素 a_i, 存在 a_i' 使得 $a_1a_i' = a_i$, 那么

$$a_ka_i = a_k(a_1a_i') = (a_ka_1)a_i' = a_1a_i' = a_i$$

这表明, a_k 是 G 的左单位元.

(3) 每个元素存在左逆元. 对于 G 的任何元素 a_i, 用 a_i 从右边乘以 G, 所得到的 n 个元素一定有 a_k, 设 $a_ja_i = a_k$, 那么 a_j 便是 a_i(关于 a_k) 的左逆元.

综上所述, G 是一个群.

下面给出几个例子.

例 7.55 设 Z_{12} 是模 12 的剩余类加群, 判断 Z_{12} 的子集 H 和 S 是否为子群.

(1) $H = \{[0], [4], [8]\}$

(2) $H = \{[1], [5], [9]\}$

解 H 是 Z_{12} 的子群. 因为 H 是有限子集, 我们只要验证 H 中的两个元素 $[a]$, $[b]$ 相加封闭即可. 又因为运算适合交换律, 所以两个元素相加的九种情况, 只要验证六种情况即可. 事实上 $[0] + [0] = [0] \in H$, $[0] + [4] = [4] \in H$, $[0] + [8] = [8] \in H$, $[4] + [4] = [8] \in H$, $[4] + [8] = [0] \in H$, $[8] + [8] = [4] \in H$.

例 7.56 群 G 的两个子群 H 与 K 的交集 $H \cap K$ 也是 G 的一个子群.

证明 设 G 的单位元为 e, 因为 $e \in H, e \in K$, 可知 $e \in K \cap K$, 从而 $H \cap K \neq \varnothing$. 对于任意的 $a, b \in H \cap K$, 因为 H 和 K 都是子群, 所以 $ab^{-1} \in H$ 和 $ab^{-1} \in K$, 从而 $ab^{-1} \in H \cap K$, 这就证明了 $H \cap K$ 是子群.

例 7.57 举例说明, 一个群 G 的两个子群 H 与 K 的并集 $H \cup K$ 可能不是 G 的一个子群.

解 对于模 12 的剩余类加群 Z_{12}, 不难验证 $H = \{[0], [4], [8]\}$, $K = \{[0], [6]\}$ 是 Z_{12} 的两个子群, 但是 $H \cup K = \{[0], [4], [6], [8]\}$ 不是 Z_{12} 的子群, 这是因为 $[4] + [6] = [10] \notin H \cup K$.

一个循环群的子群还是循环群吗? 下面的定理给予了说明.

定理 7.28 循环群的子群是循环群.

证明 设 $G = (a)$ 是循环群, e 是 G 的单位元. H 是 G 的子群. 若 $H = \{e\}$, 那么 $H = (e)$ 是循环群. 若 $H \neq \{e\}$, 可知存在 $c \in H, c \neq e$, 故存在非零整数 n, 使得 $c = a^n$, 于是 $c^{-1} = a^{-n} \in H$, 这样

$$M = \{n | n \text{是正整数}, a^n \in H\}$$

是一个非空的集合. 令 r 是 M 中的最小正整数, 可以断言, 子群 $H = (a^r)$. 事实上, 对于任意的 $a^m \in H$, 设 $m = rq + t$, 这里 $0 \leqslant t \leqslant r - 1$. 则 $a^t = a^{m-rq} = a^m(a^r)^{-q} \in H$, 由 r 的最小性, 可知 $t = 0$, 于是 $m = rq$, 这样 $a^m = (a^r)^q$, 所以 $H = (a^r)$. 证毕.

例 7.58 设 G 是无限循环群.

(1) H 是 G 的子群, 若 H 不是单位元群, 那么 H 也是无限循环群;

(2) G 的子群的个数是无限的.

证明 (1) 设 H 是 $G = (a)$ 的不是单位元的子群, 根据定理 7.28 可知, $H = (a^r)$, 这里 r 是一个不为零的整数. 若 $\circ(a^r)$ 是一个有限数 k, 那么 $(a^r)^k = e$, 可知 $a^{|kr|} = e$, 从而 $\circ(a) \leqslant |kr|$, 这与 $\circ(a) = \infty$ 相矛盾. 这样, $\circ(a^r) = \infty$, $H = (a^r)$ 是一个无限群.

(2) 为了证明 G 有无限个子群, 先看 G 的两个循环子群 (a^t) 和 (a^s) 相等的必要条件, 这里 t 和 s 都不是零. 也就是说 (a^t) 和 (a^s) 都不是单位元子群. 设 $(a^t) = (a^s)$, 可知 $a^t \in (a^s)$ 和 $a^s \in (a^t)$, 于是存在整数 k, m 使得 $a^s = (a^t)^k$, $a^t = (a^s)^m$, 这样

$$a^t = (a^s)^m = ((a^t)^k)^m = a^{tkm}$$

所以有 $a^{t(1-km)} = e$, 由于 $\circ(a) = \infty$, 必有 $t(1 - km) = 0$, 从而 $1 - km = 0$, 必有 $k = 1, m = 1$ 或者 $k = -1, m = -1$. 当 $k = 1, m = 1$ 时, $a^s = a^t$; 当 $k = -1, m = -1$ 时 $a^s = (a^t) - 1$. 这样, 得出 G 的两个循环子群 (a^t) 和 (a^s) 相等的必要条件是两个元素 a^s, a^t 或者相等, 或者互为逆元. G 的元素序列 $a, a^2, a^3, \cdots$ 任意两个元素既不相等, 也不互为逆元, 所以 $(a), (a^2), (a^3), \cdots$ 是 G 的两两不相等的子群, 从而 G 有无限多个子群.

例 7.59 G 是一个 n 阶循环群.

(1) 若 H 是 G 的 m 阶子群, 则 $m|n$;

(2) 对于正整数 m, 若 $m|n$, 则 G 有且只有一个阶是 m 的子群, 从而 G 的子群个数是 n 的正因子个数.

证明 (1) 设 $G = \{a^0, a, a^2, \cdots, a^{n-1}\}$, 因为循环群的子群还是循环群, 可设 $H = (a^r)$, $0 \leqslant r \leqslant n - 1$, H 的阶 m 就是元素 a^r 的阶数 $\circ(a^r)$, 而 $\circ(a^r) = \dfrac{n}{(m, n)}$, 由此便知 $m|n$. (1) 得证.

(2) 因为 G 的元素 $a^{\frac{n}{m}}$ 的阶数就是 m, 所以 $(a^{\frac{n}{m}})$ 就是一个阶数为 m 的子群, 存在性得证. 设 (a^k) 是 G 的任意一个阶数为 m 子群, 因为 $\circ(a^k) = m$, 可知 $(a^k)^m = e$, 即 $a^{km} = e$, 从而 $n|km$, 于是 $\dfrac{n}{m}\Big|k$, 于是 $(a^k) \subseteq (a^{\frac{n}{m}})$, 因为 $|(a^k)| = |(a^{\frac{n}{m}})| = m$, 因此 $(a^k) = (a^{\frac{n}{m}})$, 证毕.

例 7.59 说明, 要找出一个阶数是 n 的有限阶循环群 $G = (a)$ 的所有子群, 只要找出 n 的每一个正因子 m, 那么列出所有的 $(a^{\frac{n}{m}})$, 也就找出了所有的子群.

例 7.60 模 12 的剩余类加群

$$Z_{12} = \{[0], [1], [2], [3], [4], [5], [6], [7], [8], [9], [10], [11]\}$$

找出 Z_{12} 的所有子群.

解 Z_{12} 是一个生成元为 $[1]$ 的循环群. 12 的所有正因数为 $1, 2, 3, 4, 6, 12$, 所以 Z_{12} 存在阶数分别为 $1, 2, 3, 4, 6, 12$ 的子群, 它们分别是由元素 $[1]^{\frac{12}{1}}$, $[1]^{\frac{12}{2}}$, $[1]^{\frac{12}{3}}$, $[1]^{\frac{12}{4}}$, $[1]^{\frac{12}{6}}$, $[1]^{\frac{12}{12}}$ 生成的, 即它们分别是 $[0], [6], [4], [3], [2], [1]$ 生成的, 这些子群分别是:

1 阶级子群: $([0]) = \{[0]\}$

2 阶级子群: $([6]) = \{[0], [6]\}$

3 阶级子群: $([4]) = \{[0], [4], [8]\}$

4 阶级子群: $([3]) = \{[0], [3], [6], [9]\}$

6 阶级子群: $([2]) = \{[0], [2], [4], [6], [8], [10]\}$

12 阶级子群: $([1]) = \{[0], [1], [2], [3], [4], [5], [6], [7], [8], [9], [10], [11]\}$

7.4.7 子群的陪集

本节内容主要利用群 G 的一个子群 H 来定义 G 上的一个等价关系, 此等价关系可以把 G 进行分类, 然后由这个分类推出几个重要的定理.

给定群 G 和 G 的一个子群 H. 下面规定一个 G 的元中间的关系 $\sim$:

$$a \sim b, \text{当且仅当} ab^{-1} \in H \text{的时候}$$

给了 a 和 b, ab^{-1} 或者属于 H, 或者不属于 H 两种情况. 所以 $\sim$ 是一个关系, 同时

(1) $aa^{-1} = e \in H$, 所以 $a \sim a$, 关系 $\sim$ 是自反的;

(2) $ab^{-1} \in H \Rightarrow (ab^{-1})^{-1} = ba^{-1} \in H$, 所以 $a \sim b \Rightarrow b \sim a$, 关系 $\sim$ 是对称的;

(3) $ab^{-1} \in H, bc^{-1} \in H \Rightarrow (ab^{-1})(bc^{-1}) = ac^{-1} \in H$, 所以 $a \sim b, b \sim c \Rightarrow a \sim c$, 关系 $\sim$ 是传递的.

这样 $\sim$ 是 G 上的一个等价关系. 利用这个等价关系可以得到一个 G 的分类. 对于任意的 $a \in G$, 设 a 所在的类为 $[a]_H$, 为了简单起见, 简记为 $[a]$. 即

$$[a] = \{b | a \sim b, \text{或者} ab^{-1} \in H\}$$

下面考察 G 的元素 a 所在类 $[a]$ 中都是一些什么样的元素.

任取 $b \in [a]$, 即 $a \sim b$, 由定义可知, $ab^{-1} \in H$, 故存在 $h \in H$, 使得 $ab^{-1} = h$, 也就是 $b = h^{-1}a$, 因为 H 是群, 所以 $h^{-1} \in H$, 这就说明与 a 有关系的元 b 可以写成子群 H 的一个元素与 a 的乘积.

反之, 对于子群 H 中的任何一个元 h 与 a 的乘积 ha 来说, 令 $b = ha$, 那么 $ab^{-1} = a(ha)^{-1} = a(a^{-1}h^{-1}) = h^{-1} \in H$, 这说明 H 中的每一个元与 a 的乘积都与 a 有关系. 这样一个事实说明:

$$[a] = \{ha \mid h \in H\}$$

也就是说, a 所在的类恰好是用 a 从右边去乘 H 的每一个元后形成的集合.

对于这样得来的 G 的一个元素 a 所在的类给出一个特殊的名字.

定义 7.33 由上面的等价关系 $\sim$ 所决定的类称为子群 H 的**右陪集**. 包含元 a 的右陪集用符号 Ha 来表示.

例 7.61 设 G 为模 12 的剩余类加群, $H = \{[0], [4], [8]\}$ 是 G 的一个子群, 求出 H 将 G 分成的所有右陪集.

解 按照右陪集的定义, 有

$$H + [0] = H + [4] = H + [8] = \{[0], [4], [8]\}$$
$$H + [1] = H + [5] = H + [9] = \{[1], [5], [9]\}$$
$$H + [2] = H + [6] = H + [10] = \{[2], [6], [10]\}$$
$$H + [3] = H + [7] = H + [11] = \{[3], [7], [11]\}$$

是 H 将 G 分成的四个不同的右陪集.

右陪集是从等价关系 $\sim$:

$$a \sim b, \text{ 当且仅当 } ab^{-1} \in H \text{ 的时候}$$

出发而得到的. 假如规定一个关系 $\sim'$:

$$a \sim' b, \text{ 当且仅当 } b^{-1}a \in H \text{ 的时候}$$

那么同以上一样可以看出 $\sim'$ 也是一个等价关系. 利用这个等价关系可以得到 G 的另一个分类.

定义 7.34 由等价关系 $\sim'$ 所决定的类称为子群 H 的**左陪集**. 包含元 a 的左陪集用符号 aH 来表示.

同以上一样可以证明:aH 刚好包含所有可以写成

$$ah \quad (h \in H)$$

形式的 G 的元.

因为一个群的乘法不一定适合交换律, 所以一般来说 $\sim$ 和 $\sim'$ 两个等价关系所决定的元素 a 所在的类 Ha 和 aH 并不相同.

定理 7.29 一个子群 H 的右陪集的个数和左陪集的个数相等: 它们或者都是无限大或者都有限并且相等.

证明 H 的右陪集所作成的集合称为 S_r, H 的左陪集所作成的集合称为 S_l. 定义 S_r 与 S_l 的元素之间的对应关系

$$\phi: \quad Ha \to a^{-1}H$$

这种定义的陪集之间的对应关系与陪集的代表元无关. 也就是说, 若 $Ha = Hb$, 则 $a^{-1}H = b^{-1}H$. 事实上,

$$Ha = Hb \Rightarrow ab^{-1} \in H \Rightarrow (ab^{-1})^{-1} = ba^{-1} \in H \Rightarrow a^{-1}H = b^{-1}H.$$

所以, 右陪集 Ha 的像与 a 的选择无关, ϕ 是一个 S_r 到 S_l 的映射.

进一步可以断言, ϕ 是一个 S_r 与 S_l 间的一一映射. 因为 S_l 的任意元 aH 是 S_r 的元 Ha^{-1} 的像, 所以 ϕ 首先是一个满射; 再有

$$Ha \neq Hb \Rightarrow ab^{-1} \overline{\in} H \Rightarrow (ab^{-1})^{-1} = ba^{-1} \overline{\in} H \Rightarrow a^{-1}H \neq b^{-1}H$$

所以, ϕ 又是一个 S_r 与 S_l 间的单射. 因此也就证明了 ϕ 是一一映射.

定义 7.35 一个群 G 的一个子群 H 的右陪集 (或左陪集) 的个数 (相同的算作一个) 称为 H 在 G 里的**指数**, 记作 $[G:H]$.

例 7.62　模 12 的剩余类加群 G 关于子群 $H = \{[0], [4], [8]\}$ 的指数是 $[G:H] = 4$.

例 7.63　设 G 是非零有理数的集合, 不难验证, G 对于有理数的乘法作成一个群, $H = \{1, -1\}$ 是 G 的一个子群. 对于任何的非零有理数 a, a 所在的等价类 $Ha = \{a, -a\}$, 这样

$$G = \bigcup_{a \in Q^+} aH$$

其中, Q^+ 是全体正有理数组成的集合. G 关于 H 的指数 $[G:H]$ 为无穷大.

本书主要讨论 $[G:H]$ 是有限的情形.

下面的引理说明了一个子群与该子群的每个陪集的基数是相同的.

引理 7.2　一个子群 H 与 H 的每一个右陪集 Ha 之间都存在一个一一映射.

证明　在 H 与 H 的每一个右陪集 Ha 之间定义映射

$$\phi: \quad h \to ha$$

那么, ϕ 是 H 与 Ha 间的一一映射. 因为:

(1) H 的每一个元 h 有一个唯一的像 ha;

(2) Ha 的每一个元 ha 是 H 的 h 的像;

(3) 假如 $h_1 \neq h_2$, 那么 $h_1 a \neq h_2 a$, 证毕.

由这个引理可以得到下面两个非常重要的定理.

定理 7.30　假定 H 是一个有限群 G 的一个子群. 那么 H 的阶 n 和它在 G 里的指数 j 都能整除 G 的阶 N, 并且

$$N = nj$$

证明　G 的阶 N 是有限的, H 的阶 n 和指数 j 也都是有限正整数. G 的 N 个元被分成 j 个右陪集, 而且由引理 7.33 每一个右陪集都有 n 个元所以

$$N = nj$$

证毕.

定理 7.31　设 G 是一个有限群, H 是 G 的一个子群, K 是由 H 导出的 G 的置换群. 那么 G 的子群 H 的右陪集的个数就是由置换群 K 所诱导的 G 上的等价关系把集合 G 划分是所有等价类的数目.

证明　K 所诱导的 G 上的等价关系 $\sim$:

$$\sim: \quad a, b \in G, a \sim b \Leftrightarrow 存在 \pi_h \in K, 使得 \pi(a) = b$$

因为 $\pi_h(a) = ha = b$, 那么 $h = ba^{-1}$, 这样

$$a \sim b \Leftrightarrow \pi_h(a) = b \Leftrightarrow ha = b \Leftrightarrow b \in Ha$$

那么由置换群 K 所诱导的 G 上的等价关系对 G 的分类中的每一类恰好是子群 H 的一个右陪集. 而置换群 K 所诱导的 G 上的等价关系把集合 G 划分时, 所有等价类的数目是

$$\frac{1}{|K|} \sum_{\pi_h \in K} \psi(\pi_h) = \frac{1}{|K|} \psi(\pi_e) = \frac{1}{|K|} |G| = \frac{1}{|H|} |G|$$

所以 G 的子群 H 的右陪集个数是 $\dfrac{|G|}{|H|}$, 这和以前得到的结果相同.

定理 7.32 一个有限群 G 的任一个元 a 的阶 n 都整除 G 的阶.

证明 a 生成一个阶是 n 的子群, 根据定理 7.30 可知, n 整除 G 的阶. 证毕.

7.4.8 不变子群和商群

定义 7.36 设 H 是群 G 的一个子群, 如果对任意的 $a \in G$ 都有

$$aH = Ha$$

则称 H 是 G 的一个正规子群.

任何一个群 G 有两个显然的正规子群, 这就是由单位元组成的一个元素的群和 G 本身.

设 G 是可换群, 则 G 的任意子群都是正规子群, 因

$$aH = \{ah \mid h \in H\} = \{ha \mid h \in H\} = Ha$$

如 $(Q - \{0\}, \times)$ 非零有理数关于数目乘法组成的群, 取 $H = \{1, -1\}$, 则 $(H, \times)$ 是 $(Q - \{0\}, \times)$ 的正规子群.

定理 7.33 设 H 是群 G 的一个正规子群, G/H 表示 H 的所有陪集作成的集合, 设 $aH, bH \in G/H$, 定义

$$(aH)(bH) = (ab)H$$

则 G/H 关于上面规定的陪集乘法运算组成一个群.

证明 首先证明两个陪集 $aH, bH \in G/H$ 的乘积与代表元无关, 即所规定的陪集运算法则是 G/H 的一个运算. 设 $aH, bH \in G/H$, 若 $aH = xH, bH = yH$, 那么存在 $n_1, n_2 \in H$, 使得 $a = xn_1$ 且 $b = yn_2$, 这时

$$ab = xn_1yn_2 = x(n_1y)n_2$$

由于 H 是正规子群,

$$n_1 y \in Hy = yH$$

所以存在 $n_3 \in H$, 使得 $n_1 y = yn_3$, 这样,

$$ab = x(n_1y)n_2 = xy(n_3n_2) \in (xy)H$$

故有

$$(ab)H = (xy)H$$

G/H 关于运算是封闭的.

下面验证 G/H 满足群定义的三个条件.

(1) 对于任意的 $a, b, c \in G$,

$$[(aH)(bH)]cH = (ab)HcH = [(ab)c]H = (abc)H$$

$$aH[(bH)(cH)] = aH(bc)H = [a(bc)]H = (abc)H$$

所以 $(aHbH)cH = aH(bHcH)$, 故运算是可结合的.

(2) $aHeH = (ae)H = aH$, 故 eH 是 G/H 的单位元素.

(3) aH 的逆元素为 $a^{-1}H$.

定义 7.37 群 G 关于其正规子群 H 的陪集作成的群 G/H 称为 G 关于 H 的商群. 判断正规子群, 除定义外还有如下的方法.

定理 7.34 设 H 是 G 的子群, 则下面四个条件是等价的:

(1) H 是 G 的正规子群;

(2) $aHa^{-1} = H, a \in H$;

(3) $aHa^{-1} \subseteq H, a \in G$;

(4) $aha^{-1} \in H, a \in G, h \in H$.

证明 按下面途径 $(1) \Rightarrow (2) \Rightarrow (3) \Rightarrow (4) \Rightarrow (1)$ 从而四个条件等价.

(1) $\Rightarrow$(2). 因 H 是正规子群, 故对任意的 $a \in G$, 有 $aH = Ha$, 于是 $aHa^{-1} = (aH)a^{-1} = (Ha)a^{-1} = H(aa^{-1}) = He = H$, 即 (2) 成立.

(2) $\Rightarrow$(3). 对任意的 $a \in G, aHa^{-1} = H$, 故 $aHa^{-1} \subseteq H$.

(3) $\Rightarrow$(4). 由于 $aHa^{-1} \subseteq H$, 故对任意的 $a \in G, h \in H$, 有 $aHa^{-1} \in H$.

(4) $\Rightarrow$(1). 设 $aHa^{-1} \in H$, 则对任意的 h, 存在 $h_1 \in H$, 使 $aHa^{-1} = h_1$, 即 $ah = h_1a$, 也就是 $aH \subseteq Ha$, 另外, 任取 $ha \in Ha$, 则 $a^{-1}Ha \in H$, 存在 $h_2 \in H$, 使 $a^{-1}ha = h_2$, 即 $ha = ah_2$, 也即 $ah \in aH, Ha \subseteq aH$. 所以, 对任意 $a \in G$, 有

$$aH = Ha$$

从而 H 是群 G 的正规子群, 证毕.

例 7.64 设 H 是群 G 的一个子群, 且 H 的任意两个左陪集的乘积仍是一个左陪集, 则 H 是 G 的一个正规子群.

证明 先证 $aHbH = (ab)H$. 由已知, $aHbH$ 是一个左陪集, 设为 cH, 但 $ab = aebe \in aHbH$, 故 $ab \in cH$, 即 $cH = (ab)H$.

任取 $h \in H$, 则 $aha^{-1}b \in aHa^{-1}H = (aa^{-1})H = H$, 于是 $aha^{-1} \in H$, 对任意的 $a \in G$, 即 H 是群 G 的正规子群.

7.5 群在密码学中的应用

7.5.1 两个特殊的群 Z_n 和 Z_n^*

对任意的大于 1 的正整数 n, 作集合

$$Z_n = \{0, 1, 2, \cdots, n-1\}$$

定义集合 Z_n 上的二元运算 $\oplus$: 任意的 $i, j \in Z_n$,

$$i \oplus j = (i+j) \bmod n$$

这里 $(i+j) \bmod n$ 是整数 $i+j$ 除以 n 的余数. $\oplus$ 显然是一个 Z_n 上的代数运算, 这个运算还满足交换律. 下面验证 Z_n 关于运算 $\oplus$ 成为交换群.

首先, 对任意的 $i \in Z_n$, 因为 $0 \oplus i = i$, 所以 0 是 Z_n 的单位元.

其次, 对任意的 $i \in Z_n$, 当 $i \neq 0$ 时, i 的逆元素是 $n - i \in Z_n$, 当 $i = 0$ 时, i 的逆元素是其自身. 这样, Z_n 的每个元素都有逆元素.

最后, 只要再验证运算 $\oplus$ 满足结合律即可. 事实上, 对于 Z_n 中的任意三个元素 $i, j, k \in Z_n$, 根据两个数 a 与 b 相加除以 n 的余数就是 a 与 b 分别除以 n 的余数相加再除以 n 的余数这个原理, 有

$$(i \oplus j) \oplus k = ((i+j) \bmod n + k) \bmod n$$
$$= (i+j) \bmod n + k \bmod n$$
$$= (i+j+k) \bmod n$$

相似地, 因为

$$i \oplus (j \oplus k) = (i + (j+k) \bmod n) \bmod n$$
$$= (i \bmod n + (j+k) \bmod n) \bmod n$$
$$= (i+j+k) \bmod n$$

所以运算 $\oplus$ 满足结合律. 因此, Z_n 是一个关于运算 $\oplus$ 的群, 显然为交换群. 这个群 Z_n 称为关于模 n 的加法群.

再来定义集合 Z_n 上的二元运算 $\odot$: 任意的 $i, j \in Z_n$,

$$i \odot j = (i \cdot j) \bmod n$$

这里 $(i \cdot j) \bmod n$ 是整数 $i \cdot j$ 除以 n 的余数. 这显然也是 Z_n 上的另外一个满足交换律的代数运算. 自然会问 Z_n 关于运算 $\odot$ 成为交换群吗?

下面还是要看群的要求是否都满足. 首先不难验证 1 是 Z_n 关于运算 $\odot$ 的单位元. 对于 Z_n 中的任意三个元素 $i, j, k \in Z_n$, 根据两个数 a 与 b 的乘积除以 n 的余数就是 a 与 b 分别除以 n 的余数的乘积再除以 n 的余数这个原理, 有

$$(i \odot j) \odot k = ((i \cdot j) \bmod n \cdot k) \bmod n$$
$$= ((i \cdot j) \bmod n \cdot k \bmod n) \bmod n$$
$$= (i \cdot j \cdot k) \bmod n$$

相似地, 因为

$$i \odot (j \odot k) = (i \cdot (j \cdot k) \bmod n) \bmod n$$
$$= (i \bmod n \cdot (j \cdot k) \bmod n) \bmod n$$
$$= (i \cdot j \cdot k) \bmod n$$

最后就剩下 Z_n 的每个元素关于 $\odot$ 是否有逆元的问题了.

对于 $0 \in Z_n$, 因为任何 $j \in Z_n$, 有 $0 \odot j = 0 \neq 1$. 这表明 Z_n 中找不到与元素 0 作运算等于单位元的元素, 这表明 0 没有逆元, 表明 Z_n 关于运算 $\odot$ 不是群.

Z_n 的某个子集关于运算 $\odot$ 可能成为群吗?

对任意的 $n > 1$, 取 Z_n 子集 $G_1 = \{0\}$ 和当 $n = 10$ 时, 取 Z_{10} 子集 $G_2 = \{5\}$, 容易验证 G_1 和 G_2 都是关于运算 $\odot$ 的 Z_n 的子群, 前者的单位元是 0, 后者的单位元是 5, 这两个子群的单位元都不是 1.

我们还是关心 Z_n 是否存在包含 1 的关于运算 $\odot$ 的子群. 这样的子群实际上也是存在的, 例如 $G_3 = \{1\}$ 就是其中的一个, 顺便说一下 0 是不会出现在这种子群中的, 原因是 0 在这种子群中不可能含有逆元. 用符号 Z_n^* 表示这种群中元素最多的一个. 下面的问题是: Z_n^* 中都是一些什么样的元素?

若 $a \in Z_n^*$, 因为 Z_n^* 中存在 a 的逆元, 所以存在 $u \in Z_n^*$, 使得 $a \odot u = 1$, 即 $(au) \bmod n = 1$, 或者 $n \mid (au - 1)$, 用 d 表示 a 和 n 的最大公因子, 因为 $d \mid a$ 和 $d \mid n$, 推出 $d \mid -1$, 这样必有 $d = 1$, 这就是说, 若 $a \in Z_n^*$, 那么 Z_n^* 中的元素 a 是一个与 n 互素的数, 这个数 a 当然是 Z_n 中的一个元素.

反过来, Z_n 中任何一个与 n 互素的整数 b 也属于 Z_n^* 吗?

从 Z_n 中所有与 n 互素的元素中任取一个元素 b, 根据 "数论" 中的一个知识: 两个整数 x 与 y 的最大公因子为 1(即两个数互素) 当且仅当存在整数 $u, v \in Z$, 使得 $xu + yv = 1$, 因为 b 与 n 互素, 所以存在整数 u 和 v, 使得

$$bu + nv = 1$$

于是 $n \mid (1 - bu)$, 有 $n \nmid u$, 否则 $n \mid (1 - bu + bu)$, 即 $n \mid 1$, 这和 $n > 1$ 不符. 设 $u = nk + u_1$, 余数 u_1 满足 $1 \leqslant u_1 \leqslant n - 1$, 于是 $u_1 \in Z_n$, 将 $u = nk + u_1$ 代入等式 $bu + nv = 1$ 并整理可得

$$bu_1 + n(bk + v) = 1$$

这个表达式既表示 u_1 与 n 互素也表示 u_1 与 b 的乘积除以 n 的余数为 1, 即 $b \odot u_1 = 1$. 根据 Z_n^* 元素最多这一特点, 可知 $b \in Z_n^*, u_1 \in Z_n^*$.

至此, 我们清楚了 Z_n^* 的结构: Z_n^* 就是 $1, 2, \cdots, n - 1$ 中所有与 n 互素的元素构成的群.

下面把这个群 Z_n^* 叙述如下.

定理 7.35   对于正整数 $n > 1$, 记所有小于 n 并且与互素的正整数作成的集合记为 Z_n^*. 定义 Z_n^* 上的运算 $\odot$: 若 $i, j \in Z_n^*$, 令

$$i \odot j = (i \cdot j) \bmod n$$

则 Z_n^* 关于运算 $\odot$ 作成一个群.

这就是现代计算机安全通信技术密码学领域用到的一个最重要的群.

7.5.2 Z_n^* 和欧拉定理

对于正整数 $n > 1$, 所有小于 n 并且与 n 互素的正整数的个数, 数学家欧拉最早给出了记号 $\phi(n)$. 如 $\phi(2) = 1$, $\phi(8) = 4$ 等. 按照这个符号的含义, 群 Z_n^* 中的元素个数就是 $\phi(n)$, 再根据群中的有关结论可知, 对任意 $a \in Z_n^*$, 有

$$\overbrace{a \odot a \cdots \odot a}^{\phi(n)} = 1$$

这个等式的确切含义就是 $a^{\phi(n)} \bmod n = 1$, 按照同余符号 "$\equiv$" 的含义, 上式的等价表示就是

$$a^{\phi(n)} \equiv 1 (\bmod\ n) \tag{7.2}$$

可以验证式 (7.2) 对于任何比 n 大且与之互素的整数 a 也成立并且式 (7.2) 中的 $n = 1$ 时, 成立是显然的, 于是有下述结论.

定理 7.36 设 n 为正整数, a 是任何与 n 互素的整数, 则

$$a^{\phi(n)} \equiv 1 (\bmod\ n) \tag{7.3}$$

定理 7.36 就是著名的欧拉定理, 欧拉定理最早是在数论中给出的, 这里从群的角度也给出了这一相同的结论.

7.5.3 基于 Z_n^* 的公钥密码系统 RSA

公钥密码体制的思想提出后不久, 美国的三位科学家 Rivest, Shamir 和 Adleman 便于 1978 年正式发表了一个具体的公钥密码算法, 这个具有深远影响的算法后来用他们的名字首字母 RSA 命名, RSA 的核心思想便是基于群 Z_n^* 和数论中的大数分解原理.

RSA 密码算法:

(1) 生成两个大素数 p 和 q;

(2) $n \leftarrow pq$, $\phi(n) \leftarrow (p-1)(q-1)$;

(3) 作群 $Z_{\phi(n)}^*$, 任意选一个随机数 b, $1 < b < \phi(n)$, 使得 $\gcd(b, \phi(n)) = 1$, 按照 $Z_{\phi(n)}^*$ 定义, 可知 $b \in Z_{\phi(n)}^*$;

(4) $a \leftarrow b^{-1}$, 这里 b^{-1} 是元素 b 在群 $Z_{\phi(n)}^*$ 中的逆元;

(5) 公钥为 (n, b), 私钥为 (p, q, a).

设待加密的信息为 x, 定义加密函数

$$y = E_b(x) = x^b \bmod n$$

得到密文 y, 定义解密函数

$$D_a(y) = y^a \bmod n$$

下面的结论保证了 RSA 算法的正确性.

定理 7.37 设 $n = pq$ 是两个不同素数之积. 如果 E_b 和 D_a 如上定义, 那么对任意 $x \in Z_n$, 都有 $D_a(E_b(x)) = x$.

证明 因为 $y = x^b \bmod n$, 可知存在整数 k, 使得 $x^b = nk + y$, 于是 $(x^b)^a = (nk + y)^a$, 这表明 $(x^b)^a$ 除以 n 的余数就是 y^a 除以 n 的余数. 要证明 $x = y^a \bmod n$, 只要证明 $x = (x^b)^a \bmod n$ 即可. 换一个说法就是只要证明 $(x^b)^a \equiv x (\bmod\ n)$ 即可.

因为元素 a 与 b 在群 $Z_{\phi(n)}^*$ 互为逆元. 于是 $a \odot b = 1$, 即 $ab \bmod \phi(n) = 1$ 或者 $ab \equiv 1 (\bmod\ \phi(n))$, 所以存在正整数 t, 使得 $ab = t\phi(n) + 1$. 对任意明文 $x \in Z_n$, 下面分情况讨论.

(1) $(x, n) = 1$. 由欧拉定理有 $x^{\phi(n)} \equiv 1 (\mathrm{mod}\ n)$, 于是

$$(x^b)^a = x^{t\phi(n)+1} = (x^{\phi(n)})^t \cdot x \equiv x (\mathrm{mod}\ n)$$

(2) $(x, n) \neq 1$. 因为 n 是素数 p, q 之积和 $x < n$, 所以 (x, n) 等于 p 或 q. 不妨设 $(x, n) = p$, 则 $(x, q) = 1$. 由欧拉定理知 $x^{q-1} \equiv 1 (\mathrm{mod}\ q)$, 于是 $x^{ab-1} = x^{t\phi(n)} = (x^{q-1})^{t(p-1)} \equiv 1 (\mathrm{mod}\ q)$, 从而

$$x^{ab} \equiv x (\mathrm{mod}\ q)$$

因为 $p | x$, 可得

$$x^{ab} \equiv x (\mathrm{mod}\ p)$$

因为 $(p, q) = 1$, 所以 $x^{ab} \equiv x (\mathrm{mod}\ pq)$, 即

$$(x^b)^a \equiv x (\mathrm{mod}\ n)$$

综上所述, 对任意 $x \in Z_n$, 都有 $(x^b)^a \equiv x (\mathrm{mod}\ n)$, 证毕.

下面是一个使用 RSA 密码体制加密解密的简单例子.

例 7.65 设 $p = 101, q = 113$, 则

$$n = pq = 101 \times 113 = 11413,$$
$$\phi(n) = (p-1)(q-1) = 100 \times 112 = 11200.$$

因为 $\phi(n) = 2^6 \times 5^2 \times 7$, 所以 1 和 11200 之间任何不被 2, 5 和 7 整除的数都可作为加密指数 b. 信息的接收方选取 $b = 3533$, 计算 b 关于模 11200 的逆为 $a = 6597$, 公开 $n = 11413$ 和 $b = 3533$.

信息的发送方得到 b, 加密明文 $x = 9726$, 得到密文

$$y = x^b \mathrm{mod}\ n = 9726^{3533} \mathrm{mod}\ 11413 = 5761$$

将密文 $y = 5761$ 通过信道发出, 接收方收到 $y = 5761$, 用 a 计算

$$y^a \mathrm{mod}\ n = 5761^{6597} \mathrm{mod}\ 11413 = 9726$$

还原出明文 9726.

攻击者可以从两个方面攻击 RSA: 第一截获密文 $y = x^b \mathrm{mod}\ n$, 利用公钥 b 反解 x; 或者利用公钥 b 求出 a, 再利用解密函数 D_a 求出明文 x. 第一种方法是求加密函数的逆变换; 第二种方法必须先求出 $\phi(n)$, 也就是分解整数 n, 才可以利用 b 求出 b 的逆元 a. 但是, 无论是求加密函数的逆变换还是分解大整数成为两个大素数的乘积, 目前在计算上都是不可行的. 其原理已超出本书的范围, 不在这里一一给出.

7.6 环

前面学习了半群与群这两个代数系统. 现在继续学习两个分别称为环和域的代数系统, 和以往代数系统不同的是, 环和域内都有两个代数运算, 且它们之间能在分配律的作用下有某种联系. 本节还将学习环和域在通信编码纠错中的应用.

7.6.1 环的定义

下面给出环的定义.

定义 7.38 一个非空集合 R 和 R 上的两个代数运算构成的代数系统 $(R, +, \cdot)$ 称为一个环, 假如

(1) R 对于 $+$ 运算作成一个交换群;

(2) R 对于 $\cdot$ 运算作成一个半群;

(3) 两个分配律都成立:
$$a(b + c) = ab + ac$$
$$(b + c)a = ba + ca$$

不管 a, b, c 是 R 的哪三个元.

由环的定义可知, 环内有两个代数运算 $+$ 和 $\cdot$, 为了方便起见, 就把它们读成加法和乘法. 当然与普通数的加法和乘法是不同的两个概念. 环 R 对于加法作成的群简单读成加群. 环中加法的单位元记为 0; 任何元素 $x \in R$, 称 x 的加法逆元为 $-x$, 若 x 存在乘法逆元, 则称逆元. 因此环中写 $x - y$ 意味着 $x + (-y)$.

例 7.66 全体整数作成的集合对于普通的加法和乘法来说作成一个环.

省去证明, 下面通过定理 7.38 叙述环的性质.

定理 7.38 设 $(R, +, \cdot)$ 是环. 则

(1) 任意的 $a \in R, a0 = 0a = 0$;

(2) 任意的 $a, b \in R, (-a)b = a(-b) = -ab$;

(3) 任意的 $a, b, c \in R, a(b - c) = ab - ac, (b - c)a = ba - ca$;

(4) 任意的 $a_1, a_2, \cdots, a_n, b_1, b_2, \cdots, b_m \in R(n, m \geqslant 2)$
$$\left(\sum_{i=1}^{n} a_i\right)\left(\sum_{j=1}^{m} b_j\right) = \sum_{i=1}^{n}\sum_{j=1}^{m} a_i b_j$$

从上述定理可以看出, 其中环加法的单位元恰好是乘法的零元. 在环中进行计算除了乘法不能使用交换律以外, 代数的计算法在一个环里差不多都可使用. 只有很少的几种普通计算法在一个环里不一定对, 这一点以后会看到.

在环定义中没有要求环的乘法适合交换律所以在一个环里 ab 未必等于 ba.

定义 7.39 一个环 R 称为一个**交换环**, 假如
$$ab = ba$$

不管 a, b 是 R 的哪两个元.

在一个交换环里, 对于任何正整数 n 以及环的任意两个元 a, b 来说都有
$$a^n b^n = (ab)^n$$

定义 7.40 一个环 R 的一个元 e 称为一个单位元, 假如对于 R 的任意元 a 来说都有
$$ea = ae = a$$

环的定义里没有要求有一个对于乘法的单位元, 一个环未必有一个单位元.

例 7.67　$R=\{$所有偶数$\}$. R 对于普通加法和乘法来说显然作成一个环. 但 R 没有单位元.

但在特殊的环里单位元是会存在的, 如整数环的 1.

一个环 R 如果有单位元它只能有一个. 因为假如 R 有两个单位元 e 和 e', 那么

$$ee' = e = e'$$

在一个有单位元的环里, 这个唯一的单位元习惯上常用 1 来表示, 以下也采取这种表示方法. 当然一个环的 1 一般不是普通整数 1.

由定理 7.38 可知, 一个环的两个元 a,b 之间如果有一个是零, 那么 ab 也等于零. 可是

$$ab = 0 \Rightarrow a = 0 \text{或} b = 0$$

这一条普通的计算规则在一个一般环里并不一定成立.

例 7.68　$R=\{$所有模 n 的剩余类$\}$. 替 R 规定过一种加法

$$[a] + [b] = [a + b]$$

并且知道 R 对于这个加法来说作成一个加群. 现在替 R 规定一个乘法:

$$[a][b] = [ab]$$

模 n 的剩余类是由整数间的等价关系

$$a \equiv b(\mod n), \text{当且仅当 } n|a - b \text{ 的时候}$$

所决定的. 若是

$$[a] = [a'], [b] = [b']$$

那么由等式

$$ab - a'b' = a(b - b') + (a - a')b'$$

容易证明

$$[ab] = [a'b']$$

所以这是一个 R 的乘法. 由上述加法和乘法的定义易见: 乘法适合结合律, 并且两个分配律都成立, 因此 R 作成一个环. 这个环称为模 n 的**剩余类环**.

若是 n 不是素数:

$$n = ab, n \nmid a, n \nmid b$$

那么在环 R 里

$$[a] \neq [0], [b] \neq [0], \text{但} [a][b] = [ab] = [n] = [0]$$

因为 $[0]$ 正是 R 的零元, 这就是说 (1) 在 R 里不成立.

定义 7.41　若在一个环里

$$a \neq 0, b \neq 0 \text{ 但 } ab = 0$$

则 a 是这个环的一个**左零因子**, b 是一个**右零因子**.

一个环若是交换环, 它的一个左零因子也是一个右零因子. 但在非交换环中, 一个零因子未必同时是左零因子也是右零因子. 一个环当然可以没有零因子, 如整数环.

例 7.69 一个实数域 R 上一切 $n \times n$ 矩阵对于矩阵的加法和乘法来说, 做成一个有单位元的环. 当 $n \geqslant 2$ 时, 这个环是非交换环, 并有零因子.

定义 7.42 一个环 R 称为一个**整环**, 假如

(1) 乘法适合交换律:

$$ab = ba$$

(2) R 有单位元 1:

$$1a = a1 = a$$

(3) R 没有零因子:

$$ab = 0 \Rightarrow a = 0 \text{或} = 0$$

这里 a, b 可以是 R 的任意元.

整数环显然是一个整环.

7.6.2 子环

定义 7.43 设 $(R, +, *)$ 是一个环, 若 R 的非空子集 R' 关于 R 的两个运算也是环, 则称 R' 为 R 的子环, 称 R 为 R' 的扩环.

下面的定理是显然的.

定理 7.39 设 $(R, +, *)$ 是一个环. R 的非空子集 R' 是 R 的子环, 当且仅当对任意 $a, b \in R'$, $a - b \in R'$, $ab \in R'$.

7.6.3 理想子环

定义 7.44 设 $(I, +, *)$ 是环 $(R, +, *)$ 的子环. 若对任意 $a \in I$ 和任意 $x \in R$, 都有 $xa \in I$, $ax \in I$, 则称 I 为 R 的一个理想子环, 简称理想.

由定义 7.44 和定理 7.39可得下述结论.

定理 7.40 设 I 是环 $(R, +, *)$ 的一个非空子集, 则 I 是 R 的理想, 当且仅当

(1) 对任意 $a, b \in I$, 都有 $a - b \in I$;

(2) 对任意 $a \in I$ 和任意 $x \in R$ 都有 $xa \in I$ 和 $ax \in I$.

任何环 $(R, +, *)$, $\{0\}$ 和 R 是 R 的两个理想, 称为平凡理想, 不是平凡的理想称为真理想.

例 7.70 设 Z 是所有整数的集合. 对于整数的加法和乘法运算 $(Z, +, *)$ 是一个带幺交换环. 设 n 是一个非负整数, 显然

$$nZ = \{kn | k \in Z\}$$

是 Z 的一个理想. 可以断言, Z 的任何理想都是这种形式. 事实上, Z 的零理想是这种形式, 设 I 是 R 非零理想, 令

$$n = \min\{|m| \mid m \in I, m \neq 0\}$$

对任意 $m \in I$, 设 $m = qn + r$, 这里 $0 \leqslant r < n$, 因为 $r = m - qn \in I$, n 是 I 中最小的正整数, 于是 $r = 0$, 这样 $I \subseteq nZ$, $nZ \subseteq I$ 是显然的, 得到 $I = nZ$.

设 R 是一个环, $a \in R$, 将包含 a 的所有理想 I 作交集后的集合记为 (a), 即

$$(a) = \bigcap_{a \in I} I$$

那么, (a) 也是一个理想. 显然包含 a 的任何理想都包含 (a), 称 (a) 是 a 生成的理想. 下面是正式定义.

定义 7.45 设 $(R, +, *)$ 是一个环. $a \in R$, 包含 a 的 R 的最小理想 (即该理想包含 a, 且包含 a 的任何一个理想都包含该理想.) 称为由 a 生成的主理想, 记为 (a).

由定理 7.40 和定义 7.45, 容易证明下述定理.

定理 7.41 设 $(R, +, *)$ 是一个环. $a \in R$, 若 R 是一个带幺环, 则

$$(a) = \left\{ \sum_{i=1}^{n} x_i a y_i \mid x_i, y_i \in R, i = 1, 2, \cdots, n, n \geqslant 1 \right\}$$

若 R 是一个交换环, 则

$$(a) = \{xa + na \mid x \in R, n \in Z\}$$

若 R 是一个带幺交换环, 则

$$(a) = \{xa \mid x \in R\}$$

定义 7.46 设 $(R, +, *)$ 是一个环. I 是 R 的理想, $a, b \in R$. 若由 $ab \in I$, 可得 $a \in I$ 或 $b \in I$, 则称 I 为 R 的素理想 (prime ideal).

定义 7.47 一个环 R 的一个不等于 R 的理想称为一个最大理想, 假如 R 同 I 自身之外没有包含 I 的理想.

例 7.71 设 p 是素数, 则 $(p) = pZ$ 为整数环 Z 的素理想, 同时也是 Z 的极大理想.

证明 事实上, 设 $ab \in pZ$, 则 $p \mid ab$, 因为 p 是素数, 所以 $p \mid a$ 或 $p \mid b$, 即 $p \in aZ$ 或 $p \in bZ$, 这样 $(p) = pZ$ 是 Z 的素理想.

下面证明 $(p) = pZ$ 是 Z 的极大理想. 设 $I = nZ = (n)$ 为 Z 的一个理想, 满足 $pZ \subseteq nZ \subseteq Z$. 因为 $p \in nZ$, 所以 $n \mid p$, 而 p 是一个素数, 所以一定有 $n = 1$ 或者 $n = p$. 当 $p = 1$ 时, 有 $I = nZ = Z$; 当 $n = p$ 时, $I = nZ = pZ = (p)$, 这样包含 (p) 的理想 I 不是 (p) 就是 Z, 于是 (p) 是 Z 的极大理想.

对于环, 同样可以定义陪集的概念.

定义 7.48 设 $(R, +, *)$ 是一个环, I 是 R 的一个理想, $a \in R$, 称

$$a + I = \{a + x \mid x \in I\}$$

为 I 的陪集, a 为陪集 $a + I$ 的代表元.

与定理群中陪集结果类似, 有下列结论, 证明从略.

定理 7.42 设 I 是环 $(R, +, *)$ 的一个理想, 则

(1) 对任意 $a, b \in R, a + I = b + I$ 当且仅当 $a - b \in I$;

(2) I 的任意两个陪集或者相等或者不相交;

(3) R 中的每个元素都在 I 的某个陪集中.

设 R/I 是理想 I 的所有不同陪集的集合, 对任意 $a+I, b+I \in R/I$, 定义

$$(a+H)+(b+H)=(a+b)+H,$$
$$(a+H)(b+H)=ab+H$$

下面说明 R/I 上定义的加法运算和乘法运算与陪集代表元的选取无关. 设 $a+I=a'+I$, $b+I=b'+I$, 则 $a-a' \in I$, $b-b' \in I$, 于是

$$(a+b)-(a'+b')=(a-a')+(b-b') \in I$$
$$ab-a'b'=(a-a')b+a'(b-b') \in I$$

因此

$$(a+b)+I=(a'+b')+I$$
$$ab+I=a'b'+I$$

即在 R/I 上定义的加法运算和乘法运算与陪集代表元的选取无关. 注意定义的 R/I 的加法和乘法与 R 的加法和乘法的区别.

7.7 域

7.7.1 域的定义

从整环的定义可以知道, 整数环有一个对于乘法来说的单位元 1, 我们也曾经给出环中逆元的定义, 在一个环里会不会每一个元都有一个逆元? 在极特殊的情形下这是最可能的.

例 7.72 R 只包括一个元 a 的加法和乘法是

$$a+a=a, \quad aa=a$$

R 显然是一个环. 这个环 R 的唯一的元 a 有一个逆元就是 a 本身.

但当环 R 至少有两个元的时候情形就不同了. 这样 R 至少有一个不等于零的元 a. 因此 $0=0a \neq a$. 这就是说, 0 不会是 R 的单位元. 但 $0b=0 \neq$ 单位元, 不管 b 是 R 的哪一个元. 由此知道 0 不会有逆元.

进一步, 除了零元以外其他的元会不会都有一个逆元? 这是可能的.

例 7.73 全体有理数作成的集合对于普通加法和乘法来说显然是一个环. 这个环的一个任意元 $a \neq 0$ 显然有逆元 $\dfrac{1}{a}$.

定义 7.49 一个至少有两个元素的整环 R 称为一个**域**, 假如 R 的每一个不等于零的元有一个逆元.

例 7.74 全体有理数的集合是一个域. 同样全体实数或全体复数的集合对于普通加法和乘法也各是一个域.

7.7.2 子域

定义 7.50 设 $(F,+,*)$ 是一个域, F' 为 F 的一个非空子集, 若 $(F',+,*)$ 仍然是一个域, 则称 F' 为 F 的子域 (subfield), 称 F 为 F' 的扩域 (extension field). 注意在这里 $(F',+,*)$ 中的运算与 $(F,+,*)$ 的相同.

根据子域的定义, 容易证明下述结论成立.

定理 7.43　设 $(F, +, *)$ 是一个域, F' 为 F 的一个非空子集, 则 $(F', +, *)$ 为 $(F, +, *)$ 的子域, 当且仅当对于任意 $a, b \in F'$, 有 $a - b \in F'$, 并且, 当 $b \neq 0$ 时, 有 $ab^{-1} \in F'$.

7.7.3　域的特征

定义 7.51　设 e 为域 F 的乘法单位元, 0 为加法单位元, 若对任意正整数 n, 都有 $ne \neq 0$, 则称域 F 的特征为 0, 若存在正整数 n, 使得 $ne = 0$, 满足 $ne = 0$ 的最小正整数 n 称为域 F 的特征.

例 7.75　容易得知有理数域和实数域以及复数域的特征都是 0, 对任意素数 p, 有限域 Z_p 的特征为 p.

一般的域, 有以下结论.

定理 7.44　每个域 F 的特征为 0 或素数. 特别地, 有限域 $\mathrm{GF}(q)$ 的特特征为素数.

证明　设域 F 的特征为 $p \neq 0$, F 的乘法单元为 e. 因为 p 是有限数, 若 p 不是素数, 则 $p = p_1 p_2, 1 < p_1 < p, 1 < p_2 < p$, 这样

$$0 = pe = (p_1 p_2)e = (p_1 e)(p_2 e)$$

因此, $p_1 e = 0$ 或者 $p_2 e = 0$. 但 $1 < p_1 < p, 1 < p_2 < p$, 这与 p 的最小性相矛盾, 于是 p 是素数.

任意有限域 $\mathrm{GF}(q)$ 只有有限个元素, 其特征不可能为 0, 于是特征一定为素数.

定理 7.45　设域 F 的特征为 $p, p \neq 0$. 那么对任意 $a \in F$, 都有 $pa = 0$. 若 m 是整数, $ma = 0$ 当且仅当 $p \mid m$.

证明　因为 F 的特征为 p, 所以

$$pa = p(ea) = (pe)a = 0a = 0$$

下面证明 $ma = 0$ 当且仅当 $p \mid m$.

若 $p \mid m$, 即 $m = qp$, 商 q 是整数, 则

$$ma = (qp)a = q(pa) = q0 = 0$$

设 $ma = 0$, 若 $p \nmid m$, 则由于 p 是素数, 所以一定有 $\gcd(p, m) = 1$, 因此, 一定存在整数 c 和 d, 使得

$$1 = cp + dm$$

于是

$$a = 1 \cdot a = (cp + dm)a = (cp)a + (dm)a = c(pa) + d(ma) = c0 + d0 = 0$$

这与 $a \neq 0$ 相矛盾, 于是 $p \mid m$.

定理 7.46　设域 F 的特征为 $p, p \neq 0$. 任意 $a, b \in F$, 都有

$$(a \pm b)^p = a^p \pm b^p$$

证明　根据二项式定理, 有

$$(a+b)^p = \sum_{i=0}^{p} \binom{p}{i} a^i b^{p-i}$$

$$= a^p + b^p + \sum_{i=1}^{p-1} \binom{p}{i} a^i b^{p-i}$$

先设 $p > 2$. 当 $i = 1, 2, \cdots, p-1$ 时, 因为 $\binom{p}{i} = \dfrac{p!}{(p-i)!i!}$ 为整数, 所以 $(p-i)!i! \mid p!$, 由于 p 为素数, 因此 $\gcd((p-i)!i!, p) = 1$, 于是 $(p-i)!i! \mid (p-1)!$, 所以 $\binom{p}{i}$ 是 p 的倍数, 故 $\sum_{i=1}^{p-1} \binom{p}{i} a^i b^{p-i} = 0$, 于是 $(a+b)^p = a^p + b^p$. 对于 $(a-b)^p$, 有

$$(a-b)^p = (a+(-b))^p = a^p + (-b)^p = a^p + ((-1)b)^p = a^p + (-1)^p b^p$$

这里 1 是 F 的乘法单位元. 注意到素数 p 必为奇数, 有 $(-1)^p = -1$, 因此

$$(a-b)^p = a^p - b^p$$

当 $p = 2$ 时, 因为对任意 $x \in F, 2x = 0$, 所以 $x = -x$, 因此

$$(a-b)^2 = (a+b)^2 = a^2 + b^2 = a^2 - b^2$$

下面的两个推论用归纳法都容易证明.

推论　设域 F 的特征为 $p, p \neq 0$, 则对任意 $a, b \in F$, 都有

$$(a \pm b)^{p^n} = a^{p^n} \pm b^{p^n}$$

推论　设 F 是一个特征为 p 的域 $p \neq 0$, 则对任意 $a_1, a_2, \cdots, a_m \in F$, 都有

$$(a_1 + a_2 + \cdots + a_m)^p = a_1^p + a_2^p + \cdots + a_m^p$$

7.7.4　域上的多项式环

设 F 是一个域, x 是一个文字符号, 形式表达式

$$f(x) = a_0 + a_1 x + a_2 x^2 + \cdots + a_n x^n$$

称为系数在 F 中的一元多项式, 其中 $a_i \in F, 0 \leqslant i \leqslant n$. 若 $a_n \neq 0$, 则称多项式 $f(x)$ 的次数为 n, 记为 $\deg(f(x)) = n$, 并且说 a_n 是多项式 $f(x)$ 的首项系数. 当 $f(x)$ 的所有系数都是 0 时, 就说 $f(x)$ 是零多项式, 仍用 0 来代表它, 并且规定 $\deg(0) = -\infty$. 用 $F[x]$ 表示域 F 上关于未知元 x 的所有多项式的集合.

定义 $F[x]$ 上的加法和乘法运算. 设

$$f(x) = a_0 + a_1 x + a_2 x^2 + \cdots + a_n x^n \in F[x]$$
$$g(x) = b_0 + b_1 x + b_2 x^2 + \cdots + b_m x^m \in F[x]$$

定义

$$f(x) + g(x) = \sum_{i=0}^{M} (a_i + b_i)x^i$$

其中, $M = \max\{n,m\}$, 若 $M = m$, 则 $a_{n+1} = \cdots = a_M = 0$; 若 $M = n$, 则 $b_{m+1} = \cdots = b_M = 0$. 定义

$$f(x) \cdot g(x) = \sum_{i=0}^{n+m} \left(\sum_{j=0}^{i} a_i b_{i-j} x^i \right)$$

其中, $a_{n+1} = a_{n+2} = \cdots = a_{n+m} = 0, b_{m+1} = b_{n+2} = \cdots = b_{n+m} = 0$.

容易验证 $(F[x], +, \cdot)$ 是一个带单位元交换环, 其乘法单位元为域 F 的单位元 1. $F[x]$ 不是域, 这是因为 $F[x]$ 中的某些非零元素不存在乘法逆元, 如 $0 \neq x \in F[x]$ 就不存在乘法逆元. 事实上, 若 $f(x) \in F[x]$ 为 x 的乘法逆元, 则 $x \cdot f(x) = 1$. 于是 $1 = \deg(x) \leqslant \deg(x \cdot f(x)) = \deg(1) = 0$, 矛盾, 这样 $x \in F[x]$ 不存在乘法逆元.

7.7.5 域上多项式的带余除法

带余除法是多项式的理论基础, 但并不是任何一个一元多项式环中都可以施行的. 比如, 对于整数环 Z 下的 $Z[x]$, $f(x) = x^2 - 1$ 除以 $g(x) = 2x + 1$ 不能进行, 因为 $\frac{1}{2}$ 不属于 Z. 下面给出一个可以施行带余除法的条件.

定理 7.47 (带余除法) 设 $a(x), b(x) \in F[x]$. 若 $b(x) \neq 0$, 则 $F[x]$ 中有唯一的多项式 $q(x)$ 和 $r(x)$, 使得

$$a(x) = q(x) \cdot b(x) + r(x) \tag{7.4}$$

其中, $\deg(r(x)) = 0$ 或者 $\deg(r(x)) < \deg(b(x))$.

证明: (1) 先证存在性. 若 $a(x) = 0$, 或 $\deg(a(x)) < \deg(b(x))$, 取 $q(x) = 0$ 和 $r(x) = f(x)$ 便可. 下面假设

$$a(x) = a_0 + a_1 x + \cdots + a_m x^m, \quad b(x) = b_0 + b_1 x + \cdots + b_n x^n$$

其中, $a_m \neq 0, b_n \neq 0, m \geqslant n$. 对 m 作归纳法. 当 $a(x)$ 是零多项式或者 $\deg(a(x)) = 1$ 或者 0 的时候, 不难验证结论成立, 下面不妨假定 $\deg(a(x)) > 1$. 假设对次数小于 m 的每一个多项式 $a(x)$ 除以 $b(x)$, 都存在满足定理条件的 $q(x)$ 和 $r(x)$. 令

$$a_1(x) = a(x) - b_n^{-1} a_m x^{m-n} b(x)$$

则 $a_1(x) = 0$ 或 $\deg(a_1(x)) < m$. 由已证结果或归纳假定, 存在 $q_1(x), r_1(x)$, 使

$$a_1(x) = b(x)q_1(x) + r_1(x), \quad r_1(x) = 0 \text{ 或 } \deg(r_1(x)) < \deg(b(x))$$

于是

$$
\begin{aligned}
a(x) &= a_1(x) + b_n^{-1} a_m x^{m-n} b(x) \\
&= b(x)q_1(x) + r_1(x) + b_n^{-1} a_m x^{m-n} b(x) \\
&= (q_1(x) + b_n^{-1} a_m x^{m-n})b(x) + r_1(x)
\end{aligned}
$$

即存在 $q(x) = q_1(x) + b_n^{-1}a_m x^{m-n}$, $r(x) = r_1(x)$, 使

$$a(x) = q(x) \cdot b(x) + r(x)$$

其中, $\deg(r(x)) < \deg(b(x))$. 存在性得证.

(2) 再证唯一性. 设另有一对多项式 $q'(x)$ 和 $r'(x)$, 使得 $a(x) = q'(x)b(x) + r'(x)$, $r'(x) = 0$, 或 $\deg(r'(x)) < \deg(b(x))$. 则

$$b(x)q(x) + r(x) = b(x)q'(x) + r'(x)$$

即

$$(q(x) - q'(x))b(x) = r'(x) - r(x)$$

若 $q(x) - q'(x) \neq 0$, 则

$$\deg(q(x) - q'(x)) + \deg b(x) = \deg(r(x) - r'(x)) < \deg(b(x))$$

这是一个矛盾, 因此 $q(x) - q'(x) = 0$, 从而 $r(x) - r'(x) = 0$.

式 (7.4) 中的 $q(x)$ 和 $r(x)$ 分别称为 $b(x)$ 去除 $a(x)$ 所得到的商和余式, 并记 $r(x) = a(x) \bmod b(x)$. 可以把 mod 看成一个二元运算符. 若 $r(x) = 0$, 则称 $b(x)$ 整除 $a(x)$, 或 $b(x)$ 是 $a(x)$ 的因式, 或 $a(x)$ 是 $b(x)$ 的倍式, 记为 $b(x)|a(x)$. 若 $r(x) \neq 0$, 称 $b(x)$ 除不尽 $a(x)$, 记作 $b(x) \nmid a(x)$.

例 7.76 取二元域 $F_2 = Z_2 = \{0,1\}$ 上的多项式 $a(x) = x^5 + x^4 + x^2 + 1$, $b(x) = x^3 + x + 1$, 用 $b(x)$ 去除 $a(x)$ 得到商 $q(x) = x^2 + x + 1$ 和余式 $r(x) = x^2$, 即

$$x^5 + x^4 + x^2 + 1 = (x^2 + x + 1)(x^3 + x + 1) + x^2$$

由定理 7.47, 不难证明下面的推论.

推论 $a_1(x), a_2(x), b(x) \in F[x]$, $b(x) \neq 0$, 则

$$(a_1(x) \pm a_2(x)) \bmod b(x) = (a_1(x) \bmod b(x)) \pm (a_2(x) \bmod b(x))$$
$$(a_1(x) \cdot a_2(x)) \bmod b(x) = (a_1(x) \bmod b(x) \cdot (a_2(x) \bmod b(x))) \bmod b(x)$$

定义 7.52 设 $a_1(x), a_2(x), b(x) \in F[x]$, $b(x) \neq 0$. 若 $b(x)|(a_2(x) - a_1(x))$, 则称 $a_1(x)$ 与 $a_2(x)$ 模 $b(x)$ 同余. 记为 $a_1(x) \equiv a_2(x) \bmod b(x)$.

7.7.6 最高公因式和最低公倍式

类似两个整数的最大公因子和最小公倍数, 在多项式之间也有类似的结论.

定义 7.53 设 $a(x), b(x), c(x) \in F[x]$, $c(x) \neq 0$. 若 $c(x)|a(x)$ 且 $c(x)|b(x)$, 则称 $c(x)$ 为 $a(x)$ 和 $b(x)$ 的公因式. 若 $c(x)$ 是 $a(x)$ 和 $b(x)$ 的所有公因式中的次数最高的并且首项系数为 1 的公因式, 则称 $c(x)$ 为 $a(x)$ 和 $b(x)$ 的最高公因式. 记为 $\gcd(a(x), b(x))$.

定义 7.54 设 $a(x), b(x) \in F[x]$, $a(x) \neq 0, b(x) \neq 0$. 若 $\gcd(a(x), b(x)) = 1$, 则称 $a(x)$ 与 $b(x)$ 互素.

设 $a(x), b(x) \in F[x], a(x) \neq 0, b(x) \neq 0$, 可以利用辗转相除法求得 $a(x)$ 和 $b(x)$ 的最高公因式 $\gcd(a(x), b(x))$.

$$a(x) = q_1(x)b(x) + r_1(x), \quad \deg(r_1(x)) < \deg(b(x)),$$
$$b(x) = q_2(x)r_1(x) + r_2(x), \quad \deg(r_2(x)) < \deg(r_1(x))$$
$$r_1(x) = q_3(x)r_2(x) + r_3(x), \quad \deg(r_3(x)) < \deg(r_2(x))$$
$$\vdots$$
$$r_{n-2}(x) = q_n(x)r_{n-1}(x) + r_n(x), \quad \deg(r_n(x)) < \deg(r_{n-1}(x)),$$
$$r_{n-1}(x) = q_{n+1}(x)r_n(x)$$

记 $r_n(x)$ 的首项系数为 $c \in F, c \neq 0$, 则 $\gcd(a(x), b(x)) = c^{-1}r_n(x)$.

根据上面求最高公因式的过程, 可以得到下面的结论.

定理 7.48 设 $a(x), b(x) \in F[x]$, $a(x) \neq 0, b(x) \neq 0$, 则存在 $c(x), d(x) \in F[x]$, 使得

$$\gcd(a(x), b(x)) = c(x)a(x) + d(x)b(x)$$

推论 设 $a(x), b(x) \in F[x]$, $a(x) \neq 0, b(x) \neq 0$, 则 $a(x)$ 与 $b(x)$ 互素当且仅当存在 $c(x), d(x) \in F[x]$, 使得

$$c(x)a(x) + d(x)b(x) = 1$$

定义 7.55 设 $a(x), b(x), c(x) \in F[x]$, $c(x) \neq 0$. 若 $a(x) \mid c(x)$ 且 $b(x) \mid c(x)$, 则称 $c(x)$ 为 $a(x)$ 和 $b(x)$ 的公倍式. 若 $c(x)$ 是 $a(x)$ 和 $b(x)$ 的所有公倍式中的次数最低, 并且首项系数为 1 的公因式, 称 $c(x)$ 为 $a(x)$ 和 $b(x)$ 的最低公倍式, 记为 $\mathrm{lcm}(a(x), b(x))$.

7.7.7 不可约多项式

定义 7.56 设 $p(x) \in F[x]$, $\deg(p(x)) \geqslant 1$. 若 $p(x)$ 在 $F[x]$ 中只有 $0 \neq c \in F$ 和 $cp(x) \in F[x]$ 这种形式的因式, 则称 $p(x)$ 为域 F 上的不可约多项式; 否则, 称 $p(x)$ 为域 F 上的可约多项式.

可以看出, 一个多项式是否可约与域 F 相关. 例如, 多项式 $x^2 - 2$ 在有理数域上是不可约的, 但在实数域上却是可约的, 因为

$$x^2 - 2 = (x + \sqrt{2})(x - \sqrt{2})$$

引理 7.3 设 $p(x)$ 为域 F 上的不可约多项式, $a(x), b(x) \in F(x)$. 若 $p(x) \mid a(x)b(x)$, 则一定有 $p(x) \mid a(x)$ 或者 $p(x) \mid b(x)$.

证明 若 $p(x) \nmid a(x)$, 则 $\gcd(p(x), a(x)) = 1$, 于是存在 $c(x)$ 和 $d(x)$, 使得

$$p(x)c(x) + a(x)d(x) = 1$$

上式等号的两端都乘以 $b(x)$, 有

$$p(x)c(x)b(x) + a(x)b(x)d(x) = b(x)$$

已知 $p(x) \mid a(x)b(x)$ 和 $p(x) \mid p(x)$, 于是 $p(x) \mid b(x)$.

引理 7.4 设 $f(x), a(x), b(x) \in F[x]$, $f(x) \neq 0$. 若 $f(x) \mid a(x)b(x)$ 且
$$\gcd(f(x), a(x)) = 1$$
则 $f(x) \mid b(x)$.

证明 因为 $\gcd(f(x), a(x)) = 1$, 于是存在 $c(x)$ 和 $d(x)$, 使得
$$f(x)c(x) + a(x)d(x) = 1$$
上式等号的两端都乘以 $b(x)$, 有
$$f(x)c(x)b(x) + a(x)b(x)d(x) = b(x)$$
已知 $f(x) \mid a(x)b(x)$ 和 $f(x) \mid f(x)$, 于是 $f(x) \mid b(x)$.

利用上面的两个引理, 可以证明下述定理.

定理 7.49 (唯一因式分解定理) 设 $f(x) \in F[x]$, $\deg(f(x)) \geqslant 1$, 则 $f(x)$ 可以表示成 $F[x]$ 中的一些不可约多项式的乘积; 进一步, 若
$$f(x) = p_1(x)p_2(x) \cdots p_r(x) = q_1(x)q_2(x) \cdots q_s(x)$$
其中, $p_1(x), p_2(x), \cdots, p_r(x)$, $q_1(x), q_2(x), \cdots, q_s(x)$ 都是域 F 上的不可约多项式, 则有 $r = s$, 并且经过适当重新排列因式的次序后一定有 $p_i(x) = c_i q_i(x)$, $0 \neq c_i \in F$, $i = 1, 2, \cdots, r$.

证明 用归纳法. 先证 $f(x)$ 可以分解成 $F[x]$ 上的一些不可约多项式的乘积. 当 $f(x)$ 的次数等于 1 时, 结论正确. 设 $F[x]$ 上次数小于等于 k 的所有多项式都可以分解成不可约多项式的乘积. 现在 $f(x)$ 的次数等于 k, 若 $f(x)$ 本身就是一个不可约多项式, 结论自然成立, 否则有 $f(x) = f_1(x)f_2(x)$, $f_1(x)$ 和 $f_2(x)$ 是两个次数大于 0 小于 $f(x)$ 的多项式, 根据归纳假设, $f_1(x)$ 和 $f_2(x)$ 都可以分解成一些不可约多项式的乘积, 故 $f(x)$ 可以分解成不可约多项式的乘积.

再证剩余的部分.

设 $f(x)$ 分解成不可约多项式的乘积
$$f(x) = p_1(x)p_2(x) \cdots p_r(x)$$
若 $f(x)$ 还有另外一种分解方式
$$f(x) = q_1(x)q_2(x) \cdots q_s(x)$$
于是
$$f(x) = p_1(x)p_2(x) \cdots p_r(x) = q_1(x)q_2(x) \cdots q_s(x)$$
$p_1(x)$ 能够整除某一个 $q_i(x)$, 把 $q_i(x)$ 的次序换一换, 可以假定 $p_1(x) \mid q_1(x)$. 但 $p_1(x)$ 和 $q_1(x)$ 都是不可约多项式, 所以 $p_1(x) = c_1 q_1(x)$, 这里 $c_1 \neq 0$. 因为 $F[x]$ 中无零因子, 这样
$$c_1 p_2(x) \cdots p_r(x) = q_2(x) \cdots q_s(x)$$
所以依照归纳法的假定,
$$r - 1 = s - 1$$
而且可以把 $q_i(x)$ 调换一下顺序, 使得 $p_2(x) = c_2 q_2(x)$, $\cdots$, $p_r(x) = c_s q_s(x)$, 这里 c_2, $\cdots$, c_r 都不是零.

7.7.8 多项式的重因式

定义 7.57 设 $f(x), g(x) \in F[x]$, $g(x) \neq 0$ 且 $\deg(g(x)) \geqslant 1$, 若 $g(x)^2 \mid f(x)$, 则称 $g(x)$ 为 $f(x)$ 的重因式.

从定义可以看出, 重因式的次数一定至少为 1.

定义 7.58 设

$$f(x) = a_0 + a_1 x + \cdots + a_{n-1} x^{n-1} + a_n x^n \in F[x]$$

定义 $f(x)$ 的形式导数为

$$f'(x) = a_1 + 2a_2 x + \cdots + (n-1)a_{n-1} x^{n-2} + na_n x^{n-1}$$

根据定义可以看到, 多项式的形式导数满足以下基本性质:

$$(f(x) + g(x))' = f'(x) + g'(x),$$
$$(cf(x))' = cF'(x),$$
$$(f(x)g(x))' = f'(x)g(x) + f(x)g'(x),$$
$$(f(x)^m)' = mf(x)^{m-1}f'(x)$$

其中, $f(x), g(x) \in F[x], c \in F, m$ 是任意正整数.

定理 7.50 若 $f(x) \in F(x)$, $f(x) \neq 0$, 则 $f(x)$ 没有重因式的充要条件为 $f(x)$ 与 $f'(x)$ 互素, 即 $\gcd(f(x), f'(x)) = 1$.

证明 必要性. 设 $\gcd(f(x), f'(x)) = 1$, 往证 $f(x)$ 没有重因式. 否则, 若 $g(x)$ 是 $f(x)$ 的重因式, 则 $g(x)^2 \mid f(x)$, 令 $f(x) = h(x)g(x)^2$, 这样

$$f'(x) = h'(x)g(x)^2 + 2h(x)g(x)g'(x)$$

因此, $f(x)$ 与 $f'(x)$ 有公因式 $g(x)$, 这与 $\gcd(f(x), f'(x)) = 1$ 相矛盾.

充分性. 设 $f(x)$ 没有重因式. 根据定理 7.49, 存在 F 上的 r 个不同的不可约多项式 $p_1(x), p_2(x), \cdots, p_r(x)$, 使得

$$f(x) = p_1(x)p_2(x) \cdots p_r(x)$$

其中, $r \geqslant 1$, 因为 $f(x)$ 没有重因式, 所以 $p_1(x), p_2(x), \cdots, p_r(x)$ 之间不会有一个整除另一个. 因为

$$f'(x) = \sum_{i=1}^{r} p_1(x) \cdots p_{i-1}(x)p_i'(x)p_{i+1}(x) \cdots p_r(x)$$

可以断言: $\gcd(f(x), f'(x)) = 1$. 否则, 若 $(f(x), f'(x)) \neq 1$, 则存在 $s, 1 \leqslant s \leqslant r$, 使得 $p_s(x) \mid f(x)$ 和 $p_s(x) \mid f'(x)$, 这样必有

$$p_s(x) \mid p_1(x)p_2(x) \cdots p_{s-1}(x)p_s'(x)p_{s+1}(x) \cdots p_r(x)$$

而 $p_1(x), \cdots, p_{s-1}(x), p_{s+1}(x), \cdots, p_r(x)$ 是 r 个互不相同的不可约多项式, 有

$$p_s(x) \nmid p_1(x)p_2(x) \cdots p_{s-1}(x)p_{s+1}(x) \cdots p_r(x)$$

可知 $p_s(x) \mid p_s'(x)$, 这是一个矛盾.

7.7.9 多项式的根

定理 7.51(余元定理) 设 $f(x) \in F[x]$, $\alpha \in F$. 若用一次多项式 $x - \alpha$ 去除 $f(x)$, 则所得到的余式为 $f(\alpha) \in F$.

证明 用 $x - \alpha$ 去除 $f(x)$, 设所得到的商为 $q(x)$, 余式为 F 中的元素 c, 即

$$f(x) = q(x)(x - \alpha) + c$$

在上式中用 α 代替 x, 就得到 $c = f(\alpha)$.

定义 7.59 设 $f(x) \in F[x]$, $\alpha \in F$, 若 $f(\alpha) = 0$, 则称 α 为 $f(x)$ 在域 F 上的一个根. 根据余元定理, 可以得到:

推论 设 $f(x) \in F[x]$, $\alpha \in F$, α 是 $f(x)$ 在域 F 上的根的充要条件为 $(x - \alpha) \mid f(x)$.

从推论可以得到以下推论.

推论 设 $f(x) \in F[x]$, $\deg(f(x)) = n$, 则 $f(x)$ 在域 F 上至多有 n 个两两不同的根.

定义 7.60 设 $f(x) \in F[x]$, $\alpha \in F$. 若 $(x - \alpha)^2 \mid f(x)$ 则称 α 为 $f(x)$ 的一个重根.

7.7.10 多项式环的理想与商环

定理 7.52 设 $f(x) \in F[x]$. 令

$$(f(x)) = \{ q(x)f(x) \mid q(x) \in F[x] \}$$

那么, $(f(x))$ 为 $F[x]$ 的一个理想. 反过来, $F[x]$ 的任意一个理想都是 $F[x]$ 中的某个多项式的一切倍式所组成的集合.

证明 根据定理 7.40 或者根据定义 7.45 和定理 7.41, 可知 $(f(x))$ 是 $F[x]$ 的一个理想.

设 I 是 $F[x]$ 的一个理想, 证明存在一个 $g(x) \in F[x]$, 使得 $I = (g(x))$.

若 $I = \{0\}$, 则令 $g(x) = 0$ 即可. 设 $I \neq \{0\}$, 则 I 中存在非零多项式, 设 $g(x)$ 是 I 中次数最低并且首项系数为 1 的多项式, 显然 $(g(x)) \subseteq I$. 任取 $h(x) \in I$, 根据带余除法, 存在 $q(x) \in F[x]$ 和 $r(x) \in F[x]$, 使得 $h(x) = q(x)g(x) + r(x)$, 可以断言: $r(x) = 0$. 否则, 因为 $r(x) = h(x) - q(x)g(x) \in I$ 是一个次数比 $g(x)$ 的次数还小的多项式, 这与 $g(x)$ 的选取不符. 这样 $h(x) = q(x)g(x) \in (g(x))$, 又得 $I \subseteq (g(x))$. 综合以上两点, 可知 $I = (g(x))$. 证毕.

设 $p(x)$ 是域 F 上的一个 n 次多项式, 容易验证 $F[x]$ 关于理想 $(p(x))$ 的商环

$$F[x]/(f(x))$$

是一个单位元为 $1 + (p(x))$ 的交换环.

设 $p(x)$ 是 $F[x]$ 中的一个多项式, $\deg(p(x)) = n$. 令

$$F[x]_{p(x)} = \{a_0 + a_1 x + \cdots + a_{n-1}x^{n-1} \mid a_i \in F, 0 \leqslant i \leqslant n-1\}$$

对任意 $a(x), b(x) \in F[x]_{p(x)}$, 定义加法和乘法如下:

$$a(x) \oplus b(x) = a(x) + b(x)$$
$$a(x) \odot b(x) = (a(x) \cdot b(x)) \bmod p(x)$$

$(F[x]_{p(x)}, \oplus, \odot)$ 是一个带单位元交换环. $(F[x]_{p(x)}, \oplus, \odot)$ 的乘法单位元为域 F 的乘法单位元 1.

注意 根据 $F[x]_{p(x)}$ 中元素形式, 可知 $p(x)$ 是一个次数 $\geqslant 1$ 的多项式.

例 7.77 设 $p(x) = x^2 + x + 1$ 为二元域 F_2 上的多项式. $F_2 = Z_2 = \{0, 1\}$. 因为 $p(1) = p(0) = 1 \neq 0$, 所以 $p(x)$ 在 F_2 上没有一次因式. 因此, $p(x)$ 是 F_2 上的不可约多项式. 按照 $F_2[x]$ 的定义, 其元素都是 $a_0 + a_1 x$ 的形式, $a_0, a_1 \in \{0, 1\}$, 于是

$$F_2[x]_{p(x)} = \{0, 1, x, x+1\}$$

$F_2[x]_{p(x)}$ 上的加法运算和乘法运算分别见表 7.1 和表 7.2.

表 7.1　$F_2[x]_{p(x)} = \{0, 1, x, x+1\}$ 上的加法运算表

$\oplus$	0	1	x	$x+1$
0	0	1	x	$x+1$
1	1	0	$x+1$	x
x	x	$x+1$	0	1
$x+1$	$x+1$	x	1	0

表 7.2　$F_2[x]_{p(x)} = \{0, 1, x, x+1\}$ 上的乘法运算表

$\odot$	0	1	x	$x+1$
0	0	0	0	0
1	0	1	x	$x+1$
x	0	x	$x+1$	1
$x+1$	0	$x+1$	1	x

例 7.78 设 $p(x) = x^2 + 1$ 是三元域 F_3 上的一个多项式. $F_3 = Z_3 = \{0, 1, 2\}$. 因为 $p(0) = 1 \neq 0$, $p(1) = 2 \neq 0$, $p(2) = 2 \neq 0$, 所以 $p(x) = x^2 + 1$ 没有一次因式. 因此, $p(x) = x^2 + 1$ 为三元域 F_3 上的不可约多项式.

$$F_3[x]_{p(x)} = \{0, 1, 2, x, x+1, x+2, 2x, 2x+1, 2x+2\}$$

$F_3[x]_{p(x)}$ 上的加法运算表和乘法运算表如表 7.3 和表 7.4 所示.

表 7.3　$F_3[x]_{p(x)}$ 上的加法运算表

$\oplus$	0	1	2	x	$x+1$	$x+2$	$2x$	$2x+1$	$2x+2$
0	0	1	2	x	$x+1$	$x+2$	$2x$	$2x+1$	$2x+2$
1	1	2	0	$x+1$	$x+2$	x	$2x+1$	$2x+2$	$2x$
2	2	0	1	$x+2$	x	$x+1$	$2x+2$	$2x$	$2x+1$
x	x	$x+1$	$x+2$	$2x$	$2x+1$	$2x+2$	0	1	2
$x+1$	$x+1$	$x+2$	x	$2x+1$	$2x+2$	$2x$	1	2	0
$x+2$	$x+2$	x	$x+1$	$2x+2$	$2x$	$2x+1$	2	0	1
$2x$	$2x$	$2x+1$	$2x+2$	0	1	2	x	$x+1$	$x+2$
$2x+1$	$2x+1$	$2x+2$	$2x$	1	2	0	$x+1$	$x+2$	x
$2x+2$	$2x+2$	$2x$	$2x+1$	2	0	1	$x+2$	x	$x+1$

表 7.4　$F_3[x]_{p(x)}$ 上的乘法运算表

⊕	0	1	2	x	$x+1$	$x+2$	$2x$	$2x+1$	$2x+2$
0	0	0	0	0	0	0	0	0	0
1	0	1	2	x	$x+1$	$x+2$	$2x$	$2x+1$	$2x+2$
2	0	2	1	$2x$	$2x+2$	$2x+1$	x	$x+2$	$x+1$
x	0	x	$2x$	2	$x+2$	$2x+2$	1	$x+1$	$2x+1$
$x+1$	0	$x+1$	$2x+2$	$x+2$	$2x$	1	$2x+1$	2	x
$x+2$	0	$x+2$	$2x+1$	$2x+2$	1	x	$x+1$	$2x$	2
$2x$	0	$2x$	x	1	$2x+1$	$x+1$	2	$2x+2$	$x+2$
$2x+1$	0	$2x+1$	$x+2$	$x+11$	2	$2x$	$2x+1$	x	1
$2x+2$	0	$2x+2$	$x+1$	$2x+1$	x	2	$x+2$	1	$2x$

注意　若单纯为了构造一个环 $F[x]_{p(x)}$，在例 7.77 和例 7.78 中没有必要一定强调 $p(x)$ 是一个不可约多项式.

定理 7.53　设 F 是一个域，$f(x) \in F[x]$，$\deg(f(x)) = n \geqslant 1$，$I$ 为 $F[x]_{f(x)}$ 的一个理想，$I \neq \{0\}$. 那么 I 中存在唯一的、非零的、次数最低并且首项系数为 1 的多项式 $g(x)$，使得

$$I = \{\, q(x)g(x) \mid q(x) \in F[x]_{f(x)}, \deg(q(x)) \leqslant n-1-\deg(g(x)) \,\} \tag{7.5}$$

而且，$g(x) \mid f(x)$. 反过来，设 $g(x)$ 为 $f(x)$ 的一个首项系数为 1 的因式，则式 (7.5) 中定义的 I 为 $F[x]_{f(x)}$ 的理想，而且是由 $g(x)$ 生成的理想 $(g(x))$，$g(x)$ 是这个理想中次数最低的首项系数是 1 的多项式.

证明　设 I 为 $F[x]_{f(x)}$ 的理想，$I \neq \{0\}$. 因为 I 中存在非零多项式，所以 I 中非零的、次数最低并且首项系数为 1 的多项式 $g(x)$ 是存在的，所以称这样的多项式是唯一的. 否则，若 $g_1(x)$ 也是这样的一个不同于 $g(x)$ 的多项式，则 $0 \neq g(x) - g_1(x) \in I$，注意 $\deg(g(x) - g_1(x)) \leqslant \deg(g(x)) - 1$，用 $g(x) - g_1(x)$ 首项系数的逆元乘以 $g(x) - g_1(x)$，就得到 I 中的一个非零的、次数比 $g(x)$ 低且首项系数为 1 的多项式，这与 $g(x)$ 的选取相矛盾. 因此 $g(x) - g_1(x) = 0$，即 $g_1(x) = g(x)$. 这就证明了 I 中非零的、次数最低并且首项系数为 1 的多项式是唯一的.

作集合

$$I' = \{\, q(x)g(x) \mid q(x) \in F[x]_{f(x)}, \deg(q(x)) \leqslant n-1-\deg(g(x)) \,\}$$

这里 $q(x) \in F[x]_{f(x)}$，$q(x)$ 遍历次数满足 $\deg(q(x)) \leqslant n-1-\deg(g(x))$ 的所有多项式和零多项式. 下面来证明 $I = I'$.

(1) **先证** $I' \subseteq I$. 任取 $v(x) = q(x)g(x) \in I'$，$q(x) = 0$ 或者 $\deg(q(x)) \leqslant n-1-\deg(g(x))$. 若 $q(x) = 0$，则 $v(x) = 0 \in I$. 若 $q(x) \neq 0$，因为 $\deg(q(x)) \leqslant n-1-\deg(g(x))$，于是 $v(x) = q(x)g(x) = q(x) \odot g(x) \in I$，可知 $I' \subseteq I$.

(2) **再证** $I \subseteq I'$. 任取 $v(x) \in I$，若 $v(x) = 0$，则 $v(x) \in I'$. 设 $v(x) \neq 0$. 在 $F[x]$ 中用 $g(x)$ 去除 $v(x)$，存在 $q(x)$ 和 $r(x)$ 使得

$$v(x) = q(x)g(x) + r(x)$$

从 $q(x)g(x)$ 的次数即 $v(x)$ 的次数至多是 $n-1$，可知 $\deg(q(x)) \leqslant n-1-\deg(g(x))$. 因为 $r(x) = v(x) - q(x)g(x) = v(x) - q(x) \odot g(x) \in I$，必有 $r(x) = 0$. 否则用 $r(x)$ 首项系数的

逆元乘以 $r(x)$ 就得到 I 中的一个非零的、次数比 $g(x)$ 低并且首项系数为 1 的多项式, 这与 $g(x)$ 的选取相矛盾. 这样 $v(x) = q(x)g(x) \in I'$, 这就证明了 $I \subseteq I'$.

　　综合 (1),(2) 两种情况, 可知 $I = I'$.

　　下面证明 $g(x) \mid f(x)$.

　　在 $F[x]$ 中用 $g(x)$ 去除 $f(x)$, 存在 $q_1(x)$ 和 $r_1(x)$ 使得

$$f(x) = q_1(x)g(x) + r_1(x)$$

因为

$$
\begin{aligned}
r_1(x) &= r_1(x) \bmod f(x) \\
&= (f(x) - q_1(x)g(x)) \bmod f(x) \\
&= (-q_1(x)g(x)) \bmod f(x) \\
&= -q_1(x) \odot g(x) \in I
\end{aligned}
$$

仍因 $g(x)$ 是 I 中 $\neq 0$ 的次数最低的首项系数为 1 的多项式, 所以一定有 $r_1(x) = 0$, 于是

$$f(x) = q_1(x)g(x)$$

这就证明了 $g(x)$ 是 $f(x)$ 的因式. 定理的第一部分就证完了.

　　反过来, 设 $g(x)$ 是 $f[x]$ 的一个首项系数为 1 的因式, $f(x) = g(x)h(x)$. 令

$$I_1 = \{ \, k(x)g(x) \mid k(x) \in F[x]_{f(x)}, k(x) = 0 或 \deg(k(x)) \leqslant n - 1 - \deg(g(x)) \, \}$$

我们先来证明 I_1 是 $F[x]_{f(x)}$ 的一个理想.

　　首先, 任取 $a_1(x) = k_1(x)g(x), a_2(x) = k_2(x)g(x) \in I_1$. 若 $k_1(x) + k_2(x) = 0$, 则 $a_1(x) \oplus a_2(x) = a_1(x) + a_2(x) = (k_1(x) + k_2(x))g(x) = 0 \in I_1$. 若 $k_1(x) + k_2(x) \neq 0$, 因为 $\deg(k_1(x) + k_2(x)) \leqslant n - 1 - \deg(g(x))$, 所以 $a_1(x) \oplus a_2(x) = a_1(x) + a_2(x) = (k_1(x) + k_2(x))g(x) \in I_1$(**集合 I_1 中的任意两个元模 $f(x)$ 相加还是 I_1 中的两个元**). 其次, 对于任意 $s(x) \in F[x]_{f(x)}$, 任意的 $t(x) = k(x)g(x) \in I_1$. 将证明 $s(x) \odot t(x) = s(x)k(x)g(x) \bmod f(x) \in I_1$. 在 $F[x]$ 中用 $h(x)$ 去除 $s(x)k(x)$, 存在 $q_2(x)$ 和 $r_2(x)$, 使得 $s(x)k(x) = q_2(x)h(x) + r_2(x)$, 于是

$$
\begin{aligned}
s(x) \odot t(x) &= s(x) \odot (k(x)g(x)) \\
&= (s(x)k(x)) \odot g(x) \\
&= (q_2(x)h(x) + r_2(x)) \odot g(x) \\
&= (q_2(x)h(x)) \odot g(x) + r_2(x) \odot g(x) \\
&= q_2(x) \odot (h(x)g(x)) + r_2(x) \odot g(x) \\
&= q_2(x) \odot (f(x)) + r_2(x) \odot g(x) \\
&= 0 + r_2(x) \odot g(x) \\
&= r_2(x) \odot g(x)
\end{aligned}
$$

当 $r_2(x) = 0$ 时, 有 $s(x) \odot t(x) = 0 \in I_1$. 当 $r_2(x) \neq 0$ 时, 因为 $\deg(r_2(x)) < \deg(h(x))$, 于是

$$\deg(r_2(x)g(x)) = \deg(r_2(x)) + \deg(g(x)) < \deg(h(x)) + \deg(g(x))$$
$$= \deg(f(x))$$
$$= n$$

所以 $s(x) \odot t(x) = r_2(x) \odot g(x) = r_2(x)g(x) \in I_1$, 这就证明了 I_1 是 $F[x]_{f(x)}$ 的一个理想.

下面证明 I_1 就是 $g(x)$ 在 $F[x]_{f(x)}$ 内生成的理想 $(g(x))$, 即证 $(g(x)) = I_1$.

任取 $v(x) \in (g(x))$, 存在 $k(x) \in F[x]_{f(x)}$, 使得 $v(x) = k(x) \odot g(x)$, 用 $h(x)$ 去除 $k(x)$, 设 $k(x) = q(x)h(x) + k_1(x)$, 仿照前面的证明方法可知, 则 $v(x) = k(x) \odot g(x) = k_1(x) \odot g(x)$, 无论 $k_1(x) = 0$ 还是 $\deg(k_1(x)) < \deg h(x)$, 都有 $v(x) = k_1(x)g(x) \in I_1$, 这样 $(g(x)) \subseteq I_1$. 而 $I_1 \subseteq (g(x))$ 是显然的. 至于 $g(x)$ 是 I_1 中的次数最低并且首项系数为 1 的多项式是显然的.

设 $f(x)$ 是域 F 上的 n 次多项式, 关于带单位元交换环 $F[x]/(f(x))$ 与 $F[x]_{f(x)}$, 有下面的定理.

定理 7.54 带单位元交换环 $F[x]/(f(x))$ 与 $F[x]_{f(x)}$ 同构.

证明 记 $F[x]/(f(x))$ 中的加法和乘法符号分别为 $\oplus$ 和 $\odot$. 记 $F[x]_{f(x)}$ 的加法和乘法符号分别为 $\boxplus$ 和 $\boxdot$. 对任意 $a(x) + (f(x)) \in F[x]/(f(x))$, 定义

$$\phi: \quad a(x) + (f(x)) \mapsto a(x) \bmod f(x)$$

按照定义, 给定 $F[x]/(f(x))$ 中的任意元素 $a(x) + (f(x))$, $F[x]_{f(x)}$ 存在唯一的元素 $a(x) \bmod f(x)$ 与之对应, 于是 ϕ 是 $F[x]/(f(x))$ 与 $F[x]_{f(x)}$ 之间的映射, ϕ 是满射是显然的. 其次

$$a(x) + (f(x)) \neq b(x) + (f(x))$$
$$\Rightarrow a(x) - b(x) \notin (f(x))$$
$$\Rightarrow f(x) \nmid (a(x) - b(x))$$
$$\Rightarrow a(x) \bmod f(x) \neq b(x) \bmod f(x)$$

于是 ϕ 是 $F[x]/(f(x))$ 与 $F[x]_{f(x)}$ 之间的一一映射.

下面证明 ϕ 保持运算.

$$\phi(a(x) + (f(x)) \oplus b(x) + (f(x))) = \phi((a(x) + b(x)) + (f(x)))$$
$$= (a(x) + b(x)) \bmod f(x)$$
$$= a(x) \bmod f(x) \boxplus b(x) \bmod f(x)$$
$$= \phi(a(x) + (f(x))) \boxplus \phi(b(x) + (f(x)))$$

和

$$\phi(a(x) + (f(x)) \odot b(x) + (f(x)))$$

$$= \phi(a(x) \cdot b(x) + (f(x)))$$

$$= (a(x) \cdot b(x)) \mathrm{mod} \, f(x)$$

$$= ((a(x) \mathrm{mod} \, f(x)) \cdot (b(x) \mathrm{mod} \, f(x))) \mathrm{mod} \, f(x)$$

$$= (a(x) \mathrm{mod} \, f(x)) \boxdot (b(x) \mathrm{mod} \, f(x))$$

$$= \phi(a(x) + (f(x))) \boxdot \phi(b(x) + (f(x)))$$

这样 ϕ 分别保持 $F[x]/(f(x))$ 与 $F[x]_{f(x)}$ 之间的加法和乘法运算, 定理证毕.

由于带单位元交换环 $F[x]/(p(x))$ 与 $F[x]_{f(x)}$ 是同构的, 所以将 $F[x]/(p(x))$ 看成是 $F[x]_{f(x)}$.

定理 7.55 设 $p(x) \in F[x]$, 则带单位元交换环 $F[x]/(p(x))$ 为域的充分必要条件是 $p(x)$ 为域 F 上的不可约多项式.

证明 记 $F[x]/(f(x))$ 中的加法和乘法符号分别为 $\oplus$ 和 $\odot$. 由于 $F[x]/(p(x))$ 是一个带单位元交换环, 所以只需证明: 对于 $F[x]/(p(x))$ 中的任意一个非零元素 $a(x) + (p(x))$ 有逆元当且仅当 $p(x)$ 是域 F 上的不可约多项式.

必要性. 设 $F[x]/(p(x))$ 是域. 若 $p(x)$ 是 F 上的可约多项式, $p(x) = p_1(x)p_2(x)$, $p_i(x) + (p(x)) \neq 0$, $i = 1, 2$. 但是

$$(p_1(x) + (p(x))) \odot (p_2(x) + (f(x))) = p(x) + (f(x)) = 0$$

这里 0 是域 $F[x]/(f(x))$ 的零元素, 这与域中不存在零因子相矛盾.

充分性. 设 $p(x)$ 是域 F 上的不可约多项式, 因为不可约多项式的次数 $\geqslant 1$, 于是 $F[x]/(f(x))$ 中至少有一个非零元素, 例如 $1 + (p(x))$ 就是一个非零的元素. 要证 $F[x]/(f(x))$ 是域, 只需证明 $F[x]/(f(x))$ 中的每个非零元素存在逆元即可. 设 $a(x) + (p(x)) \neq 0$, 于是 $a(x) \notin (p(x))$, 即 $p(x) \nmid a(x)$, $\gcd(p(x), a(x)) = 1$, 存在 $c(x) \in F[x]$ 和 $d(x) \in F[x]$ 使得

$$c(x)p(x) + d(x)a(x) = 1$$

于是, $(d(x)a(x)) + (p(x)) = 1 + (p(x))$, 或者

$$(d(x) + (p(x)) \odot (a(x) + (p(x))) = 1 + (p(x))$$

这说明 $d(x) + (p(x))$ 是 $a(x) + (p(x))$ 的逆元, 充分性得证.

特别地, 若 F 是一个有限域, $|F| = q, p(x)$ 是 F 上的一个 n 次不可约多项式, 则 $F[x]/(p(x))$(或者说 $F[x]_{p(x)}$ 是一个只含有 q^n 个元素的有限域.

补充: 下面直接证明 $F[x]_{p(x)}$ 是域的充分必要条件为 $p(x)$ 是不可约多项式.

证明 记 $F[x]_{p(x)}$ 中的加法和乘法运算符号分别为 $\oplus$ 和 $\odot$.

充分性. 设 $p(x)$ 是不可约多项式. 我们先来看看 $F[x]_{p(x)}$ 中元素的形式. 设 $p(x)$ 是 $F[x]$ 中的 $n(n \geqslant 1)$ 次多项式, 按照定义, $F[x]_{p(x)}$ 就是 $F[x]$ 中的零多项式和次数不超过 $n - 1$ 的所有多项式组成的集合, 于是 $F[x]_{p(x)}$ 中含有非零元素. 要证明 $F[x]_{p(x)}$ 是域, 只需证明任何非零元素有逆元即可. 任取 $a(x) \in F[x]_{f(x)}$, 因为 $\gcd(a(x), p(x)) = 1$, 存在 $u(x), v(x) \in F[x]$, 使得

$$a(x)u(x) + v(x)p(x) = 1$$

故 $a(x)u(x)\mathrm{mod}\ p(x) = 1$, 也就是

$$a(x) \odot u(x) = 1$$

用 $p(x)$ 去除 $u(x)$ 可得

$$u(x) = g(x)p(x) + r(x)$$

由于 $a(x) \odot u(x) = 1$, 所以 $r(x) \neq 0$, $\deg(r(x)) < \deg(p(x))$, 于是 $r(x) \in F[x]_{f(x)}$, 这样

$$a(x) \odot u(x) = a(x) \odot (g(x)p(x) + r(x)) = a(x) \odot r(x) = 1$$

可知 $r(x)$ 是 $a(x)$ 的逆元.

必要性. 设 $F[x]_{p(x)}$ 是域. 若 $p(x)$ 为可约多项式, 那么

$$p(x) = p_1(x)p_2(x)$$

这里 $p_1(x)$ 和 $p_2(x)$ 是 $F[x]_{f(x)}$ 中的两个次数大于零且小于 $p(x)$ 的多项式. 因为 $p_1(x) \cdot \mathrm{mod}\ p(x) = p_1(x) \neq 0$, $p_2(x)\mathrm{mod}\ p(x) = p_2(x) \neq 0$, 但是 $p_1(x) \odot p_2(x) = (p_1(x)p_2(x)) \cdot \mathrm{mod}\ p(x) = 0$, 这与域 $F[x]_{f(x)}$ 中无零因子相矛盾.

7.8 环与域在编码纠错理论中的应用

7.8.1 通信系统的基本模型

简单来说, 一个数字通信系统主要由信源、信道、信道编码器以及信道译码器四个基本部分组成, 如图 7.1 所示.

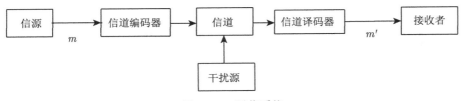

图 7.1 通信系统

信源就是信息产生的地方. 信源产生信息在信道传输的过程中, 可能会遇到各种干扰, 从而会使信道上传输信息发生错误.

为了增强信源消息在传输过程中的抗干扰能力, 信道编码器会在传输的信息中增加一些抗干扰的信号, 这些抗干扰的信号称为冗余信息, 冗余信息连同原始信息一起传输, 即使受到干扰产生了一些错误, 信道接收端的译码器也可以利用增加的冗余信息发现传输过程中出现的错误, 从而尽可能正确地还原出信源消息.

编码与纠错理论在卫星通信、电话通信、计算机网络通信等许多领域已得到广泛应用. 这些应用离我们最近的就是大家在商品包装中经常见到的条形码, 条形码通常称为图形码, 它利用图形来表达信息, 条形码由一组黑白相间的条纹组成, 黑白条纹的不同宽度代表不同的消息. 条形码中包含了一定的纠错信息, 能够避免由于模糊而造成的读取错误.

7.8.2   编码理论的基本知识

下面用具体的例子说明处理通信过程中检测与纠正错误时遇到的一些问题和在原始信息中增加冗余信息的必要性.

信息的原始形式 (文字、声音、图像等) 在网络上传播之前都需要转化成适合信道传输的数字信号, 这些数字信号最常见的表现方式为 0 和 1 形成的串.

图 7.2 显示的模型称为一个二元对称信道. 该模型描述了这样一种情形, 信道传输任何一个比特时的差错率, 也就是 0 变成 1 或者 1 变成 0 的概率为 $p\left(\ll\dfrac{1}{2}\right)$, 符号 $\ll$ 表示远小于.

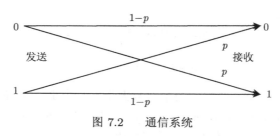

图 7.2   通信系统

现在让信道传输一个比特, 我们自然在接收端收到一个比特. 若认为接收到的信息就是发送端发送的信息, 在这种情况下, 决策错误的概率为 p.

现在换另外一种方式, 为了发送一个比特数据 b, 发送者将 b 连续发送三次, 也就是说实际发送的是 bbb, 接收者认为在收到的信息中出现次数多的那一比特就是发送的比特 b. 这种情况下, 决策错误的概率是多少? 决策错误是至少发生了两个比特差错时, 其概率为

$$p_e = \binom{3}{2}p^2(1-p) + \binom{3}{3}p^3 = 3p^2 - 2p^3$$

由于在 $p \ll \dfrac{1}{2}$ 的情况下, $p_e < p$, 第二种情况下, 决策错误的概率要小. 这就表明, 通过适当地编码原始源数据, 在原始数据的基础另外增加一些信息, 可以降低决策错误, 从而部分地补偿由信道导致的损失. 这些另外增加的信息称为冗余信息.

一般情况下, 原始数据 (文字、图像、声音等) 可以用长度为固定的 0、1 字符串来表示, 如当长度为 k 时, 串的总数有 2^k 个, 它们组成的集合为 A,

$$A = \{(a_1a_2\cdots a_k) \mid a_i = 0或1\}$$

原始信息可以用集合 A 中的一部分元素来表示. 按照前面的讨论, 每一个这样的信息在传输之前, 需要增加若干位如增加 $n-k$ 位变成一个 n 位的串, 这些串的总数用集合 C 来表示, C 中的元素称为码字, 每个码字的分量称为码元. 码字组成的集合 C 称为码集. 码集中的元素才是真正要传输的信息. 集合 C 实际上是所有长度为 n 的 0 和 1 组成串集合 A 的一个子集.

网络上发送和接收的两个用户统一规定: 码集 C 中的元素才是要传输和接收的信息. 取 $x \in C$, 发送端发送码字 x, 因为传输中出现的各种问题, 设接收端收到 y, 接收端需要检查是否出现传输错误, 接收端对收到的信息如下判决.

(1) 若 $y \in A - C$, 丢弃, 因为传输出现错误;

(2) 若 $y \in C$, 则认为没有出现错误, 接收.

注意 上述的第一种情况确实检查出来错误, 第二种情况也有可能出现错误, 例如, 传输码字 x 错成了另外一个码字 y, 由于接收端只能认为发送的就是码字 y 而接收下来, 这就是判决错误.

在原始信息位增加若干位也称为编码, 编码的主要任务之一就是使得这种判决错误出现的概率降到最小.

接收端收到的信息 y 不能明确表示属于码集 C 时, 称 y 是向量.

每当接收方收到有差错的信息, 可以选择让发送方再重新发送一次, 但这种情况只有在双向通信时是可以的, 在单向通信的情况下显然无法做到这一点. 此时, 接收方唯一能做的便是尝试纠正出现的错误, 这便是**纠错**, 纠错的过程称为**译码**.

给定码集 C, 设 $x \in C$ 是通过二元对称信道传输的码字, y_1, y_2 是两个向量, $y_1 \neq y_2$, $y_1, y_2 \in A - C$, 接收端已明确知道发送码字 x 出现了差错, 表示收到的向量 $y \in A - C$, 下面讨论 y 是 y_1 和 y_2 中的哪一个可能性大.

记 $d(x, y_1)$ 为 x 和 y_1 对应分量不同的个数, 也称为 x 与 y_1 的**距离**, $d(x, y_2)$ 同样理解. 用 $\Pr(y_1|x)$ 表示发送码字 x 时, 接收端收到向量 y_1 的条件概率, 则有

$$\Pr(y_1|x) = p^{d(x,y_1)}(1-p)^{n-d(x,y_1)}$$

同样的道理, 有

$$\Pr(y_2|x) = p^{d(x,y_2)}(1-p)^{n-d(x,y_2)}$$

若 $d(x, y_2) > d(x, y_1)$, 则有

$$\frac{\Pr(y_2|x)}{\Pr(y_1|x)} = \frac{p^{d(x,y_2)}(1-p)^{n-d(x,y_2)}}{p^{d(x,y_1)}(1-p)^{n-d(x,y_1)}} = \left(\frac{p}{1-p}\right)^{d(x,y_2)-d(x,y_1)}$$

因为数字正确地通过信道的概率比发生错误的概率要大, 即 $1 - p > p$, 所以

$$\Pr(y_2|x) < \Pr(y_1|x)$$

这样, 若信道传输 x 发生错误, 则错成 y_1 的可能性比错成 y_2 的可能性要大, 这个情况从直观上也不难理解, 因为发送 x 错成 y_2 需要错更多的位. 换一个角度说, 接收端收到的应该是与 x 更近距离的一个向量. 所以, 当发现传输出现差错时, 将接收向量 y 改正为与 y 的距离最小的码字应该是合理的. 基于这种观点, 下面给出**最大似然译码准则**.

最大似然译码准则: 给定码 C, 发送码字 x, 接收字为 y. 记码集 C 与 y 距离 (即码 C 中所有码字与 y 距离的最小值) 为 d. 若码 C 中存在唯一的一个与 y 的距离为 d 的码字 x', 也就是说码 C 中再也没有与 y 的距离为 d 的不同于 x' 的码字. 则将 y 译为码字 x'.

最大似然译码准则中的唯一条件是不可缺少的. 否则存在两个码字与接收向量 y 的距离都最小, 我们不知道应该译成两个码字中的哪一个.

需要注意的是最大似然译码准则并不表明译码不发生错误, 因为总是把接收向量 y 译成一个与其最近的一个码字 x', 实际发送的却是与 y 较远的码字 x.

　　数据传输中的码集 C 的设计自然要保证 C 有比较好的检错和纠错能力, 这个 "比较好" 的概念现在还比较笼统, 以后会给出数值上的度量. 目前通俗地说就是 "发送码字 x 时, 一出现错误便能检查出来", 能检查出来当且仅当收到的向量 $y \notin C$, 换句话说, "好码" 应该尽量使得出错后的码字不要是 C 中的码字, 这就要求 C 中的任意两个码字距离尽可能大. 因为倘若 C 中存在距离很小的两个码字 x_1 和 x_2, 设想发送码字 x_1 出现错误, 则结果变成离这个 x_1 较近的 x_2 的可能性应该是很大的. 这样的码是不可能更好地进行检错的. 这就让我们得出了 "好码" 中的任何两个码字之间的距离应尽可能大. 从而, 一个码 C 中任何两个码字之间距离的下界是衡量码 C 检错也包括纠错性能的一个重要指标, 这个数称为**码距**, 下面是详细定义.

　　定义 7.61　设 C 是一个至少含有两个码字的码集, 码集 C 的最小距离定义为 C 中任意两个不同的码字距离的最小值, 记为 $d(C)$. 即

$$d(C) = \min\{d(x,y) \mid x, y \in C, x \neq y\}$$

　　码的最小距离是刻画码的检错和纠错性能的一个重要的参数. (n, M, d) 表示码长为 n, 码字个数为 M, 最小距离为 d 的码.

　　码字是由 0 和 1 组成的长度为 n 的串. 我们可以认为这里的 0 和 1 来自二元有限域 $\mathrm{GF}(2)$. 若用 $V(n,2) = \mathrm{GF}(2)^n$ 表示所有的 2^n 个向量组成的集合, 则这个集合就是二元域上的 n 维向量空间. 码集 $C = (n, M, d)$ 就是 $V(n, 2)$ 的一个子集.

　　两个码字之间的距离称为汉明距离. 汉明距离有下面的一些性质.

　　定理 7.56　对于任意的 $x, y \in V(n, 2)$, 汉明距离满足下述性质.

　　(1) 非负性: $d(x,y) \geqslant 0$. $d(x,y) = 0$ 当且仅当 $x = y$;

　　(2) $d(x,y) = d(y,x)$;

　　(3) $d(x,y) \leqslant d(x,z) + d(z,y)$.

　　证明　性质 (1) 和性质 (2) 是显然的, 下面来证性质 (3).

　　设 $x = x_1 x_2 \cdots x_n$, $y = y_1 y_2 \cdots y_n$, $z = z_1 z_2 \cdots z_n$. 对于任意的 $i (1 \leqslant i \leqslant n)$,

　　情形 1: 设 $x_i = y_i$. 那么 $d(x_i, y_i) = 0$, 于是

$$d(x_i, y_i) \leqslant d(x_i, z_i) + d(z_i, y_i) \tag{7.6}$$

　　情形 2: 设 $x_i \neq y_i$. 则 $x_i \neq z_i$ 和 $z_i \neq y_i$ 中至少一个成立. 因此, 式 (7.6) 也成立. 于是

$$\sum_{i=1}^{n} d(x_i, y_i) \leqslant \sum_{i=1}^{n} (d(x_i, z_i) + d(z_i, y_i)) = \sum_{i=1}^{n} d(x_i, z_i) + \sum_{i=1}^{n} d(z_i, y_i)$$

这也就是 $d(x,y) \leqslant d(x,z) + d(y,z)$.

　　定义 7.62　设 $x \in V(n, 2)$, $x = x_1 x_2 \cdots x_n$, 用 $w(x)$ 表示码字 x 中非零码元的个数, 称为 x 的汉明权重, 简称 x 的重量.

　　引理 7.5　对任意 $x, y \in V(n, 2)$, $d(x,y) = w(x + y)$.

　　证明　$x, y \in V(n, 2)$, $x - y$ 不为零分量的个数就是 x 和 y 不同分量的个数. 所以 $d(x,y) = w(x - y)$, 这里 $x - y$ 是指二元域 $\mathrm{GF}(2)$ 中的运算, 而 $x - y = x + y$, 于是 $d(x,y) = w(x - y) = w(x + y)$.

定理 7.57 汉明权重满足下述性质.

(1) 对任意的 $x \in V(n, 2)$, $w(x) \geqslant 0$. $w(x) = 0$ 当且仅当 $x = 0$;

(2) 对任意的 $x, y \in V(n, 2)$, $w(x + y) \leqslant w(x) + w(y)$.

证明 性质 (1) 是显然的.

现在来证明性质 (2). 对于任意的 $x, y \in V(n, 2)$, 因为

$$w(x + y) = d(x + y, 0) \leqslant d(x + y, x) + d(x, 0)$$
$$= w(x + y - x) + w(x) = w(y) + w(x)$$

定义 7.63 设码 $C \subseteq V(n, 2)$, C 中非零码字重量的最小值定义为码 C 的最小重量, 记为 $w(C)$, 即

$$W(C) = \min\{W(x) \mid x \in C, x \neq 0\}$$

如果码字在传输过程中发生至少一个差错至多 t 个差错, 则变成了一个非码字 (因而都能检查出来), 那么这个码称为 t–**检错码**. 如果一个码是 t–检错码, 但不是 $(t + 1)$–检错码 (存在一种错误数是 $t + 1$ 的传输方式使得码 C 不能检查), 则称这个码是严格的 t–检错码.

基于码的码距, 有下面的结论.

定理 7.58 一个码 C 是一个严格的 t-检错码的充分必要条件为 $d(C) = t + 1$.

证明 充分性. 假设 $d(C) = t + 1$. 先证传输过程中发生的任何至少一个至多 t 个错误, 都将变成一个非码字. 设信道发送码字 x 出现至少一个至多 t 个错误, 信道接收端收到的向量 y, 因为

$$1 \leqslant d(x, y) \leqslant t < t + 1 = d(C)$$

于是, y 不是码字, 否则 $t \geqslant d(x, y) \geqslant d(C) = t + 1$, 这显然是个矛盾. 因此, 码字 x 在信道传输过程中发生的错误至少一个至多 t 个时, 会变成一个非码字.

再证 C 不是 $(t + 1)$-检错码. 因为 $d(C) = t + 1$, 所以 C 中存在两个码字 x', y', 使得 $d(x', y') = t + 1$, 就是说码字 x' 和 y' 恰好有 $t + 1$ 位不相同. 假设信道传输码字 x' 时出现错误且恰好错成了 y', 因为 y' 也是码字, 接收端可以认为发送端发送的就是码字 y', 此时是不能进行检错的. 这就证明了存在一种错误数 $t + 1$ 传输, 使得码 C 不能检查, 所以码 C 不是 $(t + 1)$– 检错码. 综合上述两个方面, 码 C 是一个严格的 t– 检错码, 充分性证毕.

必要性. 设码 C 是一个严格的 t– 检错码, 需要证明 $d(C) = t + 1$. 否则, 可设 $d(C) \neq t + 1$. 第一种情况: $d(C) \leqslant t$. 码 C 中存在两个不同的码字 $u, v \in C$, 使得 $d(u, v) = d(C) \leqslant t$, 在传输码字 u 恰好错成 v 的情况下, 因为这时的 v 是码字, 这和已知码 C 是一个 t– 检错码不相符; 第二种情况: $d(C) \geqslant t + 2$. 此时, 传输过程中出现的至少一个至多 $t + 1$ 个错误, 都将变成一个非码字, 这说明码 C 是 $(t + 1)$-检错码, 这与码 C 不能检测所有的 $t + 1$ 个错误不相符, 综合以上两种情况, 必有 $d(C) = t + 1$. 必要性证毕.

注意 定理 7.58 在 $t = 0$ 时可以叙述为: 码 C 一个严格的 0- 检错码, 即码 C 可以检测至多 0 个错误, 且存在一个错误数为 1 的发送, 码 C 不能检查, 这实际是码 C 不能进行任何错误检测, 此时一定有 $d(C) = 1$. 反过来, 若 $d(C) = 1$, 则存在错误数为 1 的发送, 接收端收到的依然为码字, 于是码 C 不是 1-检错的, 于是码 C 是严格 0-检错的. t 为零的这种情况意义不大.

一个码 C 称为 t-**纠错码**, 如果按照极大似然译码方法可以纠正任何大小为 t 或小于 t 的差错. 一个码 C 称为**严格的** t-**纠错码**, 如果 C 是 t- 纠错码, 但不是 $(t+1)$-纠错码, 也就是说任何大小为 t 的可以被纠正, 但至少有一个大小为 $t+1$ 的差错不能被正确译码.

定理 7.59　一个码 C 是一个严格的 t- 纠错码的充分必要条件为 $d(C) = 2t + 1$ 或 $2t + 2$.

证明　先说明一下, 若码 C 是严格 0-纠错码 (也就是码 C 能纠正 0 个错误, 但至少有一个大小为 1 的差错不能被正确译码), 则必有 $d(C) \leqslant 2$. 否则设 $d(C) \geqslant 3$, 对于任何出现一位错误的发送, 如发送 x 有一位出错变成了 y, 首先因为 y 与 x 的距离为 1 小于 $d(C)$, 所以 y 不会是码字, 其次对于码 C 中任何不同于 x 的码字 z, z 与 y 的距离不会也是 1, 否则便有 $z_0 \in C$, $d(z_0, y) = 1$, 这样

$$3 \leqslant d(C) \leqslant d(x, y) \leqslant d(x, y) + d(y, z_0) = 2$$

这是一个矛盾. 反过来, 设 $d(C) \leqslant 2$. 当 $d(C) = 1$ 时, 因为存在距离为 1 的两个码字 x 和 y, 当发送 x 错成 y 时, 码字 y 无法译成 x. 当 $d(C) = 2$ 时, 因为存在两个码字 $x = x_1 x_2 \cdots x_n$ 和 $y = y_1 y_2 \cdots y_n$, x 与 y 有两个位不同, 不妨设 $x_1 \neq y_1$, $x_2 \neq y_2$, 构造向量 $z = x_1 y_2 x_3 \cdots x_n$, 这样 z 和 x 以及 z 和 y 的距离都是 1. 设想当发送 x 出现一位差错, 接收端收到的向量是 z 时, 有两个码字 x 和 y, 它们与 z 距离都为 1, 出现不能译码的现象. 所以定理当 $t = 0$ 时是成立的. 以下的证明不妨设 $t \geqslant 1$.

充分性. 设 $d(C) = 2t + 1$ 或 $2t + 2$. 先证 C 是 t- 纠错码. 设 x 为在信道发送端发送的码字, y 为在信道接收端收到的向量, 并且 $1 \leqslant d(x, y) \leqslant t$, 注意这时 y 一定不是码字. 对任意不同于 x 的其他码字 $x' \in C$, 根据汉明距离的三角不等式, 有

$$d(x, y) + d(y, x') \geqslant d(x, x') \geqslant d(C) \geqslant 2t + 1$$

于是

$$d(y, x') \geqslant 2t + 1 - d(x, y) \geqslant t + 1$$

这就是说, y 与任何一个不是发送码字 x 的其他码字 x' 的距离大于与 x 的距离, 根据最近邻译码原则, 应将 y 译为 x. 这就是说, 当一个码字在信道的传输过程中发生的错误数目至少为 1 至多为 t 个时, 在信道的接收端, 码 C 可以正确地译码.

再证 C 不能纠正 $t + 1$ 个错误. 因为 $d(C) = 2t + 1$ 或 $2t + 2$, 所以一定存在 $x = x_1 x_2 \cdots x_n \in C$ 和 $x' = x_1' x_2' \cdots x_n' \in C$, 使得 $d(x, x') = d(C) = 2t + 1$ 或 $2t + 2$.

情形 1: $d(x, x') = d(C) = 2t + 1$, 不妨假设两个码字的前 $2t + 1$ 个码元各不相同, 即

$$x_1 \neq x_1', x_2 \neq x_2', \cdots, x_{2t+1} \neq x_{2t+1}', x_{2t+2} = x_{2t+2}', x_{2t+3} = x_{2t+3}', \cdots, x_n = x_n'$$

利用码字 x 和码字 x' 生成另外一个字 $y = y_1 y_2 \cdots y_n$, 使得 y 的从最左边开始的 t 个码元与 x 的相应的 t 码元相同, 紧接着的 $t + 1$ 个码元与 x' 的 $t + 1$ 个码元分别相等. 其他剩下的 $(n - 2t - 1)$ 个码元与 x(同时也是与 x') 相应的码元分别相等. 这就是说, 当 $1 \leqslant i \leqslant t$ 时, $y_i = x_i$; 当 $t + 1 \leqslant i \leqslant 2t + 1$ 时, $y_i = x_i'$; 当 $2t + 2 \leqslant i \leqslant n$ 时, $y_i = x_i = x_i'$. 根据 y 的构造有 $d(y, x) = t + 1$, $d(y, x') = t$, 自然有 y 不是 C 的码字. 假设发送码字 x 出现 $t + 1$

个错误错成了 y. 因为 y 与码字 x 的距离 $t+1$ 大于 y 与码字 x' 的距离 t, 根据最紧邻译码原则, 码 C 将不会把字 y 译成 x, 进而由于 C 中不会存在与 y 的距离 $\leqslant t$ 的不同于 x' 的码字, 否则将与 $d(C)=2t+1$ 相矛盾, 所以 y 应该译成码字 x', 这便出现译码错误.

情形 2: $d(x,x')=d(C)=2t+2$. 不妨设

$$x_1 \neq x'_1, x_2 \neq x'_2, \cdots, x_{2t+2} \neq x'_{2t+2}, x_{2t+3}=x'_{2t+3}, x_{2t+4}=x'_{2t+4}, \cdots, x_n=x'_n.$$

令 $y=y_1y_2\cdots y_n$, 其中当 $1 \leqslant i \leqslant t+1$ 时, $x_i=y_i$; 当 $t+2 \leqslant i \leqslant 2t+2$ 时, $x'_i=y_i$; 当 $2t+3 \leqslant i \leqslant n$ 时, $y_i=x_i=x'_i$, 显然 $d(y,x)=t+1$, $d(y,x')=t+1$, 自然有 y 不是 C 的码字. 设发送码字 x 出现 $t+1$ 个错误, 恰好 y 为错成的码字. 由于存在两个码字 x 和 x' 与 y 的距离一样, 并且 C 中没有码字与 y 的距离比 $t+1$ 还小, 所以不能译码.

综合以上情况, 码 C 是严格 $t-$ 纠错码, 充分性证毕.

必要性. 设码 C 是严格 $t-$ 纠错码. 先证明 $2t+1 \leqslant d(C)$. 只需证明, 对于 C 中任何两个不同的码字 x,y, 都有 $2t+1 \leqslant d(x,y)$ 即可. 采用反证法, 若存在 $x,x' \in C$, 使得 $d(x,x') \leqslant 2t$, 令 $m=d(x,x')$. 当 $1 \leqslant m \leqslant t$ 时, 可设发送字 x 出现不超过 t 个错误错成 x', 由于 x' 是码字, 与可纠正不超过 t 个错误相矛盾. 当 $t+1 \leqslant m \leqslant 2t$ 时, 仿照充分性的证明方法, 利用码字 x 和码字 x' 生成另外一个字 $y=y_1y_2\cdots y_n$, 使得 y 的从最左边开始的 $m-t(\leqslant t)$ 个码元与 x 的相应的 $m-t$ 个码元相同, 紧接着 t 个码元与 x' 的 t 个码元分别相等. 其他的 $(n-m)$ 个码元与 x(同时也是与 x') 相应的码元分别相等, 根据 y 的构造有 $d(y,x)=t$, $d(y,x')=m-t$, 假设发送码字 x 出现 t 个错误错成了 y. 因为 y 与码 x 的距离 t 大于或等于 y 与码字 x' 的距离 $m-t$, 根据最紧邻译码原则, 当 $t>m-t$ 时, 码 C 将不会把字 y 译成 x; 当 $t=m-t$ 时, C 中存在与 y 距离相等的两个码字 x 和 x', 发生不能译码.

再证 $d(c) \leqslant 2t+2$. 否则便有 $d(C) \geqslant 2t+3 = 2(t+1)+1$, 根据充分性的证明可知, 码 C 可以纠正出现 $t+1$ 个错误, 与码 C 可纠正至多 t 个错误相矛盾, 必要性证完.

上述的两个定理在编码与纠错理论中占有重要地位, 称为编码纠错理论的基本定理.

推论 设 C 是一个码, 其最小距离为 d. 则 C 是一个严格的 $(d-1)$-检错码. C 是一个严格的 $\left\lfloor \dfrac{d-1}{2} \right\rfloor$-纠错码, 这里 $\left\lfloor \dfrac{d-1}{2} \right\rfloor$ 表示不大于 $\dfrac{d-1}{2}$ 的最大整数.

证明 根据定理 7.58, 码 C 是一个严格的 $(d-1)$-检错码.

如果 d 是奇数, 则 $d=2t+1$, 其中 $t=\dfrac{d-1}{2}=\left\lfloor \dfrac{d-1}{2} \right\rfloor$. 如果 d 是偶数, 则 $d=2t+2$, 其中 $t=\dfrac{d-2}{2}=\left\lfloor \dfrac{d-1}{2} \right\rfloor$. 根据定理 7.59, C 是一个严格的 $\left\lfloor \dfrac{d-1}{2} \right\rfloor$-纠错码.

例 7.79 码长为 n 的 q 元重复码,

$$C = \{00\cdots0, 11\cdots1, \cdots, (q-1)(q-1)\cdots(q-1)\}$$

是一个 q 元 (n,q,n) 码, 因为该码的极小距离为 n, 所以它是一个严格的 $n-1-$ 检错码. 同时也是一个严格的 $\left\lfloor \dfrac{n-1}{2} \right\rfloor$-纠错码.

下面对基本定理做一个直观的解释.

定义 7.64 对任意 $x \in V(n,2)$ 以及整数 $r \geqslant 0$, 以 x 为中心以 r 为半径的球记为 $S_2(x,r)$, 定义为

$$S_2(x,r) = \{y \in V(n,2) \mid d(x,y) \leqslant r\}$$

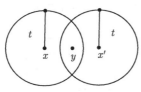

图 7.3   球相交情形

设 $C \subseteq V(n,2)$ 是一个码. 如果 $d(C) \geqslant 2t+1$, 则以 C 中的码字为中心, 以 t 为半径的球互不相交. 否则, 便存在以 x 和 x' 为中心两个不同的球相交. 取 $y \in S_2(x,r) \cap S_2(x',t) \neq \phi$, 其中 $x, x' \in C$, 如图 7.3所示, 根据汉明距离的三角不等式, 有

$$d(x,x') \leqslant d(x,y) + d(y,x') \leqslant t+t = 2t$$

这与 $d(C) \geqslant 2t+1$ 不符.

发送端发送码字 x, 接收端接收到向量 y, 若 x 在传输过程中发生的错误不多于 t 个, 即 $d(x,y) \leqslant t$, 则一定有 $y \in S_2(x,t)$. 同时, y 不会属于以任何一个不同于 x 的码字 x' 为中心的球 $S_2(x',t)$, 于是 x 是唯一一个与 y 最近的码字, 根据最近邻译码原则, y 将被正确译为 x, 如图 7.4 所示.

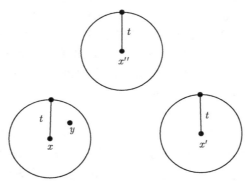

图 7.4   球不相交情形

定理 7.60 对任意 $x \in V(n,2)$, 球 $S_2(x,r)$ 中包含的向量个数为

$$\binom{n}{0} + \binom{n}{1} + \binom{n}{2} + \cdots + \binom{n}{r}$$

证明 由于整个向量空间 $V(n,2)$ 中的向量总数为 2^n 是有限的, 所以球 $S_2(x,r)$ 中的向量个数 $N(r) = |S_2(x,r)|$ 也是有限的. 我们来计算这个数. 设 $v = (v_1, v_2, \cdots, v_n)$, $0 \leqslant v_i \leqslant 1$. 如果 $d(v,x) = i$, 即 v 和 x 有 i 个相异位. v 在这 i 个位上与 x 相应的 i 个位上取值分别不同, 在每个位上, x 个取值已经固定, v 只能取剩下的一个值, 即只有一种取法. i 个位置的取法共有 $\binom{n}{i}$ 种, 所以和 x 的汉明距离等于 i 的向量个数共有 $\binom{n}{i}$ 个, 对 $i = 0, 1, 2, \cdots, r$ 所对应的数进行累加的和便是球 $S_2(x,r)$ 中的所有向量数. 这样

$$N(r) = |S_2(x,r)| = \sum_{i=0}^{r} \binom{n}{i}$$

根据定理 7.60 可知, 对任意一个二元 $(n, M, 2t+1)$ 码, 都满足

$$M\left\{\binom{n}{0}+\binom{n}{1}+\binom{n}{2}+\cdots+\binom{n}{t}\right\} \leqslant 2^n \tag{7.7}$$

定义 7.65 设 C 是一个 q 元 $(n, M, 2t+1)$ 码, 如果式 (7.7) 中的等号成立, 即

$$M\left\{\binom{n}{0}+\binom{n}{1}+\binom{n}{2}+\cdots+\binom{n}{t}\right\} = 2^n \tag{7.8}$$

则称 C 为完备码 (perfect code).

例 7.80 对于码长为 n 的二元重复码

$$C = \{\ \overbrace{00\cdots0}^{n},\ \overbrace{11\cdots1}^{n}\ \}$$

因为 $\binom{n}{i} = \binom{n}{n-i}$. 当 $n = 2t+1$ 为奇数时, 所以

$$2\left\{\binom{n}{0}+\binom{n}{1}+\binom{n}{2}+\cdots+\binom{n}{t}\right\}$$

$$= \left\{\binom{n}{0}+\binom{n}{1}+\binom{n}{2}+\cdots+\binom{n}{t}+\binom{n}{t}+\binom{n}{t-1}+\cdots+\binom{n}{1}+\binom{n}{0}\right\}$$

$$= \left\{\binom{n}{0}+\binom{n}{1}+\binom{n}{2}+\cdots+\binom{n}{t}+\binom{n}{t+1}+\cdots+\binom{n}{n-1}+\binom{n}{n}\right\}$$

$$= (1+1)^n$$

$$= 2^n$$

因此, 当码长 n 为奇数时, 二元重复码 C 是一个完备的 $(n, 2, n)$ 码.

7.8.3 线性分组码的编码与译码方案

首先讨论编码方案.

根据定义, 码 $C = (n, M, d)$ 是 n 维向量空间 $V(n, 2)$ 的一个子集. 对于 M 的值较大的时候, 除非具有某种特殊的结构, 否则由于编码器需要在码库中存储这 M 个长度为 n 的码字, 编码器的复杂度将非常高. 因此, 必须着力于研究那些实际上可实现码. 当码具有线性特征意味着 $C = (n, M, d)$ 是 $V(n, 2)$ 的子空间时, 可大大降低编码的复杂度, 是一种理想的码结构. 这种称为线性码的码是一类非常重要的码. 本节介绍有关线性码的基本概念、基本性质以及线性码的编码和译码方案.

定义 7.66 若 $C \subseteq V(n, 2)$ 是线性空间 $V(n, 2)$ 的子空间, 则称 C 为一个二元线性码. 当 C 的维数是 k 时, 称 C 为一个二元 $[n, k]$ 线性码. 进一步, 若 C 的最小距离是 d, 则称 C 为一个二元 $[n, k, d]$ 线性码.

请注意, 标记线性码时用的是方括号, 一般码用的是圆括号.

根据向量空间的基本理论, 二元码 $C \subseteq V(n, 2)$ 是线性码当且仅当对任意 $x, y \in C$, 都有 $x + y \in C$.

例 7.81 对于 $V(3,2)$ 的子集 $C_1 = \{000, 001, 101, 110\}$, 不难验证 C_1 中的任意两个向量之和仍然属于 C_1, 故 C_1 是一个线性码. 又因为 $001 = 101 + 110$, $000 = 0 \cdot 101 + 0 \cdot 110$, 所以线性无关的 101, 110 是 C_1 的生成元, C_1 是 $[3, 2, 2]$ 线性码. 相似地

$$C_2 = \{00000, 01101, 10110, 11011\}$$

是一个二元 $[5, 2, 3]$ 线性码.

零向量 $\mathbf{0} = \overbrace{00\cdots 0}^{n}$ 是任何线性码 $C \subseteq V(n, 2)$ 中的码字. 一个二元 $[n, k, d]$ 线性码是二元 $(n, 2^k, d)$ 码. 一个二元 $(n, 2^k, d)$ 码不一定是一个二元 $[n, k, d]$ 线性码, 见例 7.82.

例 7.82 $(5, 2^2, 2)$ 码 $C = \{00000, 01101, 10110, 11111\}$ 不是 $[5, 2, 2]$ 码, 因为

$$01101 + 10110 = 11011 \notin C$$

C 不是线性的.

线性码的一个非常有用的性质是其最小距离与最小重量相等.

定理 7.61 设 C 是一个线性码, 则 $d(C) = W(C)$.

证明 一方面存在码字 $x, y \in C$, 使得

$$d(C) = d(x, y) = W(x - y) \geqslant W(C)$$

另一方面, 存在码字 $z \in C$, 使得

$$W(C) = W(z) = d(z, 0) \geqslant d(C)$$

故 $d(C) = W(C)$.

由于一个 $[n, k, d]$ 线性码 C 是所有二进制 n 维向量空间 $V(n, 2)$ 的一个 k 维子空间, 可以找到 k 个线性独立的码字, $g_0, g_1, \cdots, g_{k-1}$, 使得 C 中的每个码字 v 都是这 k 个码字的一种线性组合, 即

$$v = u_0 g_0 + u_1 g_1 + \cdots + u_{k-1} g_{k-1} \tag{7.9}$$

式中, 系数 $u_i = 0$ 或 1, $0 \leqslant i < k$. 可以将 $u = u_0 u_1 \cdots u_{n-1}$ 这个 k 维线性空间 $V(k, 2)$ 看成原始信息, v 表示这个信息的编码结果.

以这 k 个线性独立的码字为行向量, 得到 $k \times n$ 矩阵如下:

$$G = \begin{pmatrix} g_0 \\ g_1 \\ \vdots \\ g_{k-1} \end{pmatrix} = \begin{pmatrix} g_{00} & g_{01} & g_{02} & \cdots & g_{0,n-1} \\ g_{10} & g_{11} & g_{12} & \cdots & g_{1,n-1} \\ \vdots & \vdots & \vdots & & \vdots \\ g_{k-1,0} & g_{k-1,1} & g_{k-1,2} & \cdots & g_{k-1,n-1} \end{pmatrix} \tag{7.10}$$

式中, $g_i = (g_{i0}, g_{i1}, \cdots, g_{in-1})$, $0 \leqslant i \leqslant k - 1$. 如果 $u = (u_0, u_1, \cdots, u_{k-1})$ 是待编码的消息序列, 则相应的码字可如下给出:

$$v = u \cdot G = (u_0, u_1, \cdots, u_{k-1}) \begin{pmatrix} g_0 \\ g_1 \\ \vdots \\ g_{k-1} \end{pmatrix} = u_0 g_0 + u_1 g_1 + \cdots + u_{k-1} g_{k-1} \tag{7.11}$$

显然, G 的行生成或张成 $[n,k,d]$ 线性码 C. 因此, 称矩阵 G 为 C 的生成矩阵. 注意到, 一个 $[n,k,d]$ 线性码的任意 k 个线性独立的码字都可以用来构成该码的一个生成矩阵. 一个 $[n,k,d]$ 线性码完全由式 (7.11) 中的生成矩阵 G 的 k 个行向量确定. 因此, 编码器只需存储 G 的 k 个行向量, 并根据输入消息 $u = (u_0,u_1,\cdots,u_{k-1})$ 构成 k 行向量的一个线性组合.

例 7.83 表 7.5 所示的 $(7,4)$ 线性码有如下生成矩阵:

$$G = \begin{pmatrix} g_0 \\ g_1 \\ g_2 \\ g_3 \end{pmatrix} = \begin{pmatrix} 1 & 1 & 0 & 1 & 0 & 0 & 0 \\ 0 & 1 & 1 & 0 & 1 & 0 & 0 \\ 1 & 1 & 1 & 0 & 0 & 1 & 0 \\ 1 & 0 & 1 & 0 & 0 & 0 & 1 \end{pmatrix}$$

表 7.5 $k=4, n=7$ 的线性分组码

消息	码字	消息	码字
(0000)	(0000000)	(0001)	(1010001)
(1000)	(1101000)	(1001)	(0111001)
(0100)	(0110100)	(0101)	(1100101)
(1100)	(1011100)	(1101)	(0001101)
(0010)	(1110010)	(0011)	(0100011)
(1010)	(0011010)	(1011)	(1001011)
(0110)	(1000110)	(0111)	(0010111)
(1110)	(0101110)	(1111)	(1111111)

如 $u = (1,0,1,0)$ 是待编码的消息, 根据式 (7.11), 其相应的码字为

$$v = 1 \cdot g_0 + 0 \cdot g_1 + 0 \cdot g_2 + 1 \cdot g_3$$
$$= (1101000) + (0110100) + (1010001)$$
$$= (0001101)$$

按这个生成矩阵对四位消息编码后的码字分为两部分, 后四位组成的部分就是原始消息, 具有这种结构的线性分组码称为**线性系统码**. 表 7.5 给出的 $(7,4)$ 码即一个线性系统分组码, 线性系统码使我们容易在编码后的码字中辨别出编码前的原始消息.

一个 $[n,k,d]$ 线性系统码的生成矩阵应该具有如下形式:

$$G = \begin{pmatrix} g_0 \\ g_1 \\ g_2 \\ \vdots \\ g_{k-1} \end{pmatrix} = \begin{pmatrix} p_{00} & p_{01} & \cdots & p_{0,n-k-1} & 1 & 0 & 0 & \cdots & 0 \\ p_{10} & p_{11} & \cdots & p_{1,n-k-1} & 0 & 1 & 0 & \cdots & 0 \\ p_{20} & p_{21} & \cdots & p_{2,n-k-1} & 0 & 0 & 1 & \cdots & 0 \\ \vdots & \vdots & \vdots & \vdots & \vdots & \vdots & \vdots & & \vdots \\ p_{k-1,0} & p_{k-1,1} & \cdots & p_{k-1,n-k-1} & 0 & 0 & 0 & \cdots & 1 \end{pmatrix}_{k \times n} \tag{7.12}$$

式中, $p_{ij} = 0$ 或 1. 令 I_k 表示 $k \times k$ 单位矩阵, 则有 $G = (P\ I_k)$, 这种生成矩阵称为**标准型矩阵**. 令

$$u = (u_0, u_1, \cdots, u_{k-1})$$

为待编码的消息, 则编成的码字为

$$v = (v_0, v_1, \cdots, v_{n-1}) = (u_0, u_1, \cdots, u_{k-1}) \cdot G \tag{7.13}$$

根据式 (7.12) 和式 (7.13), 可知

$$v_j = u_0 p_{0j} + u_1 p_{1j} + \cdots + u_{k-1} p_{k-1,j}, \quad 0 \leqslant j \leqslant n-k-1 \tag{7.14a}$$

$$v_j = u_{j-(n-k)}, \quad n-k \leqslant j \leqslant n-1 \tag{7.14b}$$

于是编码后的码字 $v = (v_0, v_1, \cdots, v_{n-k-1}, u_0, u_1, \cdots, u_{k-1})$, 子式 (7.14a) 说明 v 右边的 k 位是消息位, v 左边的 $n-k$ 位是消息位 $(u_0, u_1, \cdots, u_{n-k})$ 的线性和.

例 7.84　例 7.83 中给出的矩阵 G 为系统形式. 令 $u = (u_0, u_1, u_2, u_3)$ 为待编码的消息, $v = (v_0, v_1, v_2, v_3, v_4, v_5, v_6)$ 为对应的码字. 则有

$$v = (u_0, u_1, u_2, u_3) \cdot \begin{pmatrix} 1 & 1 & 0 & 1 & 0 & 0 & 0 \\ 0 & 1 & 1 & 0 & 1 & 0 & 0 \\ 1 & 1 & 1 & 0 & 0 & 1 & 0 \\ 1 & 0 & 1 & 0 & 0 & 0 & 1 \end{pmatrix}$$

根据矩阵乘法, 得到码字 v 的下列各个位

$$v_0 = u_0 + u_2 + u_3$$
$$v_1 = u_0 + u_1 + u_2$$
$$v_2 = u_1 + u_2 + u_3$$
$$v_3 = u_0$$
$$v_4 = u_1$$
$$v_5 = u_2$$
$$v_6 = u_3$$

例如, 对应消息 (1011) 的码字为 (1001011).

若线性码 C 的生成矩阵 G 不是标准型矩阵, 可以按照例 7.84 中的方法将 G 变成标准型矩阵.

例 7.85　设一个二元 $[7, 4, 3]$ 线性码的生成矩阵为

$$G = \begin{pmatrix} 1 & 1 & 1 & 1 & 1 & 1 & 1 \\ 1 & 0 & 0 & 0 & 1 & 0 & 1 \\ 1 & 1 & 0 & 0 & 0 & 1 & 0 \\ 0 & 1 & 1 & 0 & 0 & 0 & 1 \end{pmatrix}$$

下面将 G 化成标准型. 首先将第三行减去第四行, 第一行减去第四行, 得到

$$G_1 = \begin{pmatrix} 1 & 0 & 0 & 1 & 1 & 1 & 0 \\ 1 & 1 & 1 & 0 & 1 & 0 & 0 \\ 1 & 1 & 0 & 0 & 0 & 1 & 0 \\ 0 & 1 & 1 & 0 & 0 & 0 & 1 \end{pmatrix}$$

再将 G_1 中的第一行减去第三行,

$$G_2 = \begin{pmatrix} 0 & 1 & 0 & 1 & 1 & 0 & 0 \\ 1 & 1 & 1 & 0 & 1 & 0 & 0 \\ 1 & 1 & 0 & 0 & 0 & 1 & 0 \\ 0 & 1 & 1 & 0 & 0 & 0 & 1 \end{pmatrix}$$

然后, 再将 G_2 中的第一行减去第二行, 得到

$$G_3 = \begin{pmatrix} 1 & 0 & 1 & 1 & 0 & 0 & 0 \\ 1 & 1 & 1 & 0 & 1 & 0 & 0 \\ 1 & 1 & 0 & 0 & 0 & 1 & 0 \\ 0 & 1 & 1 & 0 & 0 & 0 & 1 \end{pmatrix}$$

G_3 的后四列是单位矩阵 I_4, G_3 为标准型矩阵.

上述只涉及矩阵行的变换, 并没有改变线性分组码 C, 只不过按照原来的 G 和按照 G_3 进行编码原始信息和码字之间的对应关系不同而已.

这个例子中的矩阵化成标准型的方法对于一般的线性分组码同样适用.

对线性分组码 C, 设 G 是其生成矩阵. 根据线性代数的知识, 对任何一个由 k 个线性无关的行向量组成的 $k \times n$ 矩阵 G, 均存在一个由 $n-k$ 个线性无关的行向量组成的 $(n-k) \times n$ 矩阵 H, 使得 G 的行空间的任意向量与 H 的行向量正交, 并且任何与 H 的行向量正交的向量都在 G 的行空间中. 因此, 可以从另外一个角度描述由 G 生成的 (n,k) 线性码 C: 一个 n 维向量 v 是 G 生成的码 C 中的一个码字, 当且仅当 $v \cdot H^{\mathrm{T}} = 0$. 矩阵 H 称为码 C 的校验矩阵. 矩阵 H 的行向量的 2^{n-k} 种线性组合构成一个维数是 $n-k$ 的另外一个线性码, 这个码称为 C 对偶码, 记作 $C^{\perp}$, C 与 $C^{\perp}$ 互为对偶码, 故 $(C^{\perp})^{\perp} = C$.

如果一个 $[n,k,d]$ 线性码的生成矩阵具有如式 (7.12) 的系统形式, 则它的奇偶校验矩阵具有如下形式:

$$H = (I_{n-k} \ P^{\mathrm{T}}) = \begin{pmatrix} 1 & 0 & 0 & \cdots & 0 & p_{00} & p_{10} & \cdots & p_{k-1,0} \\ 0 & 1 & 0 & \cdots & 0 & p_{01} & p_{11} & \cdots & p_{k-1,1} \\ 0 & 0 & 1 & \cdots & 0 & p_{02} & p_{12} & \cdots & p_{k-1,2} \\ \vdots & \vdots & \vdots & \vdots & \vdots & \vdots & \vdots & & \vdots \\ 0 & 0 & 0 & \cdots & 1 & p_{0,k-1} & p_{1,n-k-1} & \cdots & p_{k-1,n-k-1} \end{pmatrix}_{(n-k) \times n} \tag{7.15}$$

式中, P^{T} 是矩阵 P 的转置. 令 h_j 表示 H 的第 j 行, 容易验证由式 (7.12) 给出的 G 的第 i 行与由式 (7.15) 给出的 H 的第 j 行的内积为

$$g_i \cdot h_j = p_{ij} + p_{ij} = 0$$

式中, $0 \leqslant i \leqslant k-1$, $0 \leqslant j \leqslant n-k-1$. 这表明 $G \cdot H^{\mathrm{T}} = 0$. 实际上, $G \cdot H^{\mathrm{T}} = (P_{k \times (n-k)}, I_{k \times k}) \cdot \begin{pmatrix} I_{(n-k) \times (n-k)} \\ (P^{\mathrm{T}})^{\mathrm{T}} \end{pmatrix} = P_{k \times (n-k)} + P_{k \times (n-k)} = 0$. 另外, H 的 $n-k$ 个行向

量线性独立. 因此, 式 (7.15) 中的 H 矩阵是式 (7.12) 中的矩阵 G 生成的 (n,k) 线性码的
校验矩阵.

例 7.86　对于例 7.83 给出的 $(7,4)$ 线性码的生成矩阵 G, 求其相应的奇偶校验矩阵.
首先注意到

$$G = \begin{pmatrix} 1 & 1 & 0 & 1 & 0 & 0 & 0 \\ 0 & 1 & 1 & 0 & 1 & 0 & 0 \\ 1 & 1 & 1 & 0 & 0 & 1 & 0 \\ 1 & 0 & 1 & 0 & 0 & 0 & 1 \end{pmatrix}$$

是一个 4×7 矩阵, 那么 G 对偶矩阵是一个 3×7 矩阵. 矩阵 G 的右边四列组成一个 4×4
的单位矩阵, 左边的三列组成一个 4×3 的矩阵 P. 矩阵 H 的前三列是 3×3 的单位矩阵,
后四列是矩阵 P 的转置.

$$H = \begin{pmatrix} 1 & 0 & 0 & 1 & 0 & 1 & 1 \\ 0 & 1 & 0 & 1 & 1 & 1 & 0 \\ 0 & 0 & 1 & 0 & 1 & 1 & 1 \end{pmatrix}$$

至此, 总结上述结论: 对于任一 $[n,k,d]$ 线性分组码 C, 存在一个 $k \times n$ 矩阵 G, 其行
向量生成的空间为码 C. 并且, 存在一个 $(n-k) \times n$ 矩阵 H, 使得当且仅当 $v \cdot H^{\mathrm{T}} = 0$ 时,
n 维向量 v 是 C 的码字. 如果 G 是式 (7.12) 给出的形式, 则 H 可以是式 (7.15) 中给出的
形式, 反之亦然.

线性分组码 $[n,k,d]$ 的译码性能由最小码距 d 来决定. 其校验矩阵与 d 之间有重要的
联系.

定理 7.62　设 C 为 $[n,k,d]$ 线性码, C 的校验矩阵为 H. 则 C 中存在汉明权重为 l
的码字当且仅当 H 中存在 l 个列向量之和是 0 的向量.

证明　C 的校验矩阵是一个 $(n-k) \times n$ 的矩阵, 写成如下形式:

$$H = (h_0, h_1, \cdots, h_{n-1})$$

其中, h_i 代表 H 的第 i 列.

必要性. 设 $v = (v_0, v_1, \cdots, v_{n-1})$ 是一个重量为 l 的码字, 令 $v_{i_1}, v_{i_2}, \cdots, v_{i_l}$ 是 v 的 l
个非零分量, $v_{i_1} = v_{i_2} = \cdots = v_{i_l} = 1, 0 \leqslant i_1 < i_2 < \cdots < i_l \leqslant n-1$. 已知 v 是一个码字,
于是

$$\begin{aligned} 0 &= v \cdot H^{\mathrm{T}} \\ &= v_0 h_0^{\mathrm{T}} + v_1 h_1^{\mathrm{T}} + \cdots + v_{n-1} h_{n-1}^{\mathrm{T}} \\ &= v_{i_1} h_{i_1}^{\mathrm{T}} + v_{i_2} h_{i_2}^{\mathrm{T}} + \cdots + v_{i_l} h_{i_l}^{\mathrm{T}} \end{aligned}$$

这就证明了 H 中存在 l 个之和为 0 的列向量.

充分性. 设 $h_{i_1}, h_{i_2}, \cdots, h_{i_l}$ 是 H 的 l 个列向量, 满足

$$h_{i_1} + h_{i_2} + \cdots + h_{i_l} = 0 \tag{7.16}$$

取二进制 n 维向量 $v = (v_0, v_1, \cdots, v_{n-1})$, 其中 $v_{i_1}, v_{i_2}, \cdots, v_{i_l}$ 都是 1, 于是 v 的重量为 l.
因为

$$v \cdot H^{\mathrm{T}} = v_0 h_0^{\mathrm{T}} + v_1 h_1^{\mathrm{T}} + \cdots + v_{n-1} h_{n-1}^{\mathrm{T}}$$
$$= v_{i_1} h_{i_1}^{\mathrm{T}} + v_{i_2} h_{i_2}^{\mathrm{T}} + \cdots + v_{i_l} h_{i_l}^{\mathrm{T}}$$
$$= h_{i_1} + h_{i_2} + \cdots + h_{i_l}$$
$$= 0$$

所以 $v \in C$, 可知 C 中存在重量是 l 的码字.

由定理 7.62 得出以下推论.

推论 设 C 为一个线性分组码, 其校验矩阵为 H, 若 H 中任意不多于 $d-1$ 个列向量的和均不等于零, 那么该码的最小重量至少为 d.

证明: 根据定理 7.62, 码 C 中存在重量为 l 的码字, 当且仅当其校验矩阵中存在 l 个和为 0 的列向量. 已知 H 中任意不多于 $d-1$ 个列向量的和均不等于零, 于是 C 中没有重量 $\leqslant d-1$ 的向量, 这也就是说 C 中任意向量的重量 $\geqslant d$, 自然 C 的最小重量至少为 d.

推论 设 C 为一个线性分组码, 其奇偶校验矩阵为 H, C 的最小重量 (或最小距离) 等于 H 中满足相加之和为零所需的最少的列向量的个数.

证明 结论显然.

推论 设 $C = [n,k,d]$ 为一个线性分组码, 则 $d \leqslant n-k+1$.

证明 已知 C 是 k 维向量子空间, 则其校验矩阵 H 是 $(n-k) \times n$ 矩阵, 该矩阵的秩是 $n-k$, 那么 H 中的任意 $n-k+1$ 个列向量都线性相关, 自然存在 $n-k+1$ 个列向量线性相关, 于是 C 中存在重量是 $n-k+1$ 的码字, 故 $d \leqslant n-k+1$.

考虑表 7.5给出的 (7,4) 线性码, 其奇偶校验矩阵为

$$H = \begin{pmatrix} 1 & 0 & 0 & 1 & 0 & 1 & 1 \\ 0 & 1 & 0 & 1 & 1 & 1 & 0 \\ 0 & 0 & 1 & 0 & 1 & 1 & 1 \end{pmatrix}$$

H 的所有列向量非零, 且任意两列不等 (两列之和不等于零), 因此不存在两列或更少的列求和为零. 该码的最小距离至少为 3. 但是, 第 0, 2, 6 列之和为 0, 所以其最小重量为 3. 其最小距离为 3.

下面讨论译码方案.

线性码 $C = [n,k,d]$ 是线性空间 $V(n,2)$ 的子空间, 从 $V(n,2)$ 两个向量的加法定义可知 $V(n,2)$ 是一个群, 而 $C = [n,k,d]$ 其实是 $V(n,2)$ 的一个子群, 因此有关群和子群中的陪集的一些结论在这里自然成立. 我们归纳如下, 不再给出证明了.

定理 7.63 设 C 为一二元 $[n,k,d]$ 线性码, 则

(1) $V(n,2)$ 的每个向量都在 C 的一个陪集中.

(2) C 的每个陪集中都恰好含有 2^k 个向量.

(3) C 中的任何两个陪集或者相等或者不相交.

定义 7.67 设 C 是一个二元 $[n,k,d]$ 线性码. C 的任何一个陪集中重量最小的元素称为陪集的代表元.

某个陪集中的代表元可能不唯一.

例 7.87 设 $C = \{0000, 1011, 0101, 1110\}$. 显然, C 是一个二元 $[4, 2, 2]$ 线性码, 其生成矩阵为

$$G = \begin{pmatrix} 1 & 0 & 1 & 1 \\ 0 & 1 & 0 & 1 \end{pmatrix}$$

C 的陪集为

$$0000 + C = C$$
$$1000 + C = \{1000, 0011, 1101, 0110\}$$
$$0100 + C = \{0100, 1111, 0001, 1010\}$$
$$0010 + C = \{0010, 1001, 0111, 1100\}$$

陪集 $0100 + C$ 有两个陪集代表元.

设 C 是一个二元 $[n, k, d]$ 线性码. $V(n, 2)$ 是 C 的 $\frac{2^n}{2^k} = 2^{n-k}$ 个不相交的陪集的合集,

$$V(n, 2) = (0 + C) \cup (a_1 + C) \cup (a_2 + C) \cup \cdots \cup (a_s + C)$$

其中 $s = 2^{n-k} - 1$.

按下列方法, 将 $V(n, 2)$ 的所有元素排成一个阵列.

(1) 阵列的第一行是 C 中的所有码字, 0 码字在最左端.

(2) 在 $V(n, 2)$ 中选一个不在第一行出现具有最小重量的向量 a_1, 将 a_1 与第一行中的每个码字相加得到第二行, 它们构成陪集 $a_1 + C$.

(3) 一般地, 在 $V(n, 2)$ 中选取一个不在前 i 行中出现具有最小重量的向量 a_i, 将 a_i 与第一行中的每一行中的每个码字相加得到第 $i+1$ 行, 它们构成陪集 $a_i + C$.

(4) 继续上述过程, 直到 $V(n, 2)$ 中向量都列出.

这种阵列称为 C 的**标准阵**.

设 C 是一二元 $[n, k, d]$ 线性码. 现在设信道发送码字 x, 接收向量为 y. 发送码字 x 出错的分量个数就是向量 $e = x - y$ 的重量, 称 e 为差错向量, 注意接收端只知道收到的向量 y, 既不知道 x, 也不知道 e. 最大似然译码就是要把 y 译成码集 C 中的那个码字 x, 使得 $e = y - x$ 的重量最小. 计算 C 中的那个码字 x 使得 $e = y - x$ 的重量最小. 这样就应该取遍 C 中的每个码字 x, 来比较 $y - x$ 的重量. 因为当 x 取遍线性码 C 中的所有码字时, $y - x$ 将取遍陪集 $y + C$ 中的所有向量, 按照标准阵的构造方法, 陪集 $y + C$ 中重量最小的向量就是 y 所在行的陪集首 e_y. 而 y 所在列中最顶端的码字 x 使得 $y = x + e_y$, 即 $e_y = y - x$, 这样可以将 y 译成 x.

事实上, y 与其他码字 x' 的距离较之与 x 的距离更远些. 因为 $y - x' = (y - x) + x - x'$, 注意到 $y - x$ 是陪集 $y + C$ 的陪集首, $x - x' \neq 0$, $y - x + x - x'$ 是陪集 $y + C$ 中不同于陪集首的元素, 该元素的重量自然不小于陪集首的重量.

根据前面的分析, 线性码的标准阵译码方法描述如下:

设 y 是在信道接收端接收到的向量, 在标准阵中找到 y 所在的行和列, 将 y 译为 y 所在的列中最顶端的码字, y 所在行的最左端的向量 (陪集代表元) 为差错向量.

需要注意, 当差错模式是陪集首向量时, 线性码的标准阵译码方法是正确的. 原因是设收到的向量 y 位于第 l 个陪集, 已知发送错误的模式是陪集首, 那么这个错误模式必是第 l

行的陪集首, 否则所发送的码字按照任何一个其他的陪集首作为错误模式发送都不会错成 y, 这和接收端收到的是 y 不相符. 然而, 如果信道引起的错误模式不是陪集首, 则将产生译码差错. 下面将说明这一点. 发送码字 x 出现的差错模式 e 不是陪集首, 那么可设 e 在第 l 个陪集中, e 应在非零码字 v_i 的下方, $e = e_l + v_i$, 其中 e_l 是第 l 行的陪集首. 于是接收向量为

$$y = x + e = x + (e_l + v_i) = e_l + (x + v_i) = e_l + v_s$$

y 在 e_l 为行首的陪集中. 按照标准阵的译码方法, y 被译码为 v_s, 因为 $v_i \neq 0$, 所以 $v_s = v_i + x \neq x$, 出现译码错误. 因此, 当且仅当信道引起的差错模式为陪集首时, 标准阵的译码方法才是正确的.

例 7.88 二元 $[4, 2, 2]$ 线性码 $C = \{0000, 1011, 0101, 1110\}$ 的标准阵为

$$
\begin{array}{c|ccc}
0000 & 1011 & 0101 & 1110 \\
1000 & 0011 & 1101 & 0110 \\
0100 & 1111 & 0001 & 1010 \\
0010 & 1001 & 0111 & 1100
\end{array}
$$

竖线左边的元素为所在行的陪集代表元. 设 1111 是在信道接收端收到的向量. 1111 在标准阵中的第三行, 第二列. 将 1111 译为第二列中最顶端的码字 1011.

7.8.4 线性分组码的译码效率

线性分组码的译码效率问题分为译码错误概率和不可检错误概率两种.

1. 译码错误概率

所谓译码错误, 就是接收端知道传输出现错误, 将接收到的向量没有译成真正发送的码字. 设 C 是一个二元 $[n, k, d]$ 线性码, 信道传输一个比特发生错误的概率为 p. 如图 7.2所示. 取 C 的码字 x, $e \in V(n, 2)$, $W(e) = i$, 若发送码字 x 差错模式为 e, 则接收向量为 $x + e$, 这种差错的概率为 $p^i (1-p)^{n-i}$. 利用标准阵译码方法, 将接收的向量正确地译码为发送码字的概率用 $P_{\text{corr}}(C)$ 表示. 根据可正确译码当且仅当差错模式为陪集代表元这一事实, 若设 α_i 为线性码 C 的标准阵中重量为 i 的陪集代表元的个数, 那么

$$P_{\text{corr}}(C) = \sum_{i=0}^{n} \alpha_i p^i (1-p)^{n-i} \tag{7.17}$$

这也得出了利用标准阵译码出错的概率 $P_{\text{err}}(C)$ 的表达式,

$$P_{\text{err}}(C) = 1 - \sum_{i=0}^{n} \alpha_i p^i (1-p)^{n-i} \tag{7.18}$$

例 7.89 对于二元 $[4, 2, 2]$ 线性码 $C = \{0000, 1011, 0101, 1110\}$, 其陪集代表元为 0000, 1000, 0100, 0010, 参见例 7.88. 因此, $\alpha_0 = 1, \alpha_1 = 3, \alpha_2 = \alpha_3 = \alpha_4 = 0$. 于是, 译码正确的概率为

$$P_{\text{corr}}(C) = (1-p)^4 + 3p(1-p)^3 = (1-p)^3(1+2p)$$

译码错误的概率为

$$P_{\mathrm{err}}(C) = 1 - P_{\mathrm{corr}}(C) = 1 - (1-p)^3(1+2p)$$

如果 $p = 0.01$, 则 $P_{\mathrm{corr}}(C) = 0.9897, P_{\mathrm{err}}(C) = 0.0103$.

上述例子中的译码错误的概率会随着 p 的减小而明显减小.

2. 不可检错误概率

所谓不可检错误, 就是发送的码字错成了另外一个码字, 接收端根本没有检查出来. 信道传输码字 x, 接收端收到向量 y, 当且仅当差错误向量 $e = y - x$ 是一个非零码字表明出现了不可检错误. 用 $P_{\mathrm{undetec}}(C)$ 表示不可检错误概率, 有以下结论.

定理 7.64 设 C 是一个二元 $[n,k]$ 线性码, A_i 是 C 中重量为 i 的码字个数, $0 \leqslant i \leqslant n$. 若码 C 用于检错, 则发生不可检错的概率为

$$P_{\mathrm{undetec}}(C) = \sum_{i=1}^{n} A_i p^i (1-p)^{n-i} \tag{7.19}$$

例 7.90 对于二元 $[4,2,2]$ 线性码 $C = \{0000, 1011, 0101, 1110\}$, $A_0 = 1, A_1 = 0, A_2 = 1, A_3 = 2, A_4 = 0, C$ 的不可检错误概率为

$$P_{\mathrm{undetec}}(C) = p^2(1-p)^2 + 2p^3(1-p) = p^2 - p^4$$

如果 $p = 0.01$, 则 $P_{\mathrm{undetec}}(C) = 0.00009999$, 这相当发送 10000 个码字才会有一个码字出现不可检错误.

上述例子中的不可检错误的概率会随着 p 的减小而明显减小.

7.8.5 循环码的编码与译码方案

本节讨论另外一种重要的编码 —— 循环码. 循环码有非常好的代数结构, 循环码基于环的理论. 计算机网络中的循环冗余多项式校验就是循环码的典型应用.

定义 7.68 设 $C \subseteq V(n,2)$ 是一个线性码, 若 C 任意码字循环右移一位后还是一个码字, 即当 $a_0 a_1 \cdots a_{n-1} \in C$ 时, $a_{n-1} a_0 a_1 \cdots a_{n-2} \in C$, 则称 C 是一个循环码.

例 7.91 二元线性码 $C = \{000, 101, 011, 110\}$ 是循环码.

例 7.92 二元线性码 $C = \{0000, 1001, 0110, 1111\}$ 不是循环码. 因为码字 1001 循环右移一位后变成 1100, 而 $1100 \notin C$.

按照本书前面介绍的知识, 本节中用 F_2 表示二元域 GF(2). $F_2[x]$ 表示以域 F_2 中的元素为系数的所有非零多项式以及 0 多项式组成的集合. 设 n 为正整数, 令

$$R_n = F_2[x]_{x^n - 1}$$

R_n 是系数属于 F_2 的零多项式和所有次数小于等于 $n-1$ 的多项式组成的集合. R_n 加法和乘法是关于多项式 $x^n - 1$ 模加法和模乘法, R_n 关于模加法和模乘法作成一个带单位元 1 的交换环, 这个 1 就是 F_2 中的元素 1, 有关这方面相关知识可以参考本书前面章节. n 维向量空间 $V(n,2)$ 中的向量与集合 R_n 中的多项式之间存在一一对应关系:

$$a_0 a_1 \cdots a_{n-1} \mapsto a_0 + a_1 x + \cdots + a_{n-1} x^{n-1}$$

为方便起见, 把 $V(n,2)$ 中的向量 $a_0 a_1 \cdots a_{n-1}$ 与 R_n 中的多项式

$$a(x) = a_0 + a_1 x + \cdots + a_{n-1} x^{n-1}$$

看成是相同的. $V(n,2)$ 的一个子集可以看成是 R_n 的一个子集. 对于一个码 $C \subseteq V(n,2)$, 也可以将 C 看成是 R_n 的一个子集. 有了这种对应关系, 可以借助环理论来研究循环码.

本节涉及的多项式的加法运算和乘法运算都指的是 R_n 中的模加法和模乘法运算. 遇到不是这种运算的地方会有特别说明.

对于任意 $a(x) = a_0 + a_1 x + \cdots + a_{n-1} x^{n-1} \in R_n$, 在 R_n 中作乘法有

$$xa(x) = a_0 x + a_1 x^2 + a_2 x^3 + \cdots + a_{n-1} x^n$$
$$= a_0 x + a_1 x^2 + a_2 x^3 + \cdots + a_{n-1}(x^n - 1) + a_{n-1}$$
$$= a_{n-1} + a_0 x + a_1 x^2 + a_2 x^3 + \cdots + a_{n-2} x^{n-1}$$

所以, R_n 用 x 乘以 $a_0 + a_1 x + a_2 x^2 + \cdots + a_{n-1} x^{n-1}$, 相当于对向量 $a_0 a_1 \cdots a_{n-1}$ 循环右移一位, 因此, R_n 中用 x^i 乘以 $a_0 + a_1 x + a_2 x^2 + \cdots + a_{n-1} x^{n-1}$ 就相当于对向量 $a_0 a_1 \cdots a_{n-1}$ 循环右移 i 位.

如何判断 $V(n,2)$ 的一个子集 C 是循环码? 下面的定理说明可以从与 C 对应的 R_n 的多项式子集来判断.

定理 7.65 一个码 $C \subseteq R_n$ 是循环码当且仅当 C 满足下述两个条件:
(1) 对于任意的 $a(x), b(x) \in C$, 有 $a(x) + b(x) \in C$;
(2) 对于任意的 $a(x) \in C$, $r(x) \in R_n$, 有 $r(x)a(x) \in C$.

证明 必要性. 设 C 是循环码. 因为 C 是线性码, 可知 (1) 成立.

任意 $r(x) = r_0 + r_1 x + r_2 x^2 + \cdots + r_{n-1} x^{n-1} \in R_n$, $a(x) \in C$,

$$r(x)a(x) = r_0 a(x) + r_1 xa(x) + r_2 x^2 a(x) + \cdots + r_{n-1} x^{n-1} a(x)$$

因为 $x^i a(x) \in C$, $0 \leqslant i \leqslant n-1$, C 是线性码, 所以 $r(x)a(x) = \sum_{k=0}^{n-1} r_k x^k a(x) \in C$, 这就证明了 (2) 也成立.

充分性. 设 (1) 结论和 (2) 结论成立. 取 $r(x)$ 为 F_2 中的常数, 此时 (1) 结论和 (2) 结论意味着 C 是一个线性码. 取 $r(x) = x$, 则 (2) 结论意味着 C 是一个循环码.

由定理 7.65 可以看出, 一个码 $C \subseteq R_n$ 是循环码当且仅当 C 是 R_n 的一个理想.

设 $f(x) \in R_n$. 令 $(f(x)) = \{r(x)f(x) \mid r(x) \in R_n\}$, $(f(x))$ 是交换环 R_n 的理想. 根据定理 7.65, 可以得到下述结论.

定理 7.66 若 $f(x) \in R_n$, 则 $(f(x))$ 是循环码.

称 $(f(x))$ 为由 $f(x)$ 生成的循环码.

例 7.93 设 $R_3 = F_2[x]_{x^3-1}$, $f(x) = 1 + x^2 \in R_3$, 试求由 $f(x)$ 生成的循环码.

解 要求由 $f(x)$ 生成的循环码, 也就是求出 $f(x)$ 在 R_3 中生成的理想, 然后该理想中每个多项式对应的码字组成的集合便是 $f(x)$ 生成的循环码. $f(x)$ 在 R_3 中生成的理想就是 R_3 中的每一个元素与 $f(x)$ 在 R_3 中相乘. 为此需要先求出 $R_3 = F_2[x]_{x^3-1}$ 的每一个元素.

$R_3 = F_2[x]_{x^3-1}$ 每一个元素都是 $F_2[x]$ 中的一个多项式除以 x^3-1 后的余式, 该余式或是零多项式或是次数最多为 2 的多项式, 表现形式为 $a_0 + a_1x + a_2x^2$, $a_i \in F_2 = \{0, 1\}$, $i = 0, 1, 2$. 让 a_0, a_1 和 a_2 取遍 F_2 中的每一个元素, 可知 R_3 的 2^3 个元素是 $0, x^2, x, 1, x+x^2, 1+x^2, 1+x, 1+x+x^2$. R_3 的元素与 $1+x^2$ 乘积模 x^3-1 的结果是

$$0 \cdot (1+x^2) = 0$$
$$x^2 \cdot (1+x^2) = x + x^2$$
$$x \cdot (1+x^2) = 1 + x$$
$$(x+x^2) \cdot (1+x^2) = 1 + x^2$$
$$1 \cdot (1+x^2) = 1 + x^2$$
$$(1+x^2) \cdot (1+x^2) = 1 + x$$
$$(1+x) \cdot (1+x^2) = x + x^2$$
$$(1+x+x^2) \cdot (1+x^2) = 0$$

按照理想的定义, 上面这些元素组成的集合

$$(1+x^2) = \{0, 1+x, 1+x^2, x+x^2\}$$

就是 $1+x^2$ 生成的 $F_2[x]_{x^3-1}$ 的一个理想, 该理想中的多项式对应的系数用 $V(3,2)$ 中的向量来表示便是

$$C = \{000, 110, 101, 011\}$$

这就是要求的循环码.

定理 7.67   设 $C \neq \{0\}$ 是 R_n 中的一个循环码, 则

(1) C 中次数的多项式存在并且唯一, 记为 $g(x)$;

(2) $C = (g(x))$;

(3) $g(x)$ 整除 $x^n - 1$.

证明   (1) 从 $C \neq \{0\}$ 可知 C 中存在非零多项式, 进而存在次数最低多项式, 记其为 $g(x)$, 存在性得知. 若 $h(x)$ 是另外一个这样的多项式, 则 $0 \neq g(x) - h(x) \in C$, $\deg(g(x) - h(x)) < \deg(g(x)) = \deg(h(x))$. 这是 C 中次数比 $g(x)$ 次数还低的非零多项式, 这和 $g(x)$ 的选取不相符, 唯一性得证.

(2) 对任意 $a(x) \in C$, $a(x)$ 是一个次数至多为 $n-1$ 的多项式. 在 $F_2[x]$ 作除法, 设

$$a(x) = q(x)g(x) + r(x)$$

注意到 $a(x) - q(x)g(x)$ 的次数至多为 $n-1$, 于是有

$$r(x) = r(x) \bmod (x^n - 1) = (a(x) - q(x)g(x)) \bmod (x^n - 1)$$
$$= a(x) - q(x)g(x)$$

于是, $r(x) = a(x) - q(x)g(x) \in C$, 而 $g(x)$ 是 C 中次数最低的多项式, 必然有 $r(x) = 0$. 于是 $a(x) = q(x)g(x) \in (g(x))$. 故 $C \subseteq (g(x))$.

另外, 根据定理 7.65 的 (2) 可知, $(g(x)) \subseteq C$. 所以, $C = (g(x))$.

(3) 在 $F_2[x]$ 中作带余除法, 设

$$x^n - 1 = q(x)g(x) + r(x)$$

$r(x)$ 必须等于 0, 否则 $r(x)$ 是一个次数比 $g(x)$ 的次数小的多项式. 记 R_n 中的模乘法符号为 $\odot$, 因为

$$
\begin{aligned}
r(x) = r(x) \bmod (x^n - 1) &= (x^n - 1 - q(x)g(x)) \bmod (x^n - 1) \\
&= (-q(x)g(x)) \bmod (x^n - 1) \\
&= (-q(x)) \odot g(x) \in (g(x))
\end{aligned}
$$

所以 $r(x) \in (g(x)) = C$. 但由于 $g(x)$ 是 C 中次数最低的多项式, 这与 $g(x)$ 的选取相矛盾, 所以 $r(x) = 0$, 进而 $g(x)$ 整除 $x^n - 1$.

定理 7.67 中的多项式 $g(x)$ 对循环码的研究很重要, 下面专门给其一个名称.

定义 7.69 设 C 是 R_n 的一个循环码, $C \neq \{0\}$. C 中次数最低的多项式称为循环码 C 的生成多项式.

因为生成多项式的是非零循环码中次数最低的, 其次数至少是 0, 所以生成多项式是非零多项式.

非零循环码 C 可以由 C 中的次数最低的称为生成多项式的多项式所生成, 例如 $F_3[x]$ 中, 多项式 $1 + x$ 生成 R_3 中的循环码 $C = \{000, 110, 101, 011\}$ 因为 $(1+x) \mid (x^3 - 1)$, $1 + x$ 称为生成多项式. 不难验证多项式 $1 + x^2$ 也生成 C, 但 $(1 + x^2) \nmid (x^3 - 1)$, 按定义 $1 + x^2$ 不能称为生成多项式. 因此, 生成循环码的多项式不一定是生成多项式, 这点需要注意.

因为 $V(n, 2)$ 的每个循环码都是 $x^n - 1$ 的一个因式生成的, 且 $x^n - 1$ 的每个因式也生成一个循环码, 因此, 要求 $V(n, 2)$ 的所有循环码, 只要求出 $x^n - 1$ 的所有因式即可, 进而只要在域 F_2 上分解为首项系数为 1 的不可约多项式的乘积即可, 下面给出示例.

例 7.94 试找出码长为 3 的所有二元循环码. 首先将 $x^3 - 1$ 在二元域 F_2 上分解为不可约多项式的乘积,

$$x^3 - 1 = (x + 1)(x^2 + x + 1)$$

因为 0 和 1 都不是多项式 $x^2 + x + 1$ 的根, 所以 $x^2 + x + 1$ 在 F_2 上是不可约的. 根据定理 7.67, 码长为 3 的所有二元循环码如表 7.6 所示.

表 7.6   码长为 3 的所有二元循环码

生成多项式	码 (用 R_3 中的多项式表示)	码 (用 $V(3, 2)$ 中的向量表示)
1	$R_3 = F_2[x]/(x^3 - 1)$	$V(3, 2)$
$x + 1$	$\{0, 1 + x, x + x^2, 1 + x^2\}$	$\{000, 110, 011, 101\}$
$x^2 + x + 1$	$\{0, 1 + x + x^2\}$	$\{000, 111\}$
$x^3 - 1 = 0$	$\{0\}$	$\{000\}$

引理 7.6 设 $g(x) = g_0 + g_1 x + \cdots + g_{r-1} x^{r-1} + x^r$ 是一个循环码 $C \subseteq R_n$ 的生成多项式, 则 $g_0 = 1$.

证明　若 $g(x)$ 是一个零次多项式, 则 $g(x) = g_0 = 1$, 引理成立. 不妨设 $g(x)$ 的次数 $r \geqslant 1$. 记 R_n 的模 $x^n - 1$ 乘法符号为 $\odot$. 若 $g_0 = 0$, 在 $F_2[x]$ 中作乘法

$$x^{n-1}g(x) = x^{n-1}(g_1 x + \cdots + g_r x^r)$$
$$= g_1(x^n - 1) + g_2 x(x^n - 1) + \cdots + g_r x^{r-1}(x^n - 1)$$
$$+ g_1 + g_2 x + \cdots + g_r x^{r-1}$$

所以 $x^{n-1} \odot g(x) = g_1 + g_2 x + \cdots + g_r x^{r-1} \in C$ 是一个码多项式, 但其次数为 $r - 1$ 小于 $g(x)$ 的次数, 这是一个矛盾.

也可以这样证明: 因为 $g(x) = x(g_1 + g_2 x + \cdots + g_r x^{r-1}) = x g_1(x)$, $g(x)$ 是 $g_1(x)$ 循环右移 1 位的结果, 则 $g_1(x)$ 便是 $g(x)$ 左移 1 位也就是右移 $n - 1$ 位的结果, 故 $g_1(x)$ 也为码字, 但其次数为 $r - 1$ 小于 $g(x)$ 的次数, 这是一个矛盾.

根据前面的证明, $V(n,2)$ 的每一个非零循环码的生成多项式 $g(x)$ 若是一个 r 次多项式, 则 $g(x) = 1 + g_1 x + \cdots + g_{r-1}x^{r-1} + x^r$.

定理 7.68　设 $C \subseteq R_n$ 是一循环码, 其生成多项式为

$$g(x) = g_0 + g_1 x + \cdots + g_r x^r$$

$\deg(g(x)) = r$, $g_0 = g_1 = 1$. 则 C 是一个维数 $\dim(C) = n - r$ 的、$V(n,2)$ 的线性子空间, 并且 C 的生成矩阵为

$$G = \begin{pmatrix} g_0 & g_1 & g_2 & \cdots & g_r & 0 & 0 & \cdots & 0 \\ 0 & g_0 & g_1 & g_2 & \cdots & g_r & 0 & \cdots & 0 \\ 0 & 0 & g_0 & g_1 & g_2 & \cdots & g_r & \cdots & 0 \\ \vdots & \vdots & \ddots & \ddots & \ddots & \ddots & \ddots & \ddots & \vdots \\ 0 & 0 & \cdots & 0 & g_0 & g_1 & g_2 & \cdots & g_r \end{pmatrix}_{(n-r) \times n} \tag{7.20}$$

这里 G 是一个 $n - r$ 行, n 列的矩阵. 第一行对应的码字为 $g(x)$, 第二行对应的码字为 $x g(x)$, 第三行对应的码字为 $x^2 g(x)$, $\cdots$, 第 $n - r$ 行对应的码字为 $x^{n-r-1}g(x)$, 每一行的值就是该行对应码字多项式的系数.

证明　由定理 7.65, $g_0 = 1$. 可以看出, 式 (7.20) 中的矩阵 G 的 $n - r$ 个行向量是线性无关的. 另外, G 中的 $n - r$ 个行向量分别代表 C 中的码字

$$g(x), x g(x), x^2 g(x), \cdots, x^{n-r-1}g(x)$$

下面只需证明 C 中的任意码字都可以表示成

$$g(x), x g(x), x^2 g(x), \cdots, x^{n-r-1}g(x)$$

的线性组合. 设 $a(x)$ 是 C 中的任意码字, 则由定理 7.67 中结论 (2)($C = (g(x))$) 的证明过程知, 存在 $q(x) \in R_n$, $\deg(q(x)) \leqslant n - r - 1$, 使得 $a(x) = q(x)g(x)$, 设 $q(x) = q_0 + q_1 x + q_2 x^2 + \cdots + q_{n-r-1}x^{n-r-1}$, 则

$$a(x) = q(x)g(x)$$

$$= (q_0 + q_1 x + q_2 x^2 + \cdots + q_{n-r-1} x^{n-r-1}) g(x)$$
$$= q_0 g(x) + q_1 x g(x) + q_2 x^2 g(x) + \cdots + q_{n-r-1} x^{n-r-1} g(x)$$

故 $a(x)$ 都是 G 的行向量 $g(x), xg(x), x^2 g(x), \cdots, x^{n-r-1} g(x)$ 的线性组合.

综上所述, G 是循环码 C 的生成矩阵并且 $\dim(C) = n - r$.

循环码 C 的维数 + 循环码 C 的生成多项式的次数 = 码长.

例 7.95 写出所有码长为 4 的二元循环码的生成多项式和生成矩阵.

解 首先将 $x^4 - 1$ 在二元域 F_2 上分解为不可约多项式的乘积,

$$x^4 - 1 = (x+1)^4$$

生成多项式为 $g(x) = 1$ 的次数为 $r = 0$, 则生成的循环码的维数是 $4 - 0 = 4$. 生成矩阵的四个行向量分别是 $g(x), xg(x), x^2 g(x)$ 和 $x^3 g(x)$ 四个多项式的系数, 也就是向量 1000, 0100, 0010 和 0001.

生成多项式为 $g(x) = 1 + x$ 的次数为 $r = 1$, 则生成的循环码的维数是 $4 - 1 = 3$. 生成矩阵的三个行向量分别是 $1+x, x(1+x), x^2(1+x)$ 三个多项式的系数, 也就是向量 1100, 0110, 0011.

生成多项式为 $g(x) = 1 + x^2$ 的次数为 $r = 2$, 则生成的循环码的维数是 $4 - 2 = 2$. 生成矩阵的两个行向量分别是 $1+x^2, x(1+x^2)$ 两个多项式的系数, 也就是向量 1010, 0101.

生成多项式为 $g(x) = 1 + x + x^2 + x^3$ 的次数为 $r = 3$, 则生成的循环码的维数是 $4 - 3 = 1$. 生成矩阵的一个行向量为 $g(x)$ 的系数, 也就是向量 1111.

生成多项式为 $g(x) = (1+x)^4 = x^4 - 1$ 的次数为 $r = 4$, 则生成的循环码的维数是 $4 - 4 = 0$, 生成矩阵的行向量为 0000.

根据定理 7.67 和定理 7.68, 所有码长为 4 的二元循环码的生成多项式和生成矩阵如表 7.7 所示.

表 7.7 所有码长为 4 的二元循环码的生成多项式和生成矩阵

生成多项式	生成矩阵
1	$\begin{pmatrix} 1 & 0 & 0 & 0 \\ 0 & 1 & 0 & 0 \\ 0 & 0 & 1 & 0 \\ 0 & 0 & 0 & 1 \end{pmatrix}$
$1 + x$	$\begin{pmatrix} 1 & 1 & 0 & 0 \\ 0 & 1 & 1 & 0 \\ 0 & 0 & 1 & 1 \end{pmatrix}$
$(1+x)^2 = 1 + x^2$	$\begin{pmatrix} 1 & 0 & 1 & 0 \\ 0 & 1 & 0 & 1 \end{pmatrix}$
$(1+x)^3 = 1 + x + x^2 + x^3$	$\begin{pmatrix} 1 & 1 & 1 & 1 \end{pmatrix}$
$x^4 - 1 = 0$	$\begin{pmatrix} 0 & 0 & 0 & 0 \end{pmatrix}$

设 $C \subseteq R_n$ 是一个循环码, 其生成多项式为 $g(x), \deg(g(x)) = r$. 由定理 7.68 知, C 是一个 q 元 $[n, n-r]$ 循环码. 再根据定理 7.67, $g(x)$ 是 $x^n - 1$ 的因式. 于是存在 $h(x) \in R_n$ 使得

$$x^n - 1 = h(x) g(x)$$

因为 $g(x)$ 的首项系数为 1, 故 $h(x)$ 的首项系数也为 1, $\deg(h(x)) = n - r$. 称 $h(x)$ 为循环码 C 的校验多项式.

定理 7.69　若 $C \subseteq R_n$ 是一循环码, 其生成多项式为 $g(x)$, 校验多项式为 $h(x)$, R_n 的模 $x^n - 1$ 乘法运算符号为 $\odot$. 则对任意 $c(x) \in R_n$, $c(x)$ 是 C 的一个码字当且仅当 $c(x) \odot h(x) = 0$.

证明　首先注意到, 在 R_n 中, $g(x) \odot h(x) = (x^n - 1) \bmod (x^n - 1) = 0$.

必要性. 设 $c(x) \in C$, 故 $c(x)$ 是 $g(x)$ 的倍式, 存在 $a(x) \in R_n$, 使得 $c(x) = a(x)g(x)$. 于是,

$$
\begin{aligned}
c(x) \odot h(x) &= (a(x)g(x)h(x)) \bmod (x^n - 1) \\
&= (a(x)(x^n - 1)) \bmod (x^n - 1) \\
&= 0
\end{aligned}
$$

充分性. $c(x) \in R_n$, $c(x) \odot h(x) = 0$. 要证 $c(x)$ 是 C 的一个码字, 只需证明 $c(x)$ 是 $g(x)$ 的倍式即可. 为此在 $F_2[x]$ 用 $g(x)$ 去除 $c(x)$, 设 $c(x) = q(x)g(x) + r(x)$, 这里或者 $r(x) = 0$ 或者 $r(x)$ 的次数小于 $g(x)$ 的次数. 这样

$$
\begin{aligned}
0 = c(x) \odot h(x) &= (q(x)g(x) + r(x)) \odot h(x) \\
&= (q(x)g(x)) \odot h(x) + r(x) \odot h(x) \\
&= (q(x)g(x)h(x)) \bmod (x^n - 1) + (r(x)h(x)) \bmod (x^n - 1) \\
&= r(x)h(x)
\end{aligned}
$$

于是, $r(x)h(x) = 0$, 因而 $r(x) = 0$, 即 $c(x) = q(x)g(x) \in C$, 证毕.

综合前面的系列结论, 这里作一个小结:

设循环码 $C \subseteq R_n$ 的生成多项式 $g(x)$ 的次数为 r, 则 C 的维数为 $n - r$, C 校验多项式 $h(x)$ 的次数为 $n - r$. C 的维数就是校验多项式的次数. 由 C 校验多项式 $h(x)$ 生成的循环码 $\widehat{C}$ 的次数就是 $n - (n - r) = r$.

当 C 的维数为 $n - r$ 时, 其对偶码 $C^\perp$ 的维数是 r, C 的校验多项式 $h(x)$ 生成的循环码 $\widehat{C}$ 的维数也是 r, 但是不能因此由定理 7.69 推出 $C^\perp = \widehat{C}$. 这是因为, R_n 中的两个元素 $c(x)$ 和 $h(x)$ 的乘积为 0 并不等价于 $c(x)$ 和 $h(x)$ 在 $V(n, 2)$ 中的对应向量是相互正交的. 现在的问题是 $C^\perp$ 与 $h(x)$ 有什么关系?

根据定理 7.69 可以得出下面的结论.

定理 7.70　设 $C \subseteq R_n$ 是 q 元 $[n, n-r]$ 循环码 (意味着 C 生成多项式的次数是 r, 校验多项式的次数为 $n - r$, 生成矩阵的行数是 $n - r$, 校验矩阵的行数是 r), 其校验多项式 (常数项和首项都是 1) 为

$$
h(x) = h_0 + h_1 x + \cdots + h_{n-r} x^{n-r}
$$

则

(1) C 的校验矩阵为

$$H = \begin{pmatrix} h_{n-r} & h_{n-r-1} & h_{n-r-2} & \cdots & & h_0 & & & \\ & h_{n-r} & h_{n-r-1} & h_{n-r-2} & \cdots & & h_0 & & \\ & & & \vdots & & & & \vdots & \\ & & & & h_{n-r} & h_{n-r-1} & h_{n-r-2} & \cdots & h_0 \end{pmatrix}_{r \times n}$$

这里 H 是一个 $r \times n$ 的矩阵.

(2) C 的对偶码 $C^\perp$ 是一个由多项式

$$\overline{h}(x) = h_{n-r} + h_{n-r-1}x + \cdots + h_1 x^{n-r-1} + h_0 x^{n-r}$$

生成的 q 元 $[n, r]$ 循环码.

证明 记 R_n 中的模 $x^n - 1$ 的乘法运算符号为 $\odot$.

(1) 设

$$c(x) = c_0 + c_1 x + \cdots + c_{n-1} x^{n-1} \in R_n$$

是 C 的一个码字, 在 $F_2[x]$ 中作乘法

$$\begin{aligned} c(x)h(x) &= s_0 + s_1 x + \cdots + s_{n-1}x^{n-1} + s_n x^n + \cdots + s_{2n-r-1}x^{2n-r-1} \\ &= s_1(x) + s_2(x) \end{aligned}$$

其中

$$\begin{aligned} s_1(x) &= s_0 + s_1 x + \cdots + s_{n-1}x^{n-1} \\ s_2(x) &= s_n x^n + \cdots + s_{2n-r-1}x^{2n-r-1} \\ &= (x^n - 1)(s_n + s_{n+1}x + \cdots + s_{2n-r-1}x^{n-r-1}) \\ &\quad + s_n + s_{n+1}x + \cdots + s_{2n-r-1}x^{n-r-1} \\ &= (x^n - 1)s_3(x) + s_3(x) \end{aligned}$$

于是

$$\begin{aligned} c(x)h(x) &= s_1(x) + s_2(x) = s_1(x) + (x^n - 1)s_3(x) + s_3(x) \\ &= t(x) + (x^n - 1)s_3(x) \end{aligned}$$

这里 $t(x) = s_1(x) + s_3(x)$ 是一个次数至多为 $n-1$ 的多项式. 根据定理 7.69, $c(x) \odot h(x) = 0$, 即

$$x^n - 1 \mid c(x)h(x)$$

由此得出 $x^n - 1 \mid t(x)$, 但 $t(x)$ 是一个次数不超过 n 的多项式, 必有 $t(x) = 0$, 这样,

$$c(x)h(x) = (x^n - 1)s_3(x) = x^n s_3(x) - s_3(x)$$

由此可知, 在 $c(x)h(x)$ 中, 没有 $x^{n-r}, x^{n-r+1}, \cdots, x^{n-1}$ 这些项, 推出这些项的系数一定为零, 即

$$\begin{aligned} c_0 h_{n-r} + c_1 h_{n-r-1} + \cdots + c_{n-r}h_0 &= 0 \\ c_1 h_{n-r} + c_2 h_{n-r-1} + \cdots + c_{n-r+1}h_0 &= 0 \\ &\vdots \\ c_{r-1} h_{n-r} + c_r h_{n-r-1} + \cdots + c_{n-1}h_0 &= 0 \end{aligned}$$

这等价于 $(c_0, c_1, \cdots, c_{n-1})H^{\mathrm{T}} = 0$. 从 $h_{n-r} = 1 \neq 0$, 可知 H 中的所有行向量是线性无关的. 又因为 H 中行向量的个数为 r, 所以由 H 作为生成矩阵的线性码恰好是 C 的对偶码 $C^\perp$. H 是 C 对偶码的生成矩阵, 当然也就是 C 的校验矩阵.

(2) 设 $g(x)$ 是循环码 C 的生成多项式. 因为 $h(x)g(x) = x^n - 1$, 所以有

$$h(x^{-1})g(x^{-1}) = x^{-n} - 1$$

于是

$$x^{n-r}h(x^{-1})x^r g(x^{-1}) = 1 - x^n$$

注意到 $\overline{h}(x) = x^{n-r}h(x^{-1})$, 有 $\overline{h}(x) \mid (x^n - 1)$. 根据定理 7.67 和定理 7.68 知, $(\overline{h}(x))$ 是一个 q 元 $[n, r]$ 循环码, 其生成矩阵为 H, 因此, $(\overline{h}(x)) = C^\perp$, 证毕.

在定理 7.70 中, 多项式 $\overline{h}(x) = h_{n-r} + h_{n-r-1}x + \cdots + h_1 x^{n-r-1} + h_0 x^{n-r}$ 称为多项式 $h(x) = h_0 + h_1 x + \cdots + h_{n-r}x^{n-r}$ 的互反多项式. $\overline{h}(x)$ 是 $C^\perp$ 的生成多项式.

设 C 是一个二元 $[n, n-r]$ 循环码, 生成多项式为 $g(x)$, $\deg(g(x)) = r$, C 的码字是所有形如 $a(x) = a_0 + a_1 x + \cdots + a_{n-r-1}x^{n-r-1}$ 的多项式 (该多项式的系数组成的向量 $a_0 a_1 \cdots a_{n-r-1}$ 来自 $V(n-r, 2)$ 与 $g(x)$ 相乘的积 $a(x)g(x)$ 所对应的码字. 可以将 $a_0 a_1 \cdots a_{n-r-1}$ 看作待编码的信息向量, $a(x)g(x)$ 系数向量就是编码的结果.

例如, 分解多项式 $x^7 - 1$ 如下:

$$x^7 - 1 = (1 + x)(1 + x + x^3)(1 + x^2 + x^3)$$

$x^7 - 1$ 的因式 $g(x) = 1 + x + x^3$ 生成一个 $[7, 4]$ 循环码. 每个码多项式是次数不大于 3 的信息多项式 (与长度为 4 的信息向量相对应) 和 $g(x) = 1 + x + x^3$ 之积. 例如, 令 $u = (1010)$ 为待编码消息, 该消息相应的信息多项式为 $u(x) = 1 + x^2$, 用 $u(x)$ 乘以 $g(x)$ 给出码多项式:

$$v(x) = (1 + x^2)(1 + x + x^3) = 1 + x + x^2 + x^5$$

其系数组成的向量就是码字是 (1110010), 这就是原始信息向量 $u = (1010)$ 的编码结果.

从上面编码的效果来看, $u = (1010)$ 编码为 (1110010), 在编码后的码字中已不太方便找到原来的信息向量. 若希望在编码后的码字中比较容易找到源信息向量, 如码字最右面的四位为信息位. 这种效果的编码方式称为系统编码方式, 简称为**系统码**.

下面介绍一个将给定的循环码转换为系统码的方法.

假设待编码的信息为 $u = (u_0, u_1, \cdots, u_{n-r-1})$, 与之对应的信息多项式为

$$u(x) = u_0 + u_1 x + \cdots + u_{n-r-1}x^{n-r-1}$$

用 x^r 乘以 $u(x)$, 得到次数不大于 $n - 1$ 的多项式为

$$x^r u(x) = u_0 x^r + u_1 x^{r+1} + \cdots + u_{n-r-1}x^{n-1}$$

用 $x^r u(x)$ 除以生成多项式 $g(x)$ 得到

$$x^r u(x) = a(x)g(x) + b(x) \tag{7.21}$$

其中, $a(x)$ 和 $b(x)$ 分别为商式和余式. 由于 $g(x)$ 的次数为 r, 则 $b(x)$ 是 0 多项式或者次数小于等于 $r-1$ 的多项式, 设

$$b(x) = b_0 + b_1 x + \cdots + b_{r-1} x^{r-1}$$

重新整理式 (7.21), 得到如下次数不大于 $n-1$ 的多项式:

$$-b(x) + x^r u(x) = a(x)g(x) \tag{7.22}$$

多项式 $-b(x) + x^r u(x)$ 既然是生成多项式 $g(x)$ 的倍式, 因而是 $g(x)$ 所生成循环码的码多项式. 展开 $-b(x) + x^r u(x)$ 有

$$
\begin{aligned}
-b(x) + x^r u(x) = & - (b_0 + b_1 x + \cdots + b_{r-1} x^{r-1}) \\
& + u_0 x^r + u_1 x^{r+1} + \cdots + u_{n-r-1} x^{n-1}
\end{aligned} \tag{7.23}
$$

代表的码字为

$$(-b_0, -b_1, \cdots, -b_{n-k-1}, u_0, u_1, \cdots, u_{n-r-1})$$

该码字的右边是 $n-r$ 个信息位, 左边为 r 个校验位, 这 r 个校验位是 $x^r u(x)$ 除以生成多项式 $g(x)$ 所得余式系数的相反数 (其实就是该数本身, 因为在二元域内讨论问题). 这种编码方法能得到一个系统形式的 $[n, n-r]$ 码.

将循环码转换为系统码并没有改变原有的循环码结构, 只是信息向量与码字的对应关系改变了.

例 7.96 $g(x) = x^3 + x + 1$ 是二元域 F_2 上的一个多项式, 因为

$$\frac{x^7 - 1}{g(x)} = \frac{x^7 - 1}{x^3 + x + 1} = x^4 + x^2 + x + 1$$

可知 $g(x)$ 是 $x^7 - 1$ 的因式. 令 C 是 $g(x)$ 生成的循环码, C 的码长 $n = 7$, 生成多项式次数 $r = 3$, 是一个二元 $[7, 4]$ 循环码. 源信息维数 $= 7 - 3 = 4$, 所有的源信息组成向量空间 $V(4, 2)$, 每个信息向量对应一个次数不大于 3 的信息多项式. 该信息向量的编码结果就是其对应的信息多项式乘以 $g(x)$ 所得的码多项式的系数. 例如, 对 $0101 \in V(4, 2)$, 0101 对应的信息多项式 $u(x) = x + x^3$, 被编码为多项式

$$c(x) = u(x)g(x) = (x + x^3)(x^3 + x + 1) = x + x^2 + x^3 + x^6$$

其对应的码字为 0111001, 这种编码方案表示将信息 0101 编码为码字 0111001, 这不是一个系统的编码方案.

下面考虑把上面的循环编码方式改进为系统的编码方式.

信息向量 0101 对应的信息多项式为 $u(x) = x + x^3$, 用 x^3 乘以信息多项式 $u(x)$, $x^3 u(x) = x^3(x + x^3) = x^4 + x^6$. 用 $x^4 + x^6$ 除以 $g(x) = x^3 + x + 1$ 可知

$$x^6 + x^4 = x^3(x^3 + x + 1) + x + 1$$

整理后

$$1 + x + x^4 + x^6 = x^3(x^3 + x + 1)$$

等式右边对应的码字为 (1100101) 就是系统方式编码后的码字, 注意其后四位正好是信息向量 0101.

7.8.6 循环码的译码效率

在传输码字 v、接收向量 r 以及错误模式 e 三者之间存在以下关系:

$$r = v + e$$

设 $r(x)$, $v(x)$ 和 $e(x)$ 分别为 v, r 和 e 对应的多项式, 于是

$$r(x) = v(x) + e(x)$$

由于一个多项式为码多项式当且仅当该多项式是 $g(x)$ 的倍式. 这样对于用 $g(x)$ 去除 $r(x)$ 不能除尽的情况, 也即 $g(x)$ 不能除尽 $e(x)$ 的情况, 系统是能够检错的. 这也给了我们一个判断某些差错模式是否可以检测的方法.

现在研究 (n,k) 线性码的差错检测能力. 假设错误模式 $e(x)$ 为长度等于 l 的突发差错 (即差错局限在长度等于 l 个连续位置上). 下面分情况讨论.

情形 1. $l \leqslant n - k$. 则 $e(x)$ 可表述如下:

$$e(x) = x^j B(x)$$

式中 $0 \leqslant j \leqslant k$, $B(x)$ 为次数不大于 $n - k - 1$ 的多项式. 由于 $B(x)$ 的次数比 $g(x)$ 次数小, 所以 $g(x) \nmid B(x)$. 又因为 $g(0) = 1$, 所以 $x \nmid g(x)$, 这样 $\gcd(x, g(x)) = 1$, 从而 $(x^n, g(x)) = 1$, 所以 $g(x) \nmid x^j B(x)$. 由此 $e(x)$ 产生的校验子不等于零. 这意味着一个 (n,k) 循环码可以检测任何长度为 l 的突发错误.

需要注意, 对于循环码来说, 限定在低 r_1 位和高 r_2 位 (这里 $r_1 + r_2 = l$) 的错误模式仍是一个长度等于 l 位的突发差错, 称为首尾相接突发差错. 系统也是可以检测这种差错的. 这是因为, 若设 e 是 C 的一个长为 l 的首尾相接的差错模式. e 的表现形式为

$$e = (\underbrace{\overbrace{e_0 \; e_1 \; \cdots \; e_{r_1-2} \; 1}^{r_1 \text{ 位}} \; 0 \; 0 \; \cdots \; 0 \; \overbrace{1 \; e_{n-r_2+1} \; e_{n-r_2+2} \; \cdots \; e_{n-1}}^{r_2 \text{ 位}}}_{n})$$

其中, $r_1 > 0$, $r_2 > 0$. $r_1 + r_2 = l \leqslant n - k$. $e_0, e_1, \cdots, e_{r_1-2}, e_{n-r_2+1}, \cdots, e_{n-1} \in \{0,1\}$. 差错模式 e 对应的多项式为

$$e(x) = e_0 + e_1 x + \cdots + e_{r_1-2} x^{r_1-2} + x^{r_1-1} + x^{n-r_2} + \cdots + e_{n-1} x^{n-1}$$

这样

$$x^{r_2} e(x) = e_0 x^{r_2} + \cdots + x^{r_1+r_2-1} + x^n + e_{n-r_2+1} x^{n+1} + \cdots + e_{n-1} x^{n+r_2-1} \tag{7.24}$$

而

$$x^n + e_{n-r_2+1}x^{n+1} + \cdots + e_{n-1}x^{n+r_2-1} = x^n(1 + e_{n-r_2+1}x + \cdots + e_{n-1}x^{r_2-1})$$
$$= (x^n + 1)(1 + e_{n-r_2+1}x + \cdots + e_{n-1}x^{r_2-1})$$
$$+ 1 + e_{n-r_2+1}x + \cdots + e_{n-1}x^{r_2-1}$$

令

$$h(x) = 1 + e_{n-r_2+1}x + \cdots + e_{n-1}x^{r_2-1}$$

于是

$$x^n + e_{n-r_2+1}x^{n+1} + \cdots + e_{n-1}x^{n+r_2-1} = (x^n + 1)h(x) + h(x) \tag{7.25}$$

式 (7.25) 代入式 (7.24) 并整理可得

$$x^{r_2}e(x) = h(x) + e_0 x^{r_2} + \cdots + x^{r_1+r_2-1} + (x^n + 1)h(x)$$

假若 $g(x) \mid e(x)$. 因为 $g(x) \mid x^n + 1$, 所以

$$g(x) \mid h(x) + e_0 x^{r_2} + \cdots + x^{r_1+r_2-1}$$

而 $h(x) + e_0 x^{r_2} + \cdots + x^{r_1+r_2-1}$ 是一个非零的 (因为此多项式的常数项为 1) 的次数最多为 $r_1 + r_2 - 1 = n - k - 1$ 的多项式, 所以次数为 $n - k$ 的多项式 $g(x)$ 整除一个非零的次数为 $n - k - 1$ 的多项式, 这显然是一个矛盾, 归纳以上结果, 有以下性质.

定理 7.71 一个 (n,k) 循环码可以检查出任何长度不大于 $n - k$ 的突发错误, 包括首尾相接突发错误.

情形 2. $l = n - k + 1$.

实际上, 大部分长度为 $n - k + 1$ 或更长的突发错误也能被检测到. 考虑一个长度为 $n - k + 1$ 的突发差错, 起始于第 $i(0 \leqslant i \leqslant k-1)$ 位, 而终止于第 $(i+n-k)$ 位 (即差错局限在 $e_i, e_{i+1}, \cdots, e_{i+n-k}$). 其中 $e_i = e_{i+n-k} = 1$. 这种差错模式对应的多项式为 $e(x) = x^i B(x)$, 其中 $B(x)$ 是一个常数项为 1, 次数等于 $n - k$ 的多项式, 由于次数为零的常数项和次数为 $n - k$ 的最高项的系数为已经固定为 1, 其他的 $n - k - 1$ 个项的系数可以 0 和 1 任意取值, 所以总共有 2^{n-k-1} 个这样的突发差错. 因为 $e(x)$ 是 $g(x)$ 的倍式当且仅当 $B(x) = g(x)$, 所以不能被检测到的就是当 $B(x)$ 等于 $g(x)$ 时的那一种, 也就是

$$e(x) = x^i g(x)$$

时. 因此, 任何一个长度为 $n - k + 1$ 的突发差错漏检率为 $\dfrac{1}{2^{n-k-1}} = 2^{-(n-k-1)}$.

同理, 这个结论也适合于长度为 $n - k + 1$ 首尾相接突发差错的情况.

定理 7.72 对于 (n,k) 循环码 C, 任何一个长度为 $n - k + 1$ 的突发差错的漏检率为 $2^{-(n-k-1)}$.

情形 3. $l > n - k + 1$.

对于突发差错长度 $l > n-k+1$ 的情况, 从第 $i(0 \leqslant i \leqslant n-l)$ 位开始在第 $i+l-1$ 位结束的长度为 l 的突发差错有 2^{l-2} 种. 这种差错模式的多项式形式为 $e(x) = x^i B(x)$, 其中 $B(x)$ 是一个常数项为 1, 次数为 $l - 1$ 的多项式. 用 $B(x)$ 除以 $g(x)$, 设 $B(x) = a(x)g(x) + r(x)$.

不能被检测到的差错也就是除法算式 $B(x) = a(x)g(x) + r(x)$ 中那些余式为零的 $B(x)$ 的个数, 也就是 $e(x)$ 具有以下形式:

$$e(x) = x^i a(x)g(x)$$

式中, $a(x) = a_0 + a_1 x + \cdots + a_{l-(n-k)-1} x^{l-(n-k)-1}$, $a_0 = a_{l-(n-k)-1} = 1$. 这类突发错误模式的数目为 $a(x)$ 首尾两项系数之外的 $l - (n - k) - 2$ 个系数任意取值的个数 $2^{l-(n-k)-2}$. 因此, 起始于第 i 位长度为 l 的突发差错中不能被检测的比例为 $\dfrac{2^{l-(n-k)-2}}{2^{l-2}} = 2^{-(n-k)}$.

应再次指出, 此式适合于长度为 l, 起始于任意位置的突发错误 (包括首尾相接的情况), 由此导出以下结论.

定理 7.73 若 $l > n - k + 1$, 不能被检测的长度为 l 的突发差错的比例为 $2^{-(n-k)}$.

上述分析表明, 循环码在突发差错检测方面是非常有效的.

综合这些性质, 有如下结论: 若适当选取 $g(x)$, 使其含有 $x + 1$ 因子, 常数项不为零, 那么由此 $g(x)$ 作为生成多项式产生的 CRC 码可以检测出所有的双错, 奇数位错, 突发长度小于等于 r 的突发错误, $1 - 2^{-(r-1)}$ 的突发长度为 $r + 1$ 的突发错, $1 - 2^{-r}$ 的突发长度大于 $r + 1$ 的突发错误. 若具体取 $r = 16$, 则能检测出所有双错, 奇数位错, 突发长度小于等于 16 的突发错, $1 - 2^{-15}$(约为 99.997%) 的突发长度为 17 的突发错误, $1 - 2^{-16}$(约为 99.998%) 的突发长度大于等于 18 的突发错.

事实上, 著名通信组织包括国际电报电话咨询委员会 CCITT 已经找到了许多标准的生成多项式. 例如

$$\mathrm{CRC} - 12 = x^{12} + x^{11} + x^3 + x^2 + x + 1$$
$$\mathrm{CRC} - 16 = x^{16} + x^{15} + x^2 + 1$$
$$\mathrm{CRC} - \mathrm{CCITT} = x^{16} + x^{12} + x^5 + 1$$

还有九道磁带机 CRC 校验常用的 $x^9 + x^6 + x^5 + x^4 + x^3 + 1$ 等. 这些生成多项式已广泛地应用在许多通信领域, 包括计算机网络通信等. 上面的三个多项式也就是计算机网络中经常提到的循环冗余校验 CRC 多项式.

7.9 习　　题

1. 下列运算在给定的集合上是否封闭.
   (a) $A = \{0, 1, 2, 3, 4\}$, 运算 $+$ 为普通加法.
   (b) $A = \{0, 1, 2, 3, 4\}$, 运算 $\vee$ 满足 $a \vee b = \max\{a, b\}$.
   (c) $A = \{0, 1, 2, 3, 4\}$, 运算 $\wedge$ 满足 $a \wedge b = \min\{a, b\}$.
   (d) 自然数集合 N 上运算 $\times$, $\times$ 为普通乘法.
2. $A = \{$所有不等于零的偶数$\}$. 找一个集合 D, 使得普通除法是 $A \times A$ 到 D 的代数运算, 是不是找得到一个以上的这样的 D?
3. $A = \{a, b, c\}$. 规定 A 的两个不同的代数运算.
4. $A = \{$所有不等于零的实数$\}$. $\circ$ 是普通除法: $a \circ b = \dfrac{a}{b}$. 这个代数运算是否适合结合律?
5. $A = \{$所有实数$\}$.

$$\circ : \quad a \circ b = a + 2b$$

代数运算 ∘. 是否适合结合律?

6. $A = \{a, b, c\}$. 如下所给的代数运算是否适合结合律?

∘	a	b	c
a	a	b	c
b	b	c	a
c	c	a	b

7. $A = \{$所有实数$\}$. ∘ 是普通减法: $a \circ b = a - b$. 这个代数运算是否适合交换律?

8. $A = \{a, b, c, d\}$. 如下所给的代数运算 ∘ 是否适合交换律?

∘	a	b	c	d
a	a	b	c	d
b	b	d	a	c
c	c	a	d	b
d	d	c	a	b

9. 在自然数集合 N 上, 下列各运算是否是可结合的.

    (a) $a \circ b = \max\{a, b\}$.

    (b) $a \circ b = \min\{a, b\}$.

    (c) $a \circ b = a + b + 3$.

    (d) $a \circ b = a + 2b$.

10. 定义 Z^+ (正整数集合) 上的两个元素运算为

    (a) $a \circ b = a^b$.

    (b) $a * b = a \times b, a, b \in Z^+, \times$ 普通乘法.

    试证 ∘ 对 ∗ 是不可分配的, 反过来, ∗ 对 ∘ 如何呢?

11. 设 $(A, \circ)$ 是一代数系统, ∘ 为 A 上的二元运算, 对任意的 $a, b \in A$ 有 $a \circ b = a$.

    (a) 试证 ∘ 是可结合的.

    (b) ∘ 是可交换的吗?

12. $A = \{a, b, c\}$. A 上的代数运算 ∘ 按如下表给定, 找出所有 A 的一一变换. 对于代数运算 ∘ 来说, 这些一一变换是否都是 A 的自同构?

∘	a	b	c
a	c	c	c
b	c	c	c
c	c	c	c

13. $A = \{$所有有理数$\}$. 找一个 A 的对于普通加法来说的自同构 (映射 $x \leftrightarrow x$ 除外).

14. $A = \{$所有有理数$\}$, A 的代数运算是普通加法. $\overline{A} = \{$所有 $\neq 0$ 的有理数$\}$; $\overline{A}$ 的代数运算是普通乘法. 证明对于给的代数运算, A 与 $\overline{A}$ 间没有同构映射存在 (先决定 0 在一个同构映射之下的像).

15. 设 $(S, \circ)$ 是一个半群, 证明 $S \times S$ 对于下面规定的结合法 ∘ 作成一个半群:

$$(a_1, a_2) \circ (b_1, b_2) = (a_1 \circ b_1, a_2 \circ b_2)$$

当 S 有单位元素时, 证明 $S \times S$ 也有单位元素.

16. 设 $(S, \circ)$ 是一个半群, $a \in S$, 在 S 上定义一个二元运算 Δ, 使得对 S 中的任意元素 x 和 y, 都有

$$x \Delta y = x \circ a \circ y$$

证明: 二元运算是可结合的.

17. 有时称一个有单位元的半群 $(R, \circ)$ 为独异点. 设 $(R, \circ)$ 是一个代数系统, R 是实数集合, $\circ$ 是 R 上的一个二元运算, 使得对于任意的 a, b 都有

$$a \circ b = a + b + a \cdot b \quad (\cdot \text{ 表示通常乘法})$$

证明: $(R, \circ)$ 是独异点, 且单位元素是 0.

18. 设 $(S, \circ)$ 为可换半群, 证明若 S 中有元素 a, b, 使得 $a \circ a = a$ 及 $b \circ b = b$, 则

$$(a \circ b) \circ (a \circ b) = a \circ b.$$

19. 设 $(S, \circ)$ 由下表给出:
    (a) 证明 $(S, \circ)$ 是循环独异点, 并求出生成元素.
    (b) 把每一元素表示成生成元素的幂.
    (c) 称一个满足 $a^2 = a$ 的元素为幂等元. 列出所有幂等元素

$\circ$	a	b	c	d
a	a	b	c	d
b	b	c	d	a
c	c	d	a	b
d	d	a	b	b

20. $(S, \circ)$ 由下表给出
    (a) 它是半群吗?
    (b) 它是独异点吗?
    (c) 它是循环独异点吗?

$\circ$	a	b	c	d
a	c	b	a	d
b	b	b	b	b
c	a	b	c	d
d	d	b	d	b

21. 设 $(S, \circ)$ 是半群, 证明对于 S 中的元素 a, b, c, 如果 $a \circ b = c \circ a$ 和 $a \circ b = b \circ a$ 和 $b \circ c = c \circ b$, 那么, $(a \circ b) \circ c = c \circ (a \circ b)$.

22. 设 $(\{a, b\}, \circ)$ 是半群, 这里 $a \circ a = b$, 证明
    (a) $a \circ b = b \circ a$.
    (b) $b \circ b = b$.

23. 设 $A = \{a, b, c\}$, A 上的运算如下列各表, 讨论它们的结合性、交换性、等幂性以及在 A 中对于 $\circ$ 是否有单位元素, 每个元素是否可逆, 找出逆元素.

$\circ$	a	b	c
a	a	b	c
b	b	c	a
c	c	a	b

$\circ$	a	b	c
a	a	b	c
b	b	a	c
c	c	c	c

$\circ$	a	b	c
a	a	b	c
b	a	b	c
c	a	b	c

$\circ$	a	b	c
a	a	b	c
b	b	b	c
c	c	c	b

24. 假定在两个群 G 和 $\overline{G}$ 的一个同态映射之下,

$$a \to \overline{a}$$

a 与 $\overline{a}$ 的阶是不是一定相同?
25. 证明一个循环群一定是交换群.
26. 假定群的元 a 的阶是 n. 证明 a^r 的阶是 $\dfrac{n}{d}$. 这里 $d = (r,n)$ 是 r 和 n 的最大公因子.
27. 假定 a 生成一个阶是 n 的循环群 G. 证明 a^r 也生成 G. 假如 $(r,n)=1$(这就是说 r 和 n 互素).
28. 假定 G 是循环群并且 G 与 $\overline{G}$ 同态. 证明 $\overline{G}$ 也是循环群.
29. 假定 G 是无限阶的循环群 $\overline{G}$ 是任何循环群. 证明 G 与 $\overline{G}$ 同态.
30. 证明阶是素数的群一定是循环群.
31. 证明阶是 p^m 的群 (p 是素数) 一定包含一个阶是 p 的子群.
32. 假定 a 和 b 是一个群 G 的两个元, 并且 $ab = ba$. 又假定 a 的阶是 m, b 的阶是 n, 并且 $(m,n)=1$. 证明 ab 的阶是 mn.
33. 假定 $\sim$ 是一个群 G 的元间的一个等价关系, 并且对于 G 的任意三个元 a, x, x' 来说

$$ax \sim ax' \Rightarrow x \sim x'$$

证明与 G 的单位元 e 等价的元所作成的集合是 G 的一个子群.
34. 右陪集 Ha 的定义: Ha 刚好包含 G 的可以写成

$$ha \quad (h \in H)$$

形式的元. 由这个定义推出以下事实: G 的每一个元属于而且只属于一个右陪集.
35. 若把同构的群看作一样的一共只存在两个阶是 4 的群. 它们都是交换群.
36. 证明二项式定理
$$(a+b)^n = a^n + c_n^1 a^{n-1}b + \cdots + b^n$$
在交换环中成立.
37. 假定一个环 R 对于加法来说作成一个循环群. 证明 R 是交换环.
38. 证明对于有单位元的环来说加法适合交换律是环定义里其他条件的结果 (利用 $(a+b)(1+1)$).
39. 找一个还没有提到过的有零因子的环.
40. 证明由所有实数 $a+b\sqrt{2}(a,b$是整数) 作成的集合对于普通加法和乘法来说是一个整环.
41. 证明本节所给的加群的一个子集作成一子群的条件是充分而且必要的.
42. $R = \{0, a, b, c\}$. 加法和乘法由以下两个表给定:

+	0	a	b	c		×	0	a	b	c
0	0	a	b	c		0	0	0	0	0
a	a	0	c	b		a	0	0	0	0
b	b	c	0	a		b	0	a	b	c
c	c	b	a	0		c	0	a	b	c

证明: R 作成一个环.

参 考 文 献

陈景润, 1978. 初等数论. 北京: 科学出版社.

耿素云, 屈婉玲, 王捍贫, 2002. 离散数学教程. 北京: 北京大学出版社.

胡冠章, 王殿军, 2006. 应用近世代数. 3 版. 北京: 清华大学出版社.

华罗庚, 1957. 数论导引. 北京: 科学出版社.

柯召, 1986. 数论讲义. 北京: 高等教育出版社.

屈婉玲, 耿素云, 王捍贫, 等, 2008. 离散数学习题解析. 北京: 北京大学出版社.

ROSEN K H, 2004. 初等数论及其应用. 4 版. 北京: 机械工业出版社.

SILVERMAN J H, 2008. 数论概论 (原书第 3 版). 孙智伟, 等译. 北京: 机械工业出版社.